SKIN SCIENCE & COSMETOLOGY

피부과학 & 화장품학

강정인 · 김선희 · 김윤정 · 송다해
홍란희 · 홍재기 · 김정숙 · 하문선

Gadam PLUS BOOK & DESIGN

머리말

아름다움에 대한 인간의 열망은 지대하며, 산업과 문화가 발달한 현대에서는 아름다움에 대한 관심이 고조되어 남녀를 불문하고 아름다운 외모와 더불어 건강하고 탄력적인 피부를 원하게 되면서 뷰티 산업은 급속하게 발전하였다. 뷰티 산업의 발전은 학문의 성장에 기여하였고, 현대인들의 아름답고 건강한 피부에 대한 관심은 피부미용분야의 전문성을 갖게 하였다. 이후 피부미용분야의 시장규모는 점점 커지고 있으며, 피부미용 국가자격증 제도가 시행됨에 따라 피부 미용인들의 위상이 높아지고 자격증 전문인 시대를 맞이하게 되면서 피부미용분야는 많은 발전을 이루었다.

이와 같은 시대의 흐름으로 대학과 전문교육기관의 체계적인 교육과정을 통하여 피부미용에 대한 전문지식과 기술을 배우려는 학생들의 수요가 급증하고 있으며, 이러한 이유로 피부에 대한 이론을 좀 더 쉽게 이해할 수 있는 전공 교재의 필요성은 더욱 중요시되고 있다. 이렇듯 피부미용분야도 전문적이고, 과학적이며 체계적인 교육이 더욱 요구되고 있기에 이 책에서는 피부미용을 하기 전에 꼭 알아야 할 피부과학의 기초적이고 전문적인 지식을 체계적으로 구성하고자 하였다.

본 책의 구성은 1장은 피부의 구조와 생리로 피부의 해부학적인 부분과 기능에 대해 정리하였으며, 2장에서는 피부 유형의 타입과 진단 및 특징에 대해 정리하였다. 3장에서는 피부와 영양에 대해서, 4장 피부의 장애와 질환에 대해서 정리하였으며, 5장에서는 광선이 피부에 미치는 영향에 대해서 정리하였다. 6장에서는 피부의 면역기전과 면역기관으로서의 피부의 역할에 대해 정리하였고, 7장에서는 피부 노화의 원인과 노화 현상, 손질법, 그리고 8장에서는 화장품학에 대해서 정리하였다.

이 책을 통하여 피부 미용를 전공하고자 분들의 기초지식을 함양할 수 있는 지침서가 되길 바라며, 미흡한 부분들이 많지만 앞으로 더 보완할 부분들의 찾아 완성도 높은 교육자료가 되도록 노력하겠으며, 저술하기 위해 많은 자료를 참고 · 인용함에 있어 양해를 구하지 못한 점을 이해해 주시기 바랍니다.

끝으로 이 책이 출간되기까지 많은 배려와 도움을 주신 가담플러스 고범석 사장님과 모든 관계자분에게 진심으로 감사의 마음을 전합니다.

2021년 2월

저자 일동

New 피부과학

목차

New 피부과학

목차

3장. 피부와 영양 119

New 피부과학

목차

목차

New 피부과학

목차

1장

피부의 구조와 생리

Ⅰ. 세포 (The Cell)

1. 세포 (Cell)

모든 생물의 기능적, 구조적 기본단위이며 모든 생명현상은 세포 안에서 이루어진다. 세포는 생물체의 구성과 기능 및 유전적인 기본단위로써 다양한 형태와 크기 그리고 각각의 독립된 기능을 가지고 있다. 세포는 발생, 성장 과정에서 분열을 하는 동안 점차적으로 형태가 바뀌는데 어떤 세포는 근세포로 어떤 세포는 신경세포 등으로 분화된다. 이와 같은 많은 유사세포가 모여 하나의 기능을 담당하게 되고 같은 형태나 기능을 가진 세포의 모임을 조직(tissue)이라 한다. 그리고 인체의 특수한 기능이나 활동을 수행하기 위하여 각 조직들이 일정하게 결한 된 조직의 복합체를 기관(Organ)이라 하며, 이 기관이 연결되어 하나의 기능적 단위를 이루면 이를 계통(system)이라 한다.

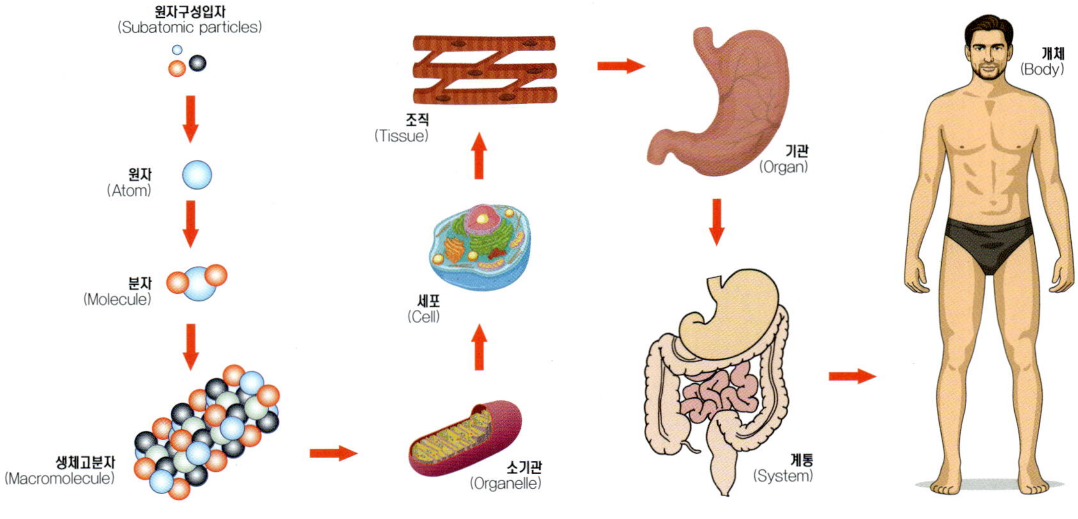

[인체의 구성]

2. 세포의 구조

세포는 핵(nucleus)과 세포질(cytoplasm), 그리고 세포막(cell membrane)으로 구성되어 있다.

1) 핵 (Nucleus)

핵은 세포의 중심부에 위치하며 세포의 대사, 단백질의 합성, 성장 및 분열 등 모든 활동을 조절하는 세포내 기관으로 유전물질인 DNA가 들어 있다. 핵은 핵막과 핵소체, 염색질, 핵형질로 구성되어 있다.

(1) 핵막 (Nuclear envelope)

핵을 둘러싸고 있으며 핵질과 세포질을 가르는 얇은 2중막구조, 핵공(nuclear pore)을 통하여 여러 가지 물질이동 및 mRNA 이동통로이다.

(2) 핵소체 (Necleolus)

인이라고도 하며 구형 혹은 난원형으로 RNA와 단백질로 구성되어 있으며 각종 RNA를 합성하는 곳이다. 세포성장과 밀접한 관계가 있다.

(3) 염색질 (Chromatin)

염색사나 염색체의 주성분으로 DNA와 히스톤이 결합한 핵단백질로 구성되어 있다. 유전정보가 들어 있는 데옥시리보핵산는 세포 분열시 모든 세포에 그대로 전달된다.

(4) 핵형질 (Nucleoplasm)

핵 내에 존재하는 모든 물질을 핵질, 핵형질이라 한다. 핵은 세포를 이루는 구조물의 하나로 세포의 재생산에 필요한 모든 유전요소를 포함하고 있으며, 세포의 재생산을 조절한다.

2) 세포질 (Cytoplasm)

세포 성분에서 핵을 제외한 나머지 부분을 말한다. 세포막에 의해서 둘러쌓여 있으며 세포질내에서는 세포에 있어서 여러 가지 중요한 기능을 하는 세포소기관을 포함한다.

(1) 미토콘드리아 (Mitochondria, 사립체)

세포내 존재하는 구형, 난형의 긴 막대기 모양으로 크기가 다양한 작은 구조물로 세포 호흡과 에너지 생산의 주된 세포 소기관 중의 하나이다. 생물체의 에너지 저장물질인 ATP를 생산하는 역할을 한다.

(2) 내형질세망 (Endoplasmic reticulum)

여러 형태의 소포들이 서로 연결된 불규칙한 망상구조이며, 핵막과 미토콘드리아 등을 연결하는 세포질내의 교통로이다. 리보솜이 부착되어 있으면 조면내형질세망(rough endoplasmic reticulum), 부착되어 있지 않으면 활면내형질세막(smooth endoplasmic reticulum)이라고 한다.

(3) 골지체 (Golgi apparatus)

분비물의 농축과 저장에 관여하고, 주로 단백 및 점액성 신세포의 분비물 형성과 용해소체 형성 그리고 지방을 흡수하는 기능이 있어, 물질의 저장, 합성 및 운반 역할을 한다.

(4) 용해소체 (Lysosome, 리소좀)

세포 혹은 세포의 일부가 손상을 일으켜 한계막이 부서지게 되면, 효소가 유출하여 손상된 조직을 회복시킨다. 즉 세포 내로 들어온 손상된 세포 소기관 세균 · 이물질 등을 가수분해하는 물질이다.

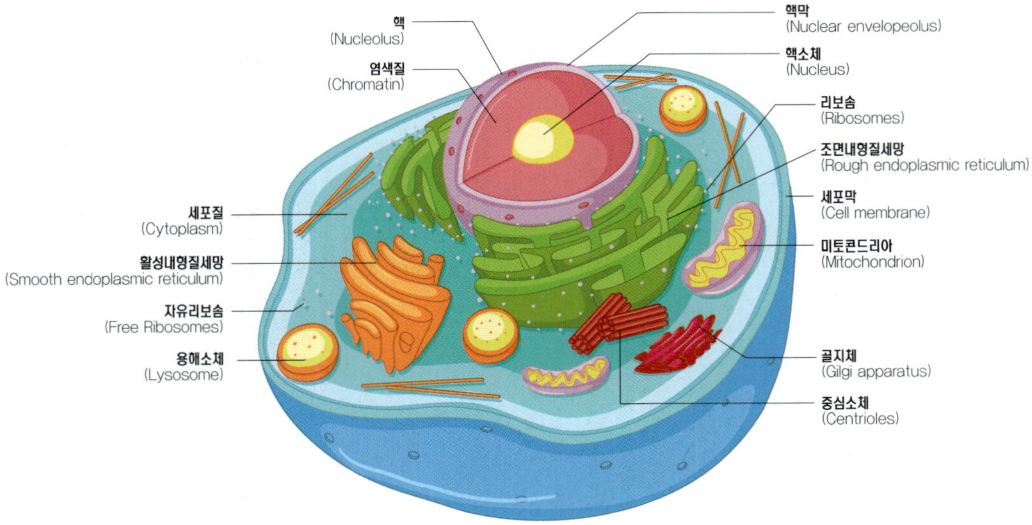

[세포의 구조]

(5) 리보솜 (Ribosome)

RNA와 단백질로 구성되어 있으며 세포질 속에서 단백질을 합성하는 역할을 한다. 소포체에 부착되어 있거나 세포질에 흩어져 있다.

(6) 중심소체 (Centriole)

원통형 모양으로 배열된 9조의 미소관 2개가 서로 직각을 이루고 있는 구조로 세포분열 중에 자가 복제를 하고 방추사를 형성하고 염색체를 양극으로 이동시키는 역할을 한다.

(7) 과산화소체 (Peroxisome)

세포의 독성 물질을 중화시키는 효소가 포함된 세포 소기관으로 간장이나 신장을 구성하는 세포에 존재한다.

(8) 미세소관 (Microtubule)

세포골격 및 세포 내 물질의 이동에 관여한다. 중심소체, 기저소체, 섬모, 편모, 방추사 등의 기본 구조가 된다.

(9) 미세섬유 (Microfilament)

세포질 내에 있는 매우 가는 섬유로서 정상피세포에서는 장원 섬유로 존재하여 세포의 점성과 탄성에 관여한다. 그 외 근육세포의 근섬유, 신경세포의 신경원섬유 등은 이들 미세섬유들이 적절하게 배열된 구조로 세포의 구조 유지, 수축 및 운동에 기여한다.

3) 세포막 (Cell membrane)

세포막은 단백질과 인지질로 구성되어 있으며, 세포와 세포를 구분 짓는 경계막(단일막)이다. 세포 내, 외의 물질교환을 담당하여 반투막으로 선택적 투과가 이루어진다.

◆ 세포막의 기능

- 외부환경과 내부환경을 일정하게 유지하는 항상성
- 물질을 운반하는 수송계 역할
- 세포간의 인지능력이 있어 동종세포와 이종세포를 구분한다.
- 세포막에 여러 효소가 있어 특이한 화학적 반응이 나타남.

- 세포막에 특정물질만을 결합하는 수용체
- 세포간의 결합상태를 유지함.

3. 세포의 일반적인 기능

- 동화 및 이화작용에 의해 에너지를 생산
- DNA와 RNA에 의해 유전정보를 조절하여 단백질을 합성
- 확산, 여과, 삼투, 능동적 운반 등에 의해 세포막을 통하여 물질을 운반
- 식균작용, 세포방출작용에 의해 이물질, 세균, 조직 파편 등을 섭취 및 배출
- 세포내 부산물을 농축, 저장하였다가 세포 밖으로 분비, 배설하는 기능
- 단백질과 지방의 분해 산물을 분비하는 역할

Ⅱ. 조직 (The Tissue)

1. 조직 (Tissue)

조직(tissue)은 생물체를 구성하는 단위의 하나로서, 같은 형태나 기능을 가진 유사한 세포들이 특수한 목적을 위하여 상호 연결된 세포의 집단이다. 조직은 세포(cell)와 세포들 간의 사이사이를 채우고 있는 물질인 세포간질(intercellular substance)로 구성되어 있다.

인체의 구성조직은 형태적 · 기능적 또는 발생적 기능에 근거하여, 신체 표면을 덮고 내강의 경계를 형성하는 상피조직(epithelial tissue), 신체 각 부위를 결합 · 지지하는 결합조직(connective tissue), 각 부위를 움직이는 근육조직(muscular tissue), 자극을 받아 다른 부위로 전달하는 신경조직(nervous tissue)으로 구별된다.

표 1-1. 인체를 구성하는 4대 기본조직

조직	세포	세포외기질	기능
상피 (Epithelial)	밀집된 다면체의 세포	매우 적음	표면 또는 내강을 덮고 있음, 샘분비
결합 (Connective)	여러 종류의 고정 및 유주세포	매우 풍부함	다양함
근육 (Muscle)	길게 늘어난 수축성 세포	약간 있음	운동
신경 (Nerve)	서로 얽힌 긴 돌기가 있음	없음	신경임펄스를 전달

2. 상피조직 (Epithelial Tissue)

상피조직은 몸의 외표면이나 체강 및 위, 장과 같은 내강성 기관의 내표면을 싸고 있는 세포층을 상피라고 말하며, 상피를 이루는 조직을 상피조직이라 하고 그 세포를 상피세포라고 한다. 상피조직은 주로 세포들만으로 구성되어 있어서 연약하기 때문에 상피조직 아래에는 질긴 결합조직이 지지하고 있다. 따라서 상피조직의 한 면은 체표면 혹은 체내 강에 노출해 있는 자유면(free surface)이고, 나머지 다른 면은 기저면(basal surface)으로써 아래의 결합조직과 연결되어 있으며, 결합조직과 사이에는 기저막(basal membrane)의 외층인 기저판(basal lamina)이 있다.

1) 상피세포의 기능

① 외적으로는 상처가 생기는 것을 예방하거나 박테리아 침입으로부터 보호한다.

② 호흡기관에서는 섬모에 의해 불순물들을 청소한다.

③ 소화기관에서는 점액을 분비하여 소화 효소로부터 내층(lining)을 보호한다.

④ 신장에서는 세포의 연장인 미세융모(microvilli)에 의해 흡수기능을 증가시킨다.

2) 상피세포의 분류

상피세포는 세포의 형태와 배열 그리고 기능에 따라 분류할 수 있다.

(1) 세포의 형태와 배열에 따른 분류

① 편평상피 (Squamous epithelium)

편형상피는 세포의 두께가 얇고 표면이 넓은 생선 비늘 같은 모양으로, 상피세포가 기저막상에 한 층으로 배열되는지 여러 층으로 겹쳐서 배열되는 지에 따라 단층편평상피와 중층편평상피로 나눈다.

▷ 단층편평상피 (Simple squamous epithelium)

- 세포와 세포사이의 접촉면이 불규칙하며 한 층으로 배열된 납작한 모양의 상피
- 확산, 여과, 마찰에 대한 보호작용(장액분비)을 한다.
- 흉막, 심막 및 복막의 내표면, 혈관과 림프관의 내피(endothelium), 폐포와 신장의 사구체낭에 존재

▷ 중층편평상피 (Stratified squamous epithelium)

– 납작한 상피세포가 여러 층을 이루어져서 존재

– 매우 튼튼하여 마찰이나 감염에 대한 보호 작용을 한다.

– 기저층, 유극층, 과립층, 각질층 네 가지로 구성

– 구강, 인두, 식도, 항문, 질 등의 점막을 형성

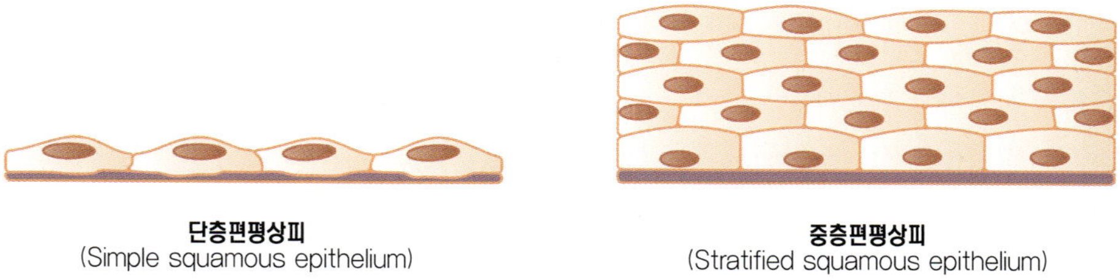

[편평상피]

② 입방상피 (Cuboidal epithelium)

세포의 모양이 육각형 또는 장방형의 입방세포가 연결된 집단이며, 주로 한선(sweat glands)과 피지선(sebaceous glands)의 도관(duct), 갑상선의 소포, 난소의 표면 등에서 볼 수 있다.

▷ 단층입방상피 (Simple cuboidal epithelium)

– 입방형 모양 세포가 한층으로 구성되어 있고 기저막에 붙어 있다.

– 신장세관의 세포는 분비와 흡수 기능

– 종말세기관지의 섬모세포는 점액과 점액에 붙은 입자를 밖으로 이동

– 외분비선의 작은 분비관, 난소의 표면상피, 신장의 세뇨관, 갑상선 난포상피, 각막내피에 존재

▷ 중층입방상피 (Stratified cuboidal epithelium)

– 입방형 세포가 중층으로 배열

– 땀샘, 외분비선의 큰 분비관 등에서 분비기능을 한다.

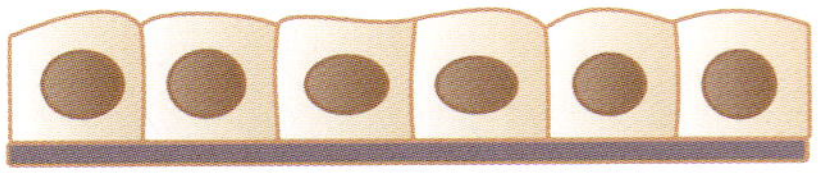

단층입방상피
(Simple cuboidal epithelium)

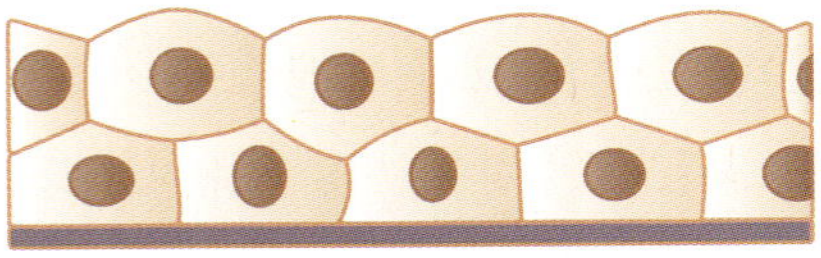

중층입방상피
(Stratified cuboidal epithelium)

[입방상피]

③ 원주상피 (Columnar epithelium)

세포의 모양이 키가 큰 원통형으로 빽빽하게 집합된 조직으로 위의 내면을 싸고 있는 상피로 소화액의 분비와 소화된 음식물의 흡수와 밀접한 기능을 가진다.

▷ 단층원주상피 (Simple columnar epithelium)

- 원주상피가 단층으로 배열되어 있다.
- 위, 장, 선세포의 분비기능, 보호, 흡수 기능을 한다.
- 흡수작용이 있는 위장과 같은 소화관 점막에 존재한다.

▷ 중층원주상피 (Stratified columnar epithelium)

- 원주세포가 층으로 쌓여있는 형태
- 분비의 기능에 방어적 요소가 감미되어 있다.
- 남성요도의 해면체부, 항문관

▷ 거짓중층원주상피 (Pseudostratified columnar epithelium)

- 실제로는 단층상피조직이나 세포의 키가 저마다 달라 중층인 것처럼 보이는 상피
- 표면에 미세한 섬모가 존재하여 이물질을 배출하는 기능을 한다.
- 생식기관의 내면부분과 호흡기계의 공기통과 내면, 비강, 기관, 기관지에 있다.

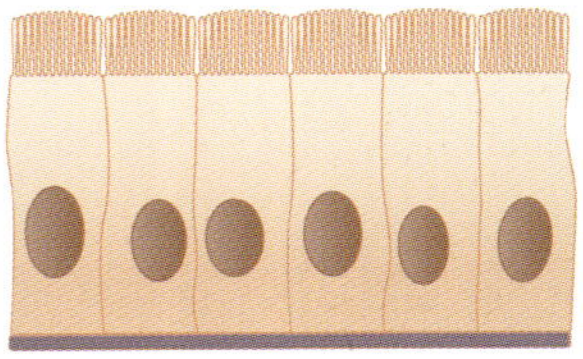

단층원주상피
(Simple columnar epithelium)

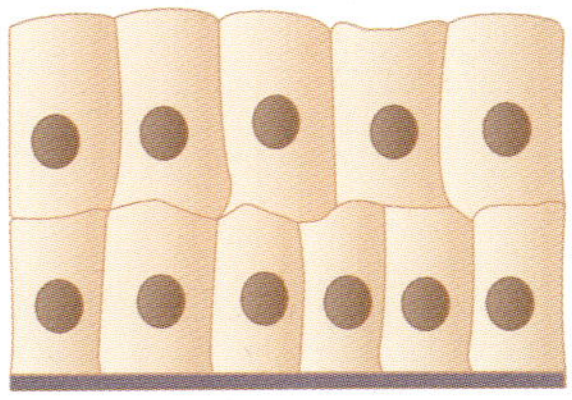

중층원주상피
(Stratified columnar epithelium)

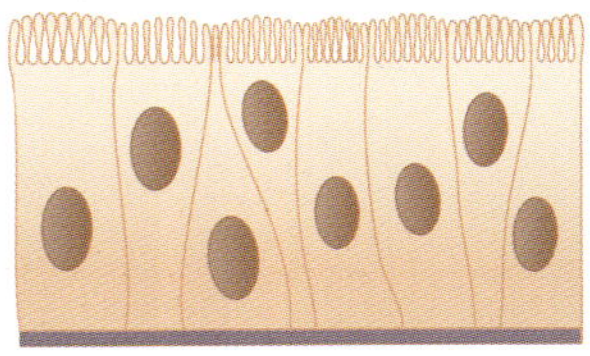

거짓중층원주상피
(Pseudostratified columnar epithelium)

[원주상피]

④ **이행상피** (Transitional epithelium)

- 상피세포가 중층으로 배열
- 세포 모양이 장기의 수축과 이완에 따라 변화한다.
- 신축성이 필요한 장기인 방광, 자궁 요도의 한 부분의 내면을 형성

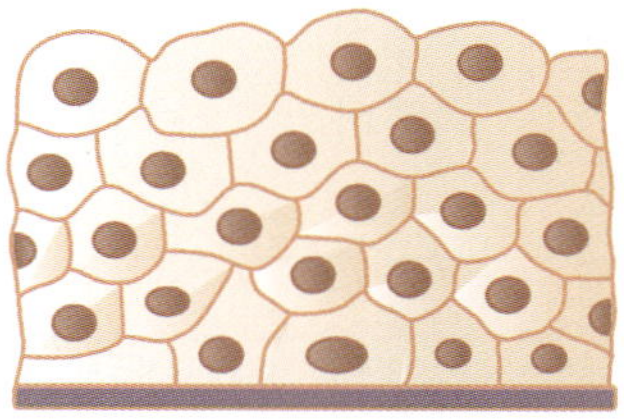

[이행상피]

표 1-2. 상피조직의 분류와 위치

형태	배열	종류	인체 내의 위치
편평상피	단 층 중 층	단층편평상피 중층편평상피	흉박, 심막, 복막, 폐포, 사구체낭, 혈관내피등 피부, 구강, 식도, 성대, 질, 후두 등
입방상피	단 층 중 층	단층입방상피 중층입방상피	외부비선, 선의 도관, 갑상선 소포 등 한선 등
원주상피	단 층 중 층 거짓중층	단층원주상피 중층원주상피 거짓중층원주상피	위장관의 점막상피 등 남성요도의 일부, 항문의 점막일부 등 기도, 비점막, 이관 등
이행상피	중 층	이행상피	요도, 신우, 방광, 요관 등

(2) 기능에 따른 분류

① **표면상피** (Surface epithelium)

- 신체의 외부표면과 내부표면을 싸고 있는 일반적인 상피이다.
- 기능 : 보호, 분비, 흡수작용

② **감각상피** (Sensory epithelium)

- 삼각세포가 있어 외부로부터의 자극을 신경계로 전달하는 기능

③ **종상피** (Germinal epithelium)

- 정자, 난자를 생산하는 생식세포로서 정소, 난소에 국한되어 있는 표면상피로 배상피라고도 한다.

④ **선상피** (Glandular epithelium)

- 샘 상피라고도 하며 분비작용이 왕성한 내분비, 외분비 작용을 하는 상피이다.
- 내분비선 : 갑상선, 뇌하수체 및 부신처럼 도관 없이 혈액속이나 몸속으로 호르몬이나

생물학적 분비물을 흘려보내는 분비선이다.

– 외분비선 : 타액선, 피지선등과 같이 자체적인 도관이 있는 분비선이다.

표 1-3. 외분비선의 분류

분류기준	명칭	종류
분비양상	누출형 이출형 전출형(전분비형)	태액선, 췌장선, 일반적인 한선(소한선) 유선, 액와, 음부, 항문선에 있는 대한선 피지선
분비물양상	장액선 점액선 혼합선	이하선, 누선, 췌장선 배상선, 구개선, 자궁경선 설한선, 악한선
선의 배열상태	관산성 포상선 관상포상선	한선, 장선, 위저선, 자궁선, 누선 피지선, 검판선, 위의 유문선 일부 위의 유문선 일부, 설하선, 악하선, 췌장선

3. 결합조직 (Connective Tissue)

결합조직은 신체 중 가장 많이 분포되어 있는 조직이다. 결합조직은 구조와 기능에 따라 여러 기관들의 틈을 메워서 내부의 장기를 보호하는 역할의 고유결합조직(connective tissue proper), 고유결합조직의 기능과 더불어 연골이나 뼈가 튼튼한 지주를 형성하여 신체를 지탱하는 기능을 하는 지지조직(supporting tissue), 혈구와 림프구 사이에 다량으로 존재하는 혈장, 혈액과 림프의 액상조직(fluid tissue)이라 한다.

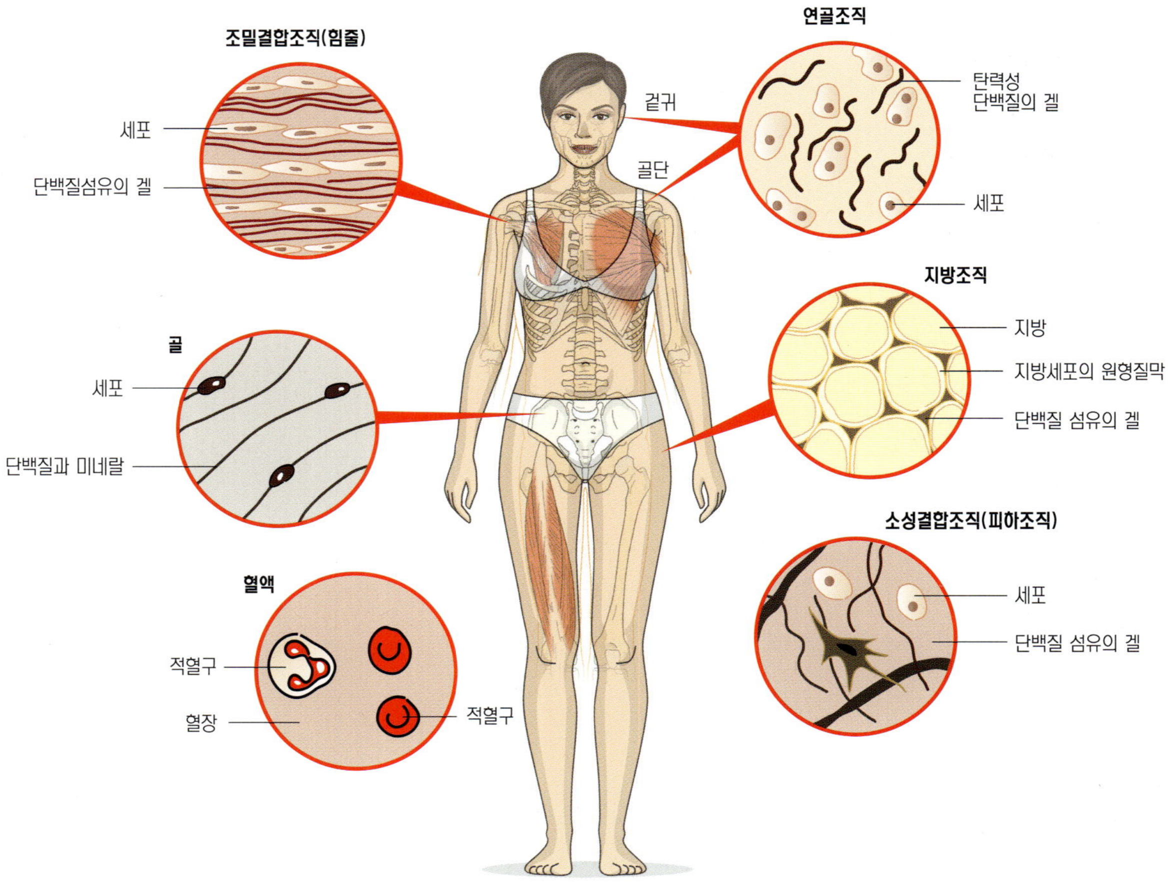

[결합조직의 종류]

1) 결합조직의 특성

- 배자(embryo)의 중간엽(mesencyme)에서 유래된 조직이다.
- 조직과 조직사이 또는 기관과 기관 사이를 결합시키고 지지하여 형태를 유지시킨다.
- 세포(cells)와 세포외기질(extracellular matrix)로 구성된다.
- 구성성분인 결합조직 세포, 섬유 및 기질의 종류 및 성분비에 의해 특성이 달라진다.

2) 고유결합조직 (Connective tissue proper)

(1) 고유결합조직의 구성

좁은 뜻의 결합조직으로 조직과 기관 사이의 틈을 메이고 서로 결합하는 구실을 한다. 고유결합조직은 기질과 섬유, 세포로 구성되어 있으며, 세포성분보다는 세포간질이 많은 것이 특징이다.

① 구성기질 (Ground substance)

- 결합조직이 구성 세포와 섬유들이 섞여 있는 겔(gel) 상태의 투명한 액체
- 세포와 모세혈관 사이의 영양분과 노폐물을 운반
- 미생물이나 이물질들의 침입을 막는 물리적 장벽기능

② 구성섬유 (Fiber)

▷ 교원섬유 (Collagenous fiber)

- 모든 결합조직에서 가장 많이 존재하는 섬유
- 주성분은 교원질(collagen)이라는 단백질
- 매우 질긴 섬유이므로 뼈, 건, 인대, 피막 등에 많다.

▷ 탄력섬유 (Elastic fiber)

- 탄력성(elasticity)이 매우 높은 섬유
- 주성분은 탄성질(elastin)이라는 단백질
- 탄력성이 강하기 때문에 피부의 진피, 동맥, 호흡기 계통, 탄력연골, 탄력인대 등에 많이 함유

▷ 세망섬유 (Reticular fiber)

- 섬유의 굵기가 매우 가는 교원섬유
- 섬세한 그물을 형성하여 세포, 모세혈관, 신경섬유, 근육섬유와 같이 작은 구조물들을 결

속시키는 섬유

- 골수, 비장, 림프조직 등에 많이 함유

③ 구성세포 (Cell)

결합조직에는 여러 종류의 세포들이 있으며, 이들의 분포 상태는 위치나 조건에 따라 다르다. 결합조직을 구성하는 세포는 섬유아세포, 간엽세포 등과 같이 결합조직 내에 고정적으로 존재하는 고정세포(fixed cell)와 백혈구 등과 같이 미생물이 침입할 경우에 조직 내로 유주하는 유주세로(free cell)로 구분 할 수 있다.

▷ 섬유아세포 (Fibroblast)

- 소성결합조직에 가장 많이 나타나는 방추형의 세포이다.
- 결합조직의 섬유성분을 생산한다.
- 창상이나 염증부위에서 섬유성분을 생산하여 반흔 조직을 형성한다.

▷ 미분화간엽세포 (Undifferentiated mesenchymal cell)

- 섬유아세포와 모양은 비슷하나 약간 작다.
- 태아조직에서는 광범위하게 존재하나 성인의 결합조직에서는 모세혈관 주위에만 있다.
- 자극을 받으면 다른 결합조직 세포로 분화하는 성질이 있다.

▷ 대식세포 (Macrophage)

- 조직구(histiocyte)라고도 하며 모양은 일정하지 않고 아베마 운동을 한다.
- 체내 모든 조직에 분포하여 면역을 담당하는 세포이다.
- 강력한 식균작용으로 신체방어와 조직의 청소부(scavenger) 역할을 한다.

▷ 지방세포 (Adipose cell)

- 지방을 합성하고 저장하는 세포로 소성결합조직에 집단으로 존재한다.
- 에너지 축적과 열 생산에 관여한다.

▷ 비만세포 (Mast cell)

- 구형 또는 난원형의 세포로 세포질 내에 많은 과립이 차 있다.
- 아메바 운동을 하며 헤파린(heparin), 히스타민(histamine), 세로토닌(serotonin) 등을 분비한다.

▷ 형질세포 (Plasma cell)

- B 림프구가 특수하게 분화된 것으로 항체(antibody)를 생산한다.
- 만성염증이 있을 경우나 림프조직에서 볼 수 있다.

▷ 색소세포 (Pigment cell)

- 수상돌기를 가지고 있는 별모양의 세포로 흑갈색의 색소인 멜라닌(melanin)을 함유하고 있다.
- 색소세포는세포 자체에서 멜라닌을 합성하는 멜라닌생성세포(melnocyte)와 방출된 색소를 저장하는 색소보유세포(melanophore) 등이 있다.

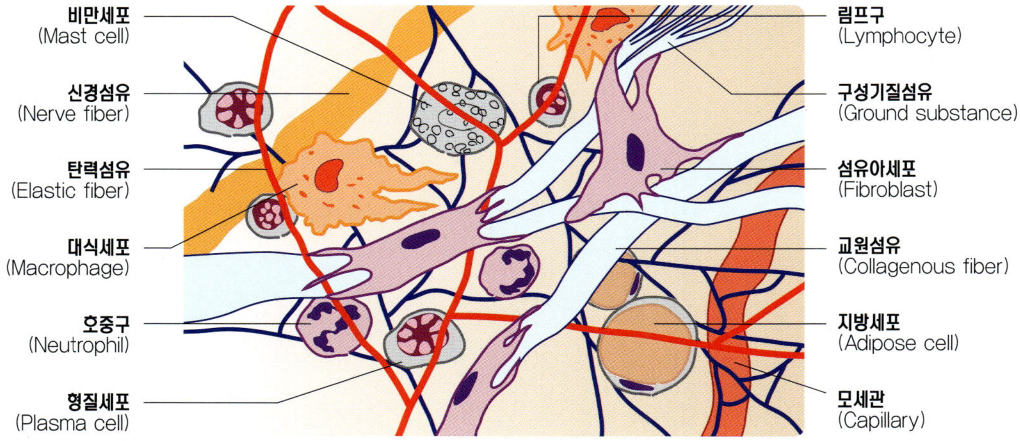

[결합조직의 구성 섬유와 세포]

(2) 고유결합조직의 분류

① 조직을 형성하는 시기에 따라

- 태아결합조직(Embryonal connective tissue)
- 성인결합조직(Adult connective tissue)

② 섬유의 치밀도에 따라

- 소성결합조직(Loose connective tissue) : 섬유성분이 비교적 적으며 세포성분이 많다.
- 치밀결합조직(Dense connective tissue) : 섬유성분이 매우 많으며 치밀하게 배열되어 있다.

③ 섬유성분의 유형에 따라

- 세망결합조직(Reticular connective tissue) : 결합조직의 일종으로 돌기를 갖고 있는 세망세포로 연결된 조직이다.

– 탄력결합조직(Elastic connective tissue) : 탄력섬유가 많이 모여서 형성되어 있기 때문에 강한 탄력성을 유지하고 있다.

④ 조직에 포함된 특수한 세포의 종류에 따라서

– 지방조직(Adipose tissue) : 지방세포가 모여 구성되고 있는 결합조직이다. 피하나 장기의 주위에 다량의 지방을 축적하여 체온의 유지, 장기의 보호, 영양분의 축적 등의 역할을 한다

– 색소조직(Pigment tissue) : 홍채에서 나타나는 것과 같이 색소세포를 다수 포함하는 소성결합조직의 일종. 대부분은 표피에서 발견되고, 일부는 진피에서도 발견된다.

표 1-4. 고유결합조직의 분류

분류방법	종류	조직특성	인체 내 소재
형성시기	태아결합조직 중간엽 점액성결합조직 성인결합조직	태아의 결합조직 발생초기의 결합조직 태생기후반의 결합조직 성인의 모든 결합조직	중배엽, 신경능, 성인의 상처치유시 탯줄, 성인 안구 초자체
섬유성분의 치밀도	소성결합조직 치밀성결합조직 규칙성치밀조직 불규칙성치밀조직	교원, 세망, 탄력섬유의 불규칙배열 교원섬유가 많고 세포와 기질이 적음 섬유방향의 일정함 섬유가 굵고 여러 방향으로 배열	거의 모든 결합조직 건, 인대, 건막 등 진피, 피막, 신경초, 골막등
섬유성분의 유형	세망결합조직 탄력결합조직	세망섬유와 세망세포가 불규칙배열 탄력섬유가 그물모양으로 배열	비장, 골수, 폐, 신장, 림프절 등 성인인대, 대동맥 등
특수세포의 종류	지방조직 색소조직	많은 수의 지방세포 집단 멜라닌 색소 함유 세포집단	피하지방, 대망의 지방조직 등 맥락막 상판, 공막, 홍채 등

3) 지지조직 (Supporting tissue)

신체나 기관을 지지함과 동시에, 기관과 기관을 결합하고, 기관내에서는 여러 조직이나 세포의 사이를 결합하고 충전하는 조직이다.

(1) 연골 (Cartilage)

연골은 연골세포(chondrocyte)와 연골기질(cartilage matrix)로 구성된 조직으로 뼈와 달리 혈관과 림프관 및 신경의 분포가 없어 연골막에서 기질로 확산되어진 영양분을 이용한다. 이러한 연골은 기질을 구성하는 섬유의 종류에 따라 3가지로 분류된다.

① 초자연골 (Hyaline cartilage)

- 인체에 가장 널리 분포되어 있는 연골이다.
- 기질에는 미세한 교원섬유가 복잡하게 얽혀 있으며 매끈하고 투명하다.
- 관절연골, 기관연골, 후두연골, 늑연골 등

② 탄력연골 (Elastic cartilage)

- 기질 내에 탄력섬유가 많고 탄력섬유 망을 형성하여 탄력성이 풍부하다.
- 거치고 불투명한 조직이다.
- 이개연골, 이관, 후두개 등

③ 섬유연골 (Fibrous cartilage)

- 연골 중 기질 내에 교원섬유가 가장 많은 결합조직섬유를 가지고 있다.
- 압박에 견딜 수 있는 질긴 연골로서 연골세포는 극히 적다.
- 강한 장력이 요구되는 추간원판, 치골간원판, 관절원판 등

(2) 골 (Bone)

골세포(osteocytes)와 골기질(bone matrix)로 구성된다. 골세포는 기질 속의 골소강 내에 들어 있고, 골소강과 연결된 골세관 내에 다수의 돌기를 뻗고 있다. 기질은 여러 방향의 층판상으로 달리고 있는 미세한 교원섬유다발에 석회질이 침착된 것으로 매우 단단하다.

4) 액상조직 (Fluids tissue)

액상조직은 특수한 결합조직으로 세포와 기질로 구성되어 있다. 혈관 속을 흐르는 혈액(blood)과 림프관으로 흡수되어 흐르는 인체 내 세포 사이에 정상적으로 존재하는 액체 성분인 림프(lymph)가 액상조직에 속한다.

(1) 혈액 (Blood)

- 밀폐된 혈관 속을 순환하는 일종의 조직으로 성인의 체중 8%정도를 차지한다.

- 세포성분인 혈구(blood cell) 45%, 액체성분인 혈장(blood plasma) 55%로 구성되어 있다.
- 심장을 중심으로 전신으로 분포하는 동맥과 정맥 그리고 모세혈관을 통하여 순환한다.

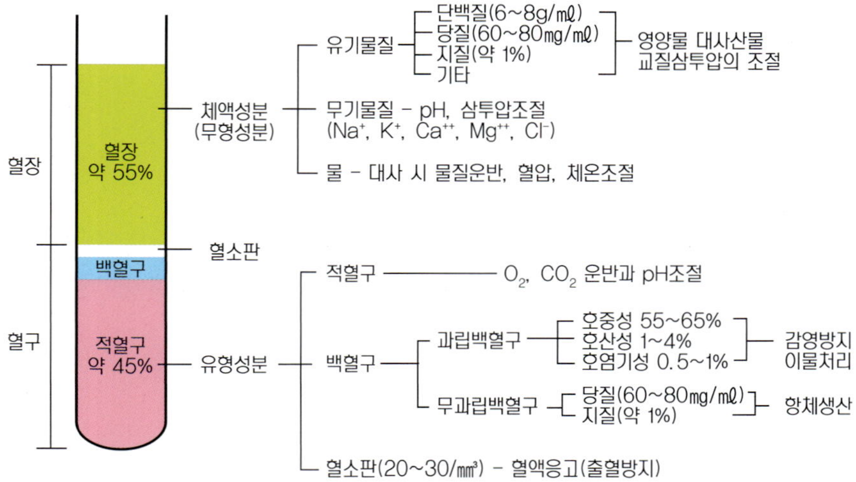

[혈액의 구성]

① 혈구

▷ 적혈구

붉은색 납작한 원반 모양의 혈액세포로 혈관을 통해 전신조직에 산소를 공급하고 이산화탄소를 제거한다.

▷ 백혈구

혈액세포의 한 종류로 외부 물질, 감염성 질환에 대항하여 신체를 보호하는 면역기능을 수행하는 세포이다.

▷ 혈소판

혈액의 고형 성분인 혈구의 하나로 피티라고도 한다. 혈액의 응고나 상처가 났을 때 지혈작용을 한다.

② 혈장

- 혈액의 약 55%를 점유하는 담황색의 액체성분
- 혈청과 피브리노겐으로 구성되어 있다.

- 혈장의 주요성분 : 물, 단백질, 무기질, 글루코오스 등

(2) 림프 (Lymph)

- 림프계 전반을 걸쳐 흐르고 있는 알칼리성을 띤 황색 액체로서 림프액이라고도 한다.
- 림프계는 림프절, 림프관, 림프조직 등의 림프 기관의 복합체를 말하며 혈관과 직접 연결되어, 혈액 순환의 일부를 담당하고 있다.
- 림프는 원래 모세혈관에서 나온 혈장이 변화하여 세포 사이에 흐르는 조직액이 된 것이다.

▷ 림프계 3가지 기능

- 조직에 남는 여분의 조직액을 제거하는 기능
- 소화된 지방 성분을 혈관까지 운반하는 기능
- 면역에 관련된 기능

Ⅲ. 근육 (The Muscle)

1. 근육 (Muscle)

근육은 인체 내에서 운동을 담당하는 수축성이 강한 조직으로 인체의 여러 부위를 움직이는데, 근육이 위치하는 부위에 따라 그 역할이 다르다. 골격을 움직이는 전신운동이나 호흡운동, 심장의 박동, 혈관이나 림프관의 직경을 변화시켜 일어나는 순화, 소화관의 연동 운동, 각종 선의 분비 작용 등 다양하다.

2. 근육의 형태와 기능

1) 골격근 (Skeletal Muscle)

- 뼈에 붙어있는 근육으로 의도적으로 통제가 가능하다 하여 수의근(voluntary Muscle) 이라 한다. 성숙한 성인은 골격근은 약 660개로 구성되어 있으며 이는 체중의 약45%정도에 해당된다.
- 세포의 모양은 길고 원통형이거나 튜브와 비슷한 모양이다.
- 줄무늬가 배열되어 있고 움직임, 자세유지, 관절을 보호한다.
- 근육의 명칭은 위치(전두근, 측두근, 후두근), 모양(삼각형근, 사각형근), 시작 및 정지점(흉고, 설골근), 주향(곧은근, 경사근), 힘살의 수(상완두갈래근, 상완세갈래근), 작용(내향근, 외향근, 회내근, 회외근, 굽힘근, 폄근)에 따라 분류된다.

2) 평활근 (Smooth Muscle)

- 내장벽을 형성하여 내장근(Visceral Muscle) 이라고 한다.
- 튜브(관), 기관지, 혈관통로를 형성한다.
- 의도적 통제가 불가능하다하여 불수의근 (Invisceral Muscle)이라 한다.
- 줄무늬가 보이지 않아 비횡문근 (Non- Striated Muscle) 이라고도 한다.

3) 심장근 (Cardiac Muscle)

- 심장에만 구성되며 신체에 혈액을 보내는 기능을 한다.
- 심장근은 골격근과 같이 가로무늬가 있는 근육이지만, 의지에 따라 수축할 수 없는 불수의근(striated involuntary Muscle)이다.
- 심방(Atrium)과 심실(Ventricle)의 심장근육층(Myocardium)을 이루고 있다.

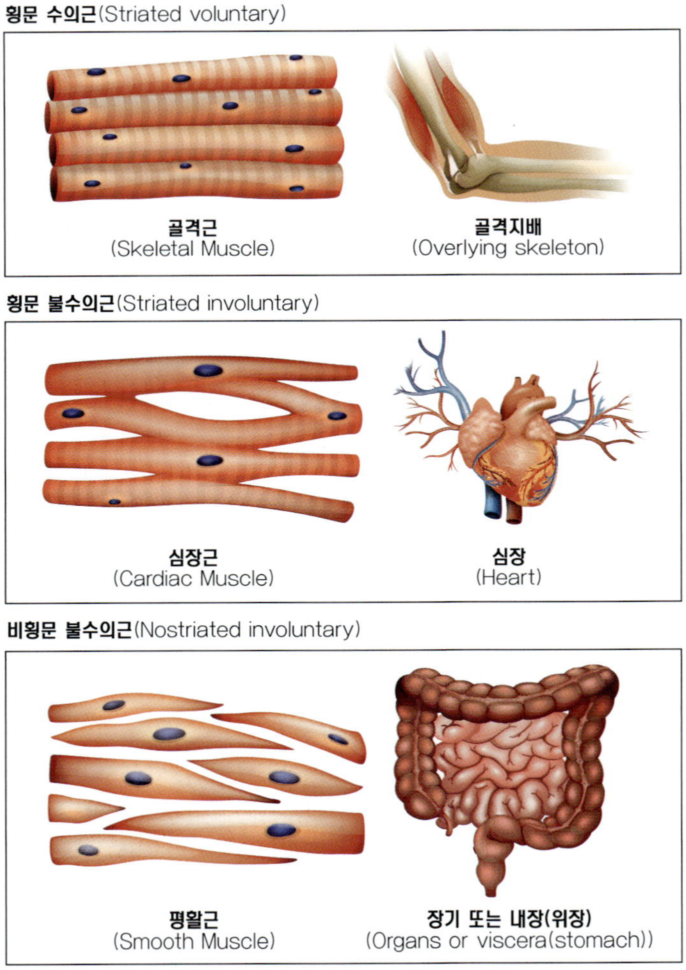

[근육의 형태]

3. 머리와 얼굴의 근육

머리의 근육은 얼굴과 머리의 겉면에 있는 얼굴 근육(안면근, facial muscle)과, 음식을 씹는 씹기 근육(저작근, muscles of mastication)으로 나뉜다.

1) 얼굴의 근육 (안면근, Facial muscle)

얼굴근육은 일반적으로 뼈에서 시작하여 얼굴의 피부에 부착되어 피부 바로 아래에 위치하는 근육이다. 얼굴 신경의 영향을 받아 얼굴의 표정을 조절한다. 얼굴의 피부 아래에 위치한다.

(1) 전두근 (Frontalis)

- 전두골을 덮은 편평한 근육이다.
- 모상건막에서 일어나서, 눈썹이나 코의 근처의 피부에 닿는다.
- 안면신경으로 지배되고 이마에 가로주름을 만들거나, 눈썹을 올리거나 한다.
- 안면신경마비일 때에는 이들의 동작이 장애를 받게 된다.

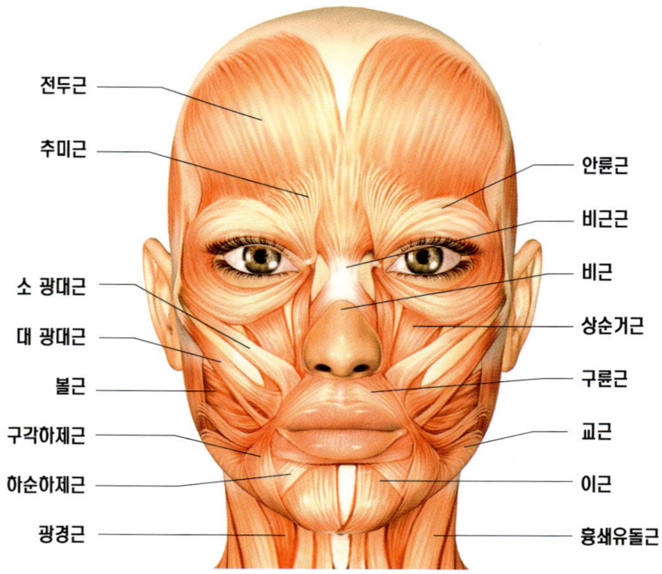

[머리와 얼굴의 근육]

(2) 후두근 (Occipitalis)

- 결합조직의 한 형태인 모상건막에 의해 전두근과 직접적으로 연결되어 있기 때문에 후두 전두근의 외측 근복으로 간주된다.

(3) 안륜근 (Orbiculairs oculi)

- 눈을 둘러싸고 있는 괄약근(sphincter)이다.
- 괄약근은 뜬 눈의 크기를 조절하는 링 모양의 근육이다.
- 근수축시 눈은 감고 윙크하고 깜박거리고, 사시(squinting)가 되는데 영향을 미친다.

(4) 추미근 (미간근, Corrugator supercilii)

- 안륜근의 안와부의 일부로 볼 수 있고 전두근으로 덮여 있다.
- 눈썹을 안쪽으로 끌어당겨 미간에 주름을 잡히게 한다.

(5) 구륜근 (Orbiculairs oris)

- 입을 둘러싸고 있는 괄약근(sphincter)이다.
- 수축 시 입술을 다물고, 단어를 발음하고 입술에 오므라지게 돕는다.
- 감각신경말단이 많이 분포해 있어 민감하다.

(6) 협근 (Buccinator)

- 뺨의 넓고 얇은 근육으로 볼근이라고도 한다.
- 구륜근 내로 삽입되는 근육이고 수축 시 뺨이 편평해진다.
- 구각을 밖으로 당겨 입을 닫거나, 볼을 오므리거나 빵빵하게 만들어 준다.

(7) 관골근 (Zygomaticus)

- 광대뼈에서 윗입술과 입 꼬리로 붙는 두 근육을 가리킨다.
- 미소 짓는 근육이라고 일컫는다.
- 입의 가장자리에서 광대뼈까지 연결되어 있다.
    - 대관골근 : 대광대근으로 입(구각)을 바깥으로 하면서 환한 표정을 짓게 한다.
    - 소관골근 : 소광대근으로 윗입술을 위로 당김으로써 부정적인 표정을 짓게 한다.

(8) 비근근 (Procerus muscle)

- 눈살근이며 코로 향하는 근육이다.

- 코끝으로 사선주름을 만들고 눈살을 찌푸릴 때 눈썹을 내려오게 한다.

(9) 비근 (Nasalis muscle)

- 코로 향하는 근육이다.
- 횡부, 익부, 비중격하체근의 3부분이 있다.
- 횡부는 코를 좁게하여 얼굴을 찡그리게 하며 익부는 비익을 밑으로 끌어당긴다.
- 콧구멍을 넓게 만들거나 코위를 주름지게 만든다.

(10) 상순거근 (Levator labii superioris)

- 비근근, 추미근과 함께 작용하면서 눈과 눈 사이에 주름을 만들어 내거나 코의 형태를 조금 더 날카롭게 바꾸면서 코 옆으로 깊은 팔자주름을 만들어 내는 작용을 한다.
- 비근보다는 코의 형태변화에 직접적으로 관여하는 근육이다.

(11) 구각하체근 (Depressor anguli oris)

- 입꼬리내림근이라고 하는 입으로 향하는 근육이다.
- 수축하면 구각 및 윗입술이 밑으로 당겨서 입이 밑으로 일그러진다.

(12) 하순하체근 (Depressor labii inferioris)

- 아랫 입술을 아래 방향으로 내림으로 입술을 삐쭉 내밀게 한다.

(13) 이근 (Mentalis)

- 턱근으로 턱의 주름에 관여한다.

(14) 소근 (Risorius)

- 볼에 있으며 구각을 바깥쪽으로 당겨 비순강의 밑족으로 같은 방향으로 당긴다.
- 웃는 표정을 만들고 사람에 따라서 보조개를 만들기도 한다.

2) 저작근 (Muscles of mastication)

저작근은 일명 씹는(masticationd) 근육이라고 한다. 이 근육은 아래턱뼈인 하악골에 붙어 있고 인체 중에 강한 근육이다.

(1) 교근 (Masseter)

- 저작근의 하나로 턱의 측면에 있는 광대뼈에서 시작되어 아래턱뼈로 이어지므로 아래턱을 끌어올려 위턱으로 밀어 붙이는 작용을 한다.
- 깨물근이라고도 하는 교근은 많이 발달할수록 사각턱이 될 수 있는 요인이 된다.

(2) 측두근 (Temporoparietalis muscle)

- 측두골의 편평한 부위에서 하악골까지 연결되는 부채모양의 근육이다.
- 이를 악문다거나 귀를 움직일 때 작용하는 근육이다.
- 음식을 씹을 때 턱을 움직이게 한다.

3) 목 근육 (Neck muscles)

목 근육은 머리와 어깨의 동작에 관여하고 기관의 동작에도 관여한다.

(1) 흉쇄유돌근 (Sternocleidomastoid muscle)

- 흉골과 쇄골에서 측두골의 유양돌기까지 연결된다.
- 목의 양쪽 근육 수축은 고개를 숙이게 한다.
- 한쪽 근육만의 수축으로 머리를 한쪽으로 기울이는 역할을 한다.
- 같은 쪽의 귀가 어깨에 닿게 하는 작용을 하며 얼굴이 반대쪽, 위쪽으로 향하게 하는 움직임을 갖는다.
- 오른쪽과 왼쪽이 함께 작용하여 목을 앞쪽을 굽히는 역할을 하며, 턱을 앞으로 당기는 작용도 한다.

(2) 광견근 (Plstysma)

- 턱에서부터 목을 싸고 내려가서 가슴 윗부분에 이르는 근육이다.
- 안쪽에는 좌우로 10쌍의 작은 근육이 있어 저작운동, 연하운동, 발성운동 등에 관여한다.
- 안면의 움직임에 영향을 주어 얼굴 대칭의 원인으로 보기도 한다.

Ⅳ. 피부의 구조

1. 피부의 개요

피부는 신체의 외부를 덮고 있는 하나의 막으로, 여러 가지 외부의 자극, 장해, 건조 등의 환경요소로부터 신체를 보호해주는 중요한 기관이다. 즉 자외선, 온도, 습도, 세균 등의 물리적 · 화학적, 생물학적 요인으로부터 인체를 보호하는 중요한 역할을 한다. 다양한 생리적 기능을 수행하여 내부 장기와 그 밖의 체내기관을 보호조절하는 역할을 한다.

피부는 모체에서 뇌와 함께 형성되며, 피부의 총면적은 연령, 성별, 부위에 따라 차이가 나지만 성인의 경우 약 1.6~1.8㎡이고, 중량은 체중의 16% 정도를 차지하고 인체의 장기 중 가장 넓은 면적을 차지한다. 신체부위 중 눈꺼풀이 가장 얇고 가장 두꺼운 곳은 손바닥과 발바닥이다. 일반적으로 여성에 비하여 남성의 피부가 두꺼우며 피하지방의 경우 여성이 남성보다 두껍다. 피부는 피와 림프에 의하여 영양분이 주어지고 체온조절을 하며, 노폐물을 땀으로 내보낸다.

피부는 표피(epidermis), 진피(dermis), 피하지방(subcutaneous layer)의 3층으로 구성되어 있고, 피부의 부속기관은 한선, 피비선, 모발 그리고 조갑(nail) 등이 있다. 피부의 구성성분은 수분 70.5%, 무기질 0.5%, 단백질 27%, 지방 2% 등으로 구성되어 있다.

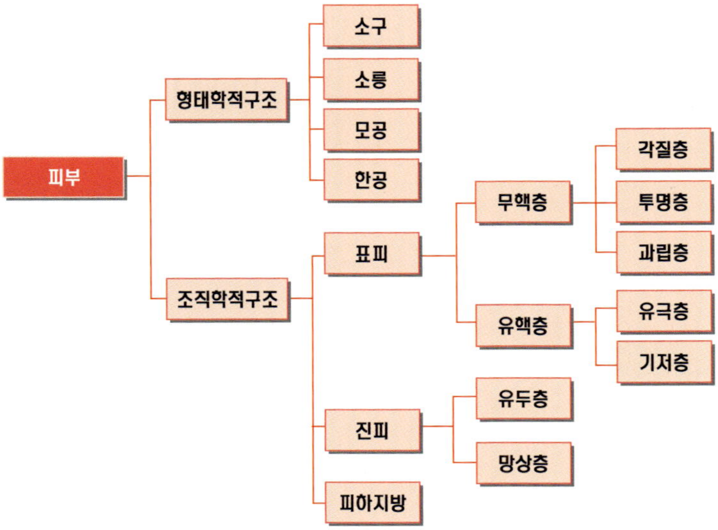

[피부의 구조]

2. 형태학적 구조

피부 표면은 육안으로 보면 단순하고 평편해 보이지만 현미경을 관찰하면 복잡한 그물모양의 구조를 이루고 있다. 피부의 구조 중 언덕모양으로 올라와 있는 부분을 '피부소릉(hill)'이라 하며, 낮은 부분을 '피부 소구(furrow)'라 한다. 소구와 소릉이 서로 교차하고 얽혀 여러 모양의 피부무늬를 만든다. 젊은 피부일수록 소릉과 소구의 높낮이 차이가 적어 피부의 결이 고우며 반대로 높낮이의 차이가 클수록 거친 느낌을 준다. 이러한 높낮이를 '피부의 결(texture)'이라 한다. 여성들의 피부 결이 남성들에 비해 곱다고 표현하는 것은 소구와 소릉의 높낮이 차이가 적기 때문이다.

피부소구와 피부소구가 교차하는 곳에 모공이 있으며, 모공에는 대체로 피부표면을 향해 모발이 45° 각도로 비스듬히 나와 있다. 반면 소릉 중심에는 땀을 분비하는 구멍인 한공이 존재하며 피부에 수분을 공급해 주고 체온을 조절해 주는 기능을 한다.

이때 피부표면으로 모공을 통해 피지가, 한공을 통해 땀을 분비하여 땀과 피지가 만나 피부를 천연적으로 보호하는 천연보호막인 피지 막을 생성하여 피부를 보호하는 기능을 하게 되며, 이때 피부 pH 4.5~6.5로 약 pH 5.5인 약산성막을 띄게 된다.

1) 피부의 형태학적 구조

- 피부소구 : 피부표면의 우묵한 곳
- 피부소릉 : 피부표면의 올라온 곳
- 모공 : 피부소구와 소구가 교차하는 곳으로 모발이 나오는 구멍
- 한공 : 피부소릉부위에서 땀을 분비하는 구멍
- 피부의 결 : 피부의 소구와 소릉에 의해 형성된 그물모양의 표면

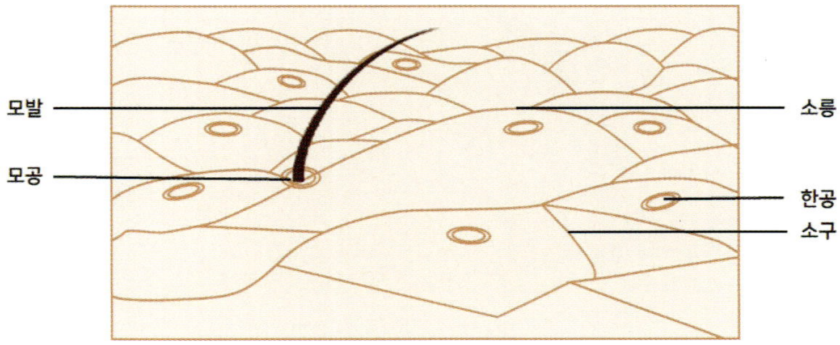

[피부의 형태학적 구조]

2) 피지막

피부표면에는 피지선에서 나온 피지와 한선에서 나온 땀으로 이루어진 얇은 막이 적절이 융화되어 있다. 이러한 피부의 막을 '피지 막'이라 부른다.

피지 막은 기름 속에 수분이 일부 섞인 유중수형(W/O)의 유화상태이다. 그러나 땀을 많이 흘리게 되면 체온의 일정한 유지를 위해 땀의 빠른 증발이 유도 되도록 수중 유형(W/O)의 유화상태가 된다. 피지에는 지방산 함유되어 있어 세균을 어느 정도 살균하는 효과도 지니고 있다. 피지 막은 유중수형과 수중유형 사이를 오가며 피부의 수분증발을 막아 수분조절의 역할을 한다.

피지성분 중 트리글리세라이드는 모유 두에 기생하는 세균에서 분비하는 지질분해 효소인 리파아제(Lipase)에 의해 유리지방산과 모노글리세라이드(Monoglyceride), 디글리세라이드(Diglyceride)가 분해된다. 이때 유리지방산은 여드름의 염증을 유발한다.

피지 막은 수분을 끌어들이거나(친수성), 밀어내는(소수성)성질을 지녔는데 이로 인해 피부를 촉촉하고 매끄럽게 하거나 외부의 물기를 피부내로 침투되는 것을 막아 피부가 붓는 것을 방지한다.

3. 조직학적 구조

피부를 수직으로 잘라 현미경으로 살펴보면 상피조직인 표피(epidermis), 결체조직인 진피(dermis), 피하조직(subcutaneous)으로 이루어져 있으며 피부의 부속기관으로 한선(sweat gland) 모발(hair), 손 · 발톱(nail)등을 볼 수 있다.

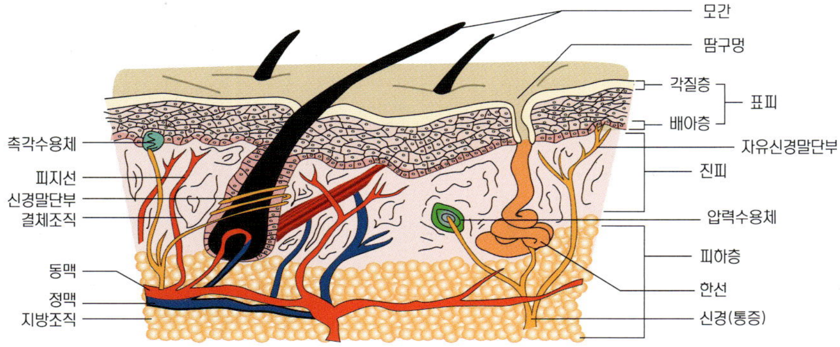

[피부의 조직학적 구조]

표 1-5. 신체부위별 피부의 두께

부위	표피+진피(mm)
정수리	2.35
볼	1.53
눈 꺼풀	0.60
가슴	1.30
등	2.30
상완내측	1.45
손등	1.10
둔부	1.40
대퇴내측	1.10
하퇴내측	1.00
발바닥 : 땅이 닿이지 않는 곳	1.20
발다닥 : 접지부	1.55

1) 표피 (Epidermis)

표피는 신체를 감싸고 있는 가장 바깥에 위치하는 층으로 외부 완경과 직접 접촉되어 있어 물리적, 화학적, 생물학적 요인에 항상 노출되어 있다. 표피는 외배엽에서 유래하며 중층편평 상피(stratified squamous epithelium)로 된 얇은 막으로 구성되어 있다. 피부의 두께는 표피의 두께로 결정되는데 보통 표피의 두께는 0.07~0.12mm이다. 그러나 손바닥(0.8mm)이나 발바닥(1.4mm)의 표피층은 훨씬 두껍다. 표피 역시 피부의 두께에 따라 다르나 각화세포의 변형되는 모양에 따라 기저층, 유극층, 과립층, 투명층, 각질층의 순으로 이루어져 있다.

(1) 표피의 구성세포

표피를 구성하는 세포는 각질형성세포(keratinocyte)와 가지모양의 돌기를 가지고 있는 가지모양세포(dendrite cell)인 멜라닌세포(melanocyte), 랑게르한스세포(langerhans cell), 머켈세포(markel cell) 등이 있다. 각질형성세포는 외배엽에서 유래하며, 멜라닌생성세포는 신경외배엽에서 유래한 세포이고 랑게르한스세포는 중배엽에서 유래하였다.

① 각질형성세포 (Keratinocyte)

- 표피의 주요 구성 세포로 전체 80%이상으로 대부분을 차지한다.
- 표피의 각질층, 모발과 조갑의 구조 단백질을 형성하는 각질(keratin)이라는 복잡한 세섬유 단백질을 생산한다.
- 유극층, 과립층, 과립층, 투명층, 각질층을 거치 면서 점차로 수분을 잃게 되어 딱딱하고 건조한 각질을 가진 세포로 되는데 이러한 세포를 '각질형성세포(keratinocyte)'라고 한다.
- 각질형성세포의 수명은 약 28일이며 피부 부위에 따라서 조름씩 다를 수 있으나 매일 수백만 개의 세포들이 떨어져 나가고 아래 기저 층으로부터 수 백 만개의 새로운 세포가 생성되어 올라오게 된다.
- 각질형성세포의 기능저하는 피부의 잔주름과 피부 거칠음을 초래한다.

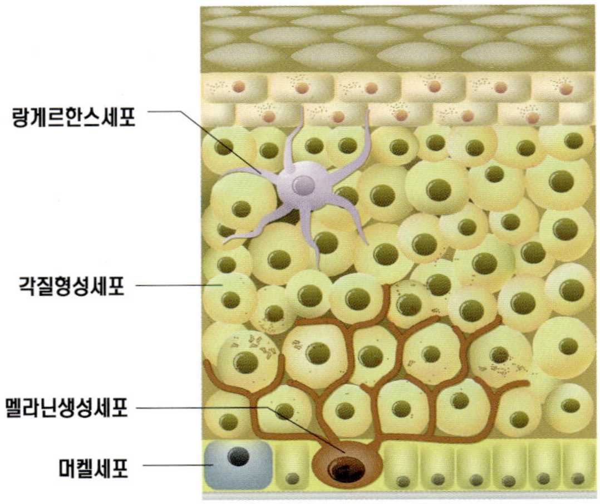

[표피의 구성세포]

② 가지모양세포 (Dendrite cell, 수상세포)

▷ 멜라닌형성세포 (Melanocyte)

- 표피를 구성하고 있는 세포의 약 5~10%를 차지한다.
- 피부의 색과 관련이 있는 세포이다.
- 멜라닌세포에 의해 멜라닌이 생성된다.
- 표피의 기저층에 존재하나 자외선 등에 의해 멜라닌 합성이 자극되면 유극층에서 관찰된다.
- 멜라닌 형성세포에서 만들어진 멜라닌은 세포돌기를 통해 주위의 각질형성세포로 전달되며 멜라닌이 함유된 각질형성세포는 점차 각질층으로 이동되며 최종적으로 각질층에서 탈락되어 떨어져 나간다.
- 수상돌기를 가지고 있으며 피부가 자외선에 노출되거나 정신적 인자, 호르몬 등의 자극을 감지하면 멜라닌 색소의 생성이 촉진된다.
- 단백질의 일종인 티로신이 티로시나아제 효소에 의해 산화되는 복잡한 과정을 거쳐 멜라닌 색소를 생성한다.
- 기저세포에서 멜라닌색소의 색상은 황갈색, 흑갈색, 갈색이나, 피부표면에 가까워지면서 산화되어 점점 검어진다.
- 멜라닌색소의 주요기능은 태양광선중의 자외선을 흡수 또는 분산시켜 피부를 보호한다.
- 멜라닌색소의 조절이나 피부의 침착정도는 유전적, 환경적, 호르몬성 유전적 요인에 의해 결정, 종족에 따라 피부색이 다른 것은 멜라닌색소의 활성도, 즉 생성되는 멜라닌 색소의 양과 생성속도 및 분포상태가 다르기 때문이다.

▷ 멜라닌 세포의 자극인자

- 멜라닌세포 자극 호르몬(melanocyt-stimulating hormone, MSH)
- 성호르몬 프로게스테론(progesteron)과 안드로겐(androgen)
- 티로신
- 내분비장애(간질환, 위장질환등)
- 신경성요인(스트레스)

▷ 멜라닌 색소의 배출경로

- 각질층으로 이동하여 각질과 함께 탈락된다.
- 진피의 유듀층 아래로 내려가 혈관 또는 림프관을 통하여 체외로 배설된다.

▷ 멜라닌 생성과정

멜라닌세포의 멜라닌 색소는 골지영역에서 합성되는 티로신(tyrosin)이라는 단백의 일종으로 피부가 자외선에 노출되면 티로시나아제(tyrosinase)란 효소의 작용으로 산화되어 3,4 디히드록시 페닐아닌(3,4-dihydroxyphenylalanone), 즉 도파(dopa)로 전화된다. 그리고 도파가 다시 산화되어 5,6 디히드록시퀴논(5,6-dihydroxyquinone), 즉 도파퀴논(dopaquonone)으로 전환되어 최종적으로 두가 유형의 멜라닌을 형성하는 과정에 도입한다. 즉 티로신은 티로시나아제의 복잡한 과정을 거쳐 멜라닌 색소를 생성함으로써 피부를 검게 만든다.

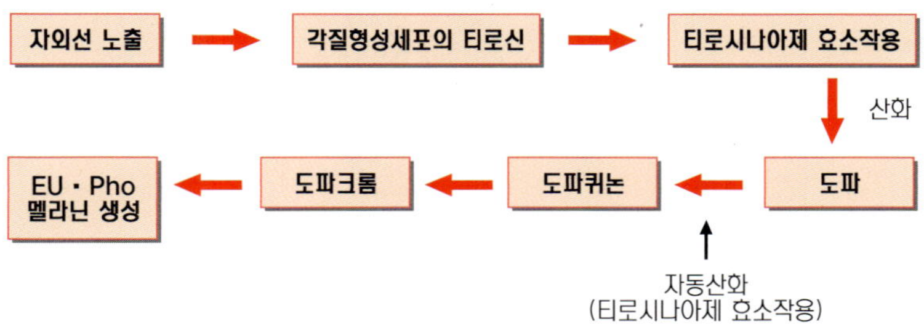

[멜라닌 생성과정]

▷ 랑게르한스세포 (Langerhans cell, 대식세포)

- 표피층 전체의 각질형성세포 사이사이에 위치하며 표피층 세포의 2~3%를 차지한다.
- 대표적인 면역관련 세포로 유극층에 주로 존재한다.
- 별모양의 많은 세포돌기인 가지 돌기를 가지고 있음.
- 림프순환계와 깊은 연관성이 있으며 피부의 면역학적 반응과 알레르기 반응에 중요한 역할을 한다.
- 외부 물질을 처음으로 인지하여 T림프구에 전달하는 역할을 하는 중요한 면역세포이다.
- 유사 분열 조절 작용을 한다.
- 표피의 신진대사인 각화과정의 성장촉진을 돕는다.
- 외부의 이물질이나 바이러스 등의 식균 작용물질이 피부에 침투 시 보호한다.
- 구강 및 생식기점막의 상피세포와 림프절, 피지선, 한선, 유선 모낭세포에도 존재한다.

▷ 머켈세포 (Markel cell) : 촉각인식세포

- 기저층에 위치하고 있는 촉각을 감지하는 감각세포이다.
- 신경세포와 연결되어 촉각을 감지하는 세포로 작용하기 때문에 촉각세포라고도 한다.
- 인체 피부에서 손바닥, 발바닥, 입술 등의 모발이 없는 피부에서 주로 발견된다.
- 신경섬유의 말단과 연결되어 신경자극을 뇌에 전달한다.

- 감각기중 기계적 수용기로써 각질세포사이의 운동을 탐지 또는 밑층의 결합조직에 대한 표피의 운동을 감지한다.

(2) 표피의 구성

- 유핵층 – 살아있는 세포로 구성
- 무핵층 – 핵이 없고 건조하며 죽은 각질들로 구성

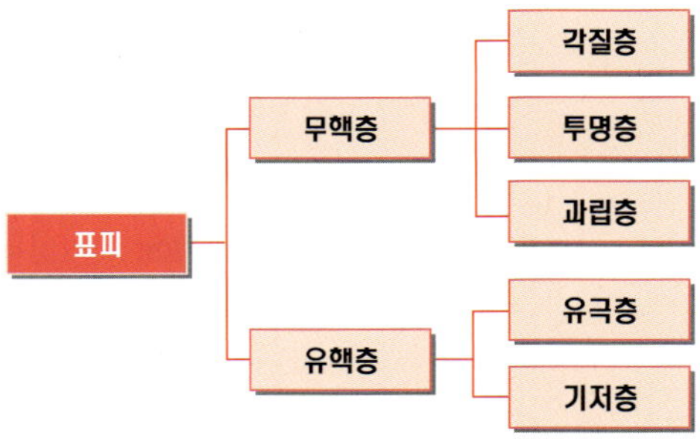

[표피의 구성]

① 기저층 (Stratum basale)

- 표피의 맨 아래층으로 단층의 원추상 세포로 핵을 가지고 있는 살아있는 세포이다.
- 세포분열을 행하여 세포가 생성된다.
- 진피층과 접하여 물결모양을 이루고 있다.
- 진피층의 모세혈관을 통해 산소와 영양분을 공급받아 활발한 세포분열을 통해 새로운 세포를 생성하며 멜라닌형성세포(melanocyte)와 함께 존재한다.
- 기저층의 각질형성세포와 멜라닌형성세포는 4:1 또는 10:1의 비율로 존재하며 세포분열에 의해 새로운 층으로 이동한다.
- 젊은 피부일수록 진피와 접하고 있는 물결모양의 요철이 많고 깊으며 노화되며 요철이 편평해져 영양공급과 노폐물 배출기능이 저하된다.
- 기처층의 세포분열은 밤10에서 새벽 2시 사이에 가장 활발하다.
- 멜라닌을 생성하는 멜라닌형성세포가 있어 피부색을 결정하며 외부 자극이나 자외선으로부터 피부를 보호하는 역할을 한다.

② 유극층 (Stratim spinosum)

- 표피층 중 가장 두꺼운 층이다.
- 표피의 대부분을 차지하고 있다.
- 세포 표면에는 가시모양의 돌기가 있어 인접세포와 다리모양으로 연결된다.

- 5~10층으로 되어 있으며 세포들은 가시모양으로 서로 연결되어 '가시층'이라고도 한다.
- 기저층과 같이 핵을 가지고 있는 살아 있는 세포로 세포 재생이 가능하다.
- 세포분열이 활발하지는 않지만 표피를 다칠 경우 피부손상을 복구 할 수 있다.
- 면역기능을 담당하는 랑게르한스 세포가 존재한다.
- 세포사이에 세포간교를 통해 림프액이 흐르고 있어 혈액순환이나 노폐물 배출 등의 물질 교환이 이루어지게 함으로써 피부 관리에 매우 중요한 역할을 한다.

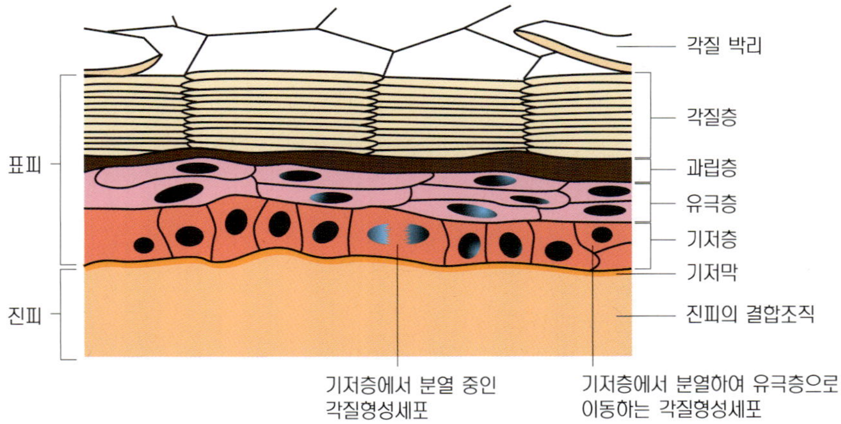

[표피의 구조]

③ **과립층** (Stratum granulosum)

- 편평형 또는 방추형의 세포층으로 2~5층을 이루어져 있다.
- 손바닥, 발바닥처럼 두꺼운 부위에서는 10층에 이른다.
- 핵이 소실되고 표피세포가 퇴화되어 각질화되는 과정의 1단계로 본격적이 각질화가 일어나는 층이다.
- 수분증발저지막이 있어서 이물질의 침투에 대한 방어막역할과 아울러 피부내부로부터 수분 증발을 저지해 준다.
- 세포퇴화의 첫 징조로 세포질 내부에 케라틴의 전구물질인 케라토하이알린(keratohyalin)이라고 하는 과립물질이 들어 있으며, 케라틴 합성에 관여하는 프로필라그린(profilaggrine)이라는 물질을 함유하고 있다.
- 프로필라그린(profilaggrine)이 필라그린으로 전환되면서 미세섬유들은 케라틴 필라멘트가 되고 필라그린과 케라틴 필라멘트와 교차결합하여 각질세포의 단단한 구조가 형성된다.

▷ 레인방어막 (수분증발 저지막, Rein membrane, Barrier membrane)

- 화학적 성질을 지닌 막으로 투명층 아래에 위치한다.

- 피부 외부로부터 이물질의 침입을 막는 역할을 한다.
- 물리적 압력이나 화학적 물질의 흡수을 저지하여 피부염 유발을 억제한다.
- 레인방어막 윗부분인 피부 표피 쪽은 약산성을 띠며 10~20% 정도의 수분을 함유하고 있다.
- 레인방어막 아래 부분인 피부 안쪽은 약 알칼리성을 띄고 70~80% 정도의 수분량을 함유하고 있다.

④ **투명층** (Stratum lucidum)

- 각질층 바로 밑에 있는 2~3층의 생명력이 없는 무핵의 작고 투명한 세포로 구성되어 있다.
- 엘라이딘(Elaidin)이라는 반유동적 단백질이 있어 밝고 투명하게 보이며 빛을 굴절시켜 빛을 차단하는 특성이 있다.
- 피부의 외부로부터 이물질이나 수분침투와 피부내부의 수분 유출을 막아주는 역할을 한다.
- 손바닥과 발바닥에 주로 존재한다.
- 빛을 산란시켜 자외선의 약 80%가 흡수한다.

⑤ **각질층** (Stratum Comeum)

- 각질형성세포 중 가장 바깥쪽의 단단하고 건조한 얇은 껍질인 각질을 형성하고 있다.
- 핵이 없는 죽은 세포층으로 15~20층으로 되어 있다.
- 각질층에는 수분이 거의 없다.
- 세포 사이에는 지방질 성분이 겹겹이 끼여 있는데, 지질 간 접착제인 세라마이드(ceramide)에 의해 각질층 사이가 단단하게 결합되어 있다. 이는 세포내 수분 손실을 억제해줄 뿐 아니라 이물질이나 세균들이 피부 속으로 침입해 오는 것을 막아주는 방패역할을 하며 피부의 보호기능에서 가장 주요한 위치를 차지하고 있다.

▷ 모양

- 피부의 표면에 가까울수록 납작하고 길쭉한 모양
- 편평한 기와장 모양으로 얇은 각질 판이 서로 엇갈려 맞물려 있다.

▷ 주성분

- 케라틴 단백질(58%),
- 지질(11%)
- 천연보습인자(natural moisturizing factor ; NMF 38%)를 함유하고 있다.

▷ 두께

- 신체의 부위에 따라 각질층의 수분 상태에 따라 다르다.
- 손바닥이나 발바닥과 같은 부위는 각질층이 매우 두꺼워 일상생활에서는 받는 물리적 충격이나 마찰 또는 외상에도 잘 견딜 수 있도록 되어 있다.

▷ 각질층의 수분량

- 각질층에는 천연보습인자가 있어 10~20%의 수분을 함유하고 있다.
- 수분 량이 10%이하가 되면 건조하고 피부가 거칠어지고 피부노화를 촉진한다.
- 일반적으로 각질층의 수분 량은 젊은 피부일수록 수분 량이 많고 나이가 들수록 수분량은 감소한다.

▷ 각질층의 주성분

a. 천연보습인자 (Natural moisturizing factor)

- 피부가 수분을 함유하여 유연하고 탄력 있는 상태를 유지하는 것은 피지 막에 따른 수분 증발억제작용과 각질층이 수분을 보유하는 능력이 있기 때문이다.
- 각질 등으로부터 어떤 종류의 특정 성분을 빼면 각질층은 흡습성을 잃게 되는데 이러한 수용성 흡습물질을 '천연보습인자'라 한다.
- 성분
  · 아미노산이나 유기산이 대부분이며 이러한 성분은 케라티오사이트가 각화할 때 세포내에서 만들어진다.
  · 케라토히알린 과립에 들어있는 히스타민을 많이 가지고 있는 히스티딘리치 단백질이 각질세포로 되는 과정에서 분해되어 케라틴 섬유간단백질이 되고 각질세포가 되며 더 분해되어 천연보습인자 성분이 되는 것이다.
- 아미노산이나 유기산은 모두수용성 화합물로, 수분과의 친화성이 높아 각질세포 속에 필요한 양의 수분을 가지게 하는 것이다.
- 천연보습인자 속에는 케라틴 단백질 분자 고리의 양쪽 끝에 가변영역으로 알려진 특수한 부분과 강하게 상호작용하는 성분이 있다.

  ※ 이 성분을 상실하면 케라틴 분자는 자유로이 움직일 수 없게 되어 수분과 친화성이 저하 된다.
- 피부의 수분 보유량을 조절하여 각질층의 수분을 유지
- 피지선으로부터 분비되는 피지가 피부표면을 덮어 피부로부터 수분이 증발 되는 것을 막는다.
- 결핍되면 피부가 건조해져서 각질층이 두터워지며 피부노화의 원인이 된다.

b. 케라틴 단백질

- 세포 골격 단백질 중 중간경 섬유를 만드는 단백질이다.
- 피부의 각층세포에 들어 있는 연 케라틴과 모발이나 손 · 발톱에 들어 있는 경 케라틴이 있다.

c. 세포간 지질

- 각질층의 세포사이에는 피지와는 다른 지질성분
- 성분
  - 세라마이드(cecamide, 50%)
  - 지방산(fatty acid, 30%)
  - 콜레스테롤(cholesterol, 15%)
  - 콜레스테릴 에스테르(cholesteryl ester, 5%)
- 층상의 라멜라(lamella)구조로서 각질층을 결합시키고 있다.
- 세포와 세포를 서로 단단하게 결합하도록 돕는다.
- 수분손실을 막는다.

표 1-6. 천연보습인자의 성분 조성

성 분	조성치(%)
아미노산(amino acid)	40.0
피롤리딘 카르복실산(pyrrolidine carboxylic acid-PCA)	12.0
유산염(lactic acid)	12.0
요소(urea)	7.0
NH3, 요산(uric acid), 글구코사민(glucosamine), 크레아티닌(creatinine)	1.5
구연산(citric acid)	0.5
Na^{+}(5%), K^{+}(4%), Ca^{2+}(1.5%)	18.5
Mg^{2+}(1.5%), PO^{2-}(0.5%), CL^{-}(6%), 당(sugars), 유기산(corhanic acid)	8.5
펩타이드(peptide), 그외	

▷ 각화 (Keratinization)

- 표피의 가장 중요한 생리적 기능이다.
- 외부에서 오는 여러 가지 자극(건조, 자외선, 기타 물리적, 화학적자극)에 대한 방어벽이 되는 외피인 각질층을 형성하는 것이다.
- 표피는 기저세포, 유극세포, 과립세포의 형태적 특징이 순차적으로 변화면서 피부표면층으로 이동하는 세포로서 최종적으로는 각질세포가 되는데 이런 표피세포의 분화과정이다.

▷ 표피의 각화과정 (Keratinization)

- 기저막에서 활처럼 휘어져서 일렬로 나열된 표피의 최하층 기저세포가 분열한다.
- 일부는 기저층에 남고 일부는 토노필라멘트라고 하는 가는 섬유를 형성하고 표피상층인 유극층으로 이동하면서 유극세포로 된다.
- 각질세포 중심부분의 주체를 이루는 케라틴섬유의 전구체는 모두 기저세포 안에서 합성되지만 층판과립이라고 불리는 소체가 유극층 윗부분에 나타난다. 이 소체는 지질로 가득 차 있고 지질들이 층상구조를 이루고 있기 때문에 이와 같이 불리지만 각질층으로 이행하기 직전에 내용물이 세포 밖으로 방출되고 층상구조를 유지하면서 서로 융합하여 각질세포 사이에 시트 모양으로 확장하게 되어 과립층이라 한다.
- 과립층 세포 내부에서 특별한 단백질이 세포막과 가교를 형성함으로 완전히 불용성인 딱딱한 막으로 변화하여 세포막이 두꺼워진다.
- 케라토히아린이라는 과립이 형성되어 각질층의 케라닌 섬유를 서로 응집시켜 수분이 배출되며 치밀한 구조가 된다.
- 얼마 후 치밀한 구조는 소실되고 케라틴과 아미노산으로 분해된다. 이들 아미노산이나 대사산물이 각질층 내의 수용성 성분인 천연보습인자의 주성분이 된다.

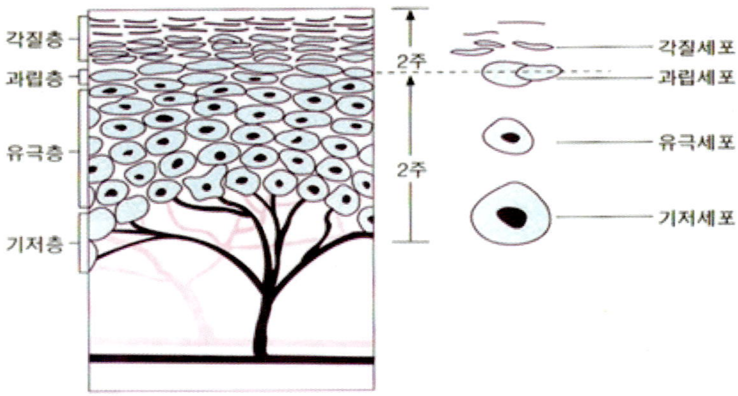

[표피의 각질화 과정]

2) 진피 (Dermis)

진피는 표피와 피하지방층 사이에 존재하는 치밀한 결합조직으로 기저막을 사이에 두고 표피와 접해 있으며, 세포외 기질(extracellular- matrix, ECM)로 구성되며, 세포외 기질은 진피를 구성하는 섬유와 기질로 구성되어 있다. 구성 섬유는 교원섬유(collagen fibers)가 약 70~80%를 차지하고, 탄력섬유(elastic fibre)는 약 2~4%를 차지한다. 그 외에는 기질(ground substance)로서 글리코스아미노글리칸(glycosaminoglycans, GAGs), 당단백질

(glycoprotein), 물로 구성되어 있다. 두께 0.5~4mm 정도이며 표피보다 약 15~40배 정도로 두꺼우며 피부의 대부분을 차지한다. 조직 내에 세포 수가 적어 세포분열이 왕성하지 않으므로 표피보다 에너지가 덜 소모되며, 혈관, 신경관, 림프관, 한선, 모발과 입 모근 등을 포함하고 있다.

▷ 진피의 두께

- 등 4mm로 가장 두껍다.
- 눈과 고환이 가장 얇다.
- 두피, 이마, 손목 그리고 손바닥은 모두 2mm이하
- 복부와 대퇴부는 약 2~3mm

▷ 진피의 기능

- 체온조절의 기능
- 피부의 두께와 주름을 결정
- 외부의 손상으로부터 몸을 보호
- 표피층에 영양을 공급하고 표피를 지지
- 표피와 상호작용하여 피부를 재생하는 기능
- 수분을 흡수, 저장하여 피부의 탄력성을 부여
- 촉각, 온각, 한각, 통각, 소양감 등의 감각에 대한 수용체 역할

(1) 진피의 구성 세포

진피층을 구성하는 세포는 섬유아세포(fibroblast), 대식세포(macrophage), 색소보유세포(chromatophorp), 비만세포(mast cell), 랑게르한스세포(langerhans Cell), 림프구(lymphocyte), 형질세포(plasma cell) 등이 있다. 이러한 진피의 구성 세포 중 섬유아세포와 대식세포가 대부분을 차지한다.

① 섬유아세포 (Fibroblast)

- 세포외 기질인 결합조직의 섬유성분을 합성하고 분비하는 세포이다.
- 노화와 직접적인 관련이 있는 주름, 처진, 건조함 등을 관장하는 세포이다.

② 대식세포 (Macrophage)

조직구(histiocyte)라고도하며 모양은 일정하지 않으나 아메바 운동을 하고, 이물질을 담식하여 신체방어와 청소부(scavenger) 역할을 하는 세포이다.

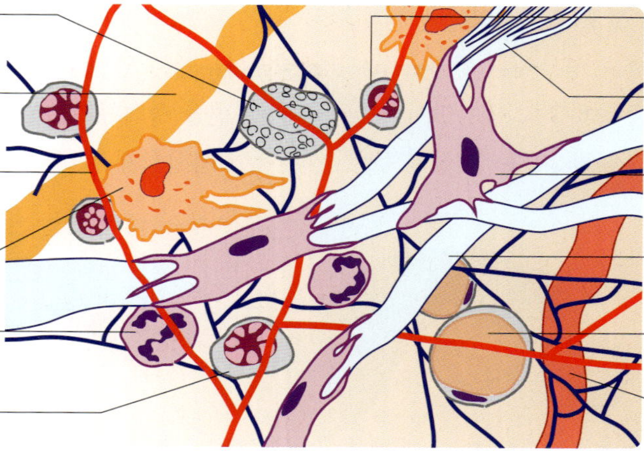

[진피의 구성세포와 섬유]

③ **색소보유세포** (Chromatophorp)

- 색소를 보유하고 있으며 세포질 돌기를 가지고 있다.
- 항문주의, 유륜 등에 집중적으로 분포되어 있으며, 피부색을 짙게 한다.
- 색소를 만들지 않고, 다만 색소를 포식하여 보유하고 있는 세포이다.

④ **비만세포** (Mast cell)

- 구형 또는 난원형의 세포로 세포질 내에 많은 과립이 차 있다.
- 알레르기의 주요인이 되는 면역세포이다.
- 아메바 운동을 하며 헤파린(heparin), 히스타민(histamine), 세로토닌(serotonin) 등을 분비한다.

⑤ **형질세포** (Plasma cell)

B림프구가 특수하게 분화된 것으로 항체를 생상하며 만성염증이 있을 경우나 림프조직에서 많이 나타난다.

⑥ **림프구** (Lymphocyte)

백혈구의 한 형태로 우리 몸의 면역 기능에 관여하는 세포이다.

(2) 진피의 구조

진피는 기저막을 사이에 두고 표피와 접해있다. 기저막은 매우 얇은 막으로 진피와 표피를 단단히 결합하는 역할을 하며, 표피세포의 정상적인 증식과 각화를 유지하는데 중요한 역할을 한다. 표피에 접하는 부분은 요철모양을 하고 있어서 표피를 지지하고 강인성에 의해 피부의 조직들을 유지하고 보호해주는 역할을 한다. 진피층은 결합조직의 구성과 세포의 밀도, 신경과 혈관의 형태에 의하여 상부에는 유두층(papillary), 하부에는 망상층(reticular layer)의 두층으로 분류된다. 유두층하부의 혈광망이 망상층과 경계면을 형성하며, 진피는 피부의 탄력에도 영향을 미친다. 모세혈관, 림프관, 신경 등이 진피 속에 복잡하게 얽혀있다.

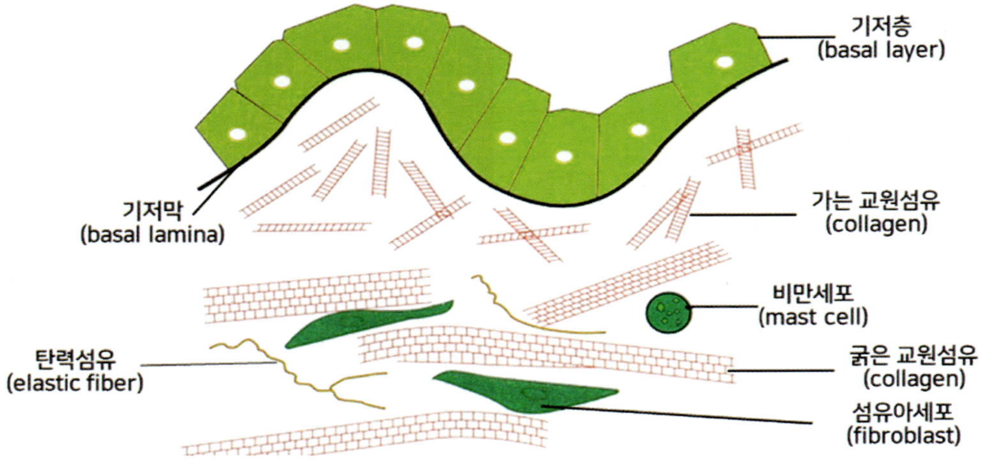

[진피의 단면 구조]

① 유두층

- 결합조직으로서 콜라겐이 차 있으며 거의 수직적인 형태로 이루어져 있다.
- 표피 융기 사이에서 표피 속으로 진피부분에 작은 돌기가 돌출되어 있는데 이를 유두라 한다.
- 미세한 교원질과 섬유사이의 빈 공간으로 이루어져 있으며 세포성분과 기질성분이 많다.
- 돌기모양으로 표피에 이어지는데 이곳에 모세혈관이 몰려 있어 기저 층의 영양분을 공급한다.
- 감각기관이 촉각과 통각, 신경종말이 다량분포하고 있어 신경전달을 하고 있다.
- 수분을 다량 함유되어 있으며, 유두층의 수분은 피부의 팽창과 탄력도에 영향을 미친다.
- 표피 : 진피간의 물결모양으로 인하여 피부를 옆으로 당겼을 때 신축성을 보이며 피부 모양을 유지함으로서 피부의 팽창과 탄력에 관여한다.
- 전체 진피의 10~20% 정도를 차지하며, 유두의 물결모양은 노화의 진행에 따라 요철이 적게 편평해진다.

② **망상층** (Reticuar layer)

- 유두층 아래에 있는 단단하고 불규칙한 그물모양의 결합조직으로 진피의 대부분을 차지하며, 피부가 넓게 혹은 길게 늘어날 수 있는 탄력적 성질을 지니게 한다.
- 세포성분과 세포간 물질로 구성된 두꺼운 층인데 세포간 물질은 섬유단백질인 교원섬유와 탄력섬유으로 이루어져 있으며 피부가 과잉으로 늘어나거나 파열되지 않게 보호한다.
- 모세혈관은 거의 없다.
- 혈관, 림프관, 피지선, 한선, 신경, 모낭 등이 복잡하게 분포되어 있다.
- 탄력성과 팽창성이 큰 층으로 임산부와 비만인 경우 피부가 늘어나더라고 지탱할 수 있게 한다.
- 피부가 늘어나는 한계를 지나치면 살이 트게 되는데, 이를 팽창선조(stria distensa)라하며, 주로 둔부, 대퇴부, 유방, 복부의 피부에 흔히 발생한다.
- 피부표면과 평행인 망상층의 섬유들은 신체 부위에 따라 일정한 방향성을 갖고 배열을 하고 있다.
- 감각기관으로 냉각, 온각, 압각이 있다.

(3) 진피의 구성섬유

① **교원섬유** (Collagen fiber)

- 피부의 결합조직을 구성하는 주요 성분으로 모든 결합조직에 분포되어 있으며 지주적인 역할을 한다.
- 진피 성분의 90%를 차지하고 있는 섬유단백질인 교원질(collagen)로 구성되며 교원질은 섬유아세포에서 생성된다.
- 현미경으로 관찰시 백색을 띠며 물을 넣고 끓이면 아교처럼 끈끈해져 젤라틴화 된다.
- 탄력성은 매우 적으나 엘라스틴과 함께 피부의 장력과 탄력성을 제공하고 기계적인 힘, 생리적 또는 화학적 자극에 강한 저항력을 가지며 각질층과 함께 방벽역할을 한다.
- 진피 내의 콜라겐은 피부 노화현상 또는 자외선의 영향으로 인해 그 양이 감소되어 형태가 변하게 된다.
- 젊은 피부일수록 수분 보유력이 좋은 용해성 콜라겐이 존재한다.
- 콜라겐의 변화가 진피의 수분함량을 감소시켜 피부의 탄력감소와 주름형성의 원인으로 작용한다.

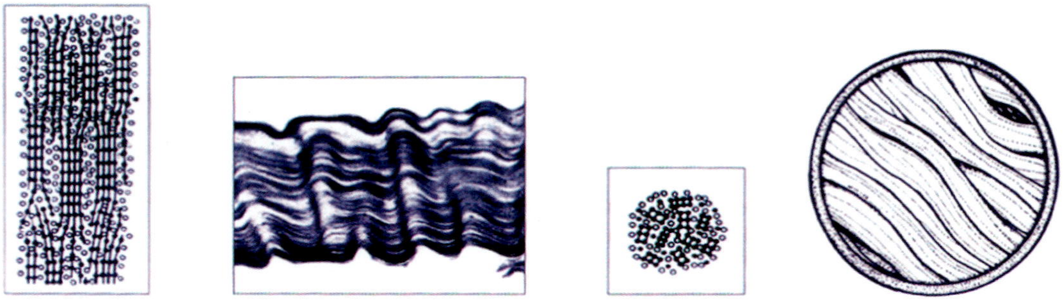

[교원섬유의 구조]

② **탄력섬유** (Elastin fiber)

- 교원섬유에 비하여 짧고 가늘며 탄력성이 강한 섬유단백질인 엘라스틴으로 구성되어 있다.
- 현미경 관찰 시 황색을 띠고 콜라겐과 같이 섬유아세포에서 생성된다.
- 진피성분의 2~3%를 차지
- 가교결합을 만들어 피부탄력에 기여하는 중요한 요소
- 피부 파열을 방지하는 스프링 역할을 한다.
- 물에 가열해도 젤라틴화 되지 않으며 각종 화학물질에 대해서도 저항력이 매우 강하다.
- 연령이 많아지면 탄력섬유가 파괴되어 피부가 늘어지고, 감소되어 피부 늘어짐과 주름이 생성되어 노화의 원인이 된다.

③ **기질**

- 진피와 결합섬유 사이를 채우고 있는 물질
- 점다당질이 주성분이다.
- 대부분 하이루론산과 황산 등으로 이루어져 있으며 이들은 친수성 다당체로 물에 녹아 액체 상태로 존재하기 때문에 무코다당류라고도 한다.
- 무코다당류는 진피내의 세포들 사이를 메우고 있는 당질로 우수한 수분 보유력을 갖고 있으나 노화될수록 감소하게 된다.
- 진피의 보습인자로 피부의 영양과 신진대사, 수분유지, 노화장비, 호르몬을 혈관으로부터 조직의 세포까지 전달을 관장한다.
- 기질의 기능
  · 염분과 수분균형에 기여

· 결체조직대사에 관여

· 주위의 다른 조직을 지지

④ **세망섬유** (Reticular fiber)

– 교원섬유보다 훨씬 가는 섬유

– 표피 바로 밑에 자리하여 기저관에 단단히 붙어있다.

– 교원섬유와 탄력섬유가 형성되는 전단계의 섬유라고 할 수 있다.

3) 피하조직 (Subcutaneous tissue)

– 진피의 근육과 뼈 사이에 위치

– 지방을 함유하고 있는 피부의 가장 아래층

– 그물모양으로 생겼으며 밀고 잡아당기는 성질을 느슨한 결합조직으로 이루어져 있는 세포들이 있다.

– 지방세포는 피하지방을 생산

– 지방세포사이에는 진피로 연결되는 섬유들과 혈관 림프관들이 진피에서 보다 굵은 형태로 자리 잡고 있다.

– 피하조직의 역할

· 외부로부터의 충격을 흡수하여 신경이나 혈관 등 내부기관을 보호

· 체온을 보존하는 절연체 역할

· 지방을 저장하여 에너지를 발생시키는 역할

· 여성호르몬과 깊은 관계가 있어 여성의 신체윤곽을 부드럽게 하고 몸매를 결정

· 피하지방층에 지방이 지나치게 많이 축적되거나 조직액이 축적되어 피하조직이 두꺼워지면 진피, 표피가 위로 밀려오면서 피부표면이 오렌지 껍질처럼 울퉁불퉁 튀어 올라오게 된다.

※ 셀루라이트 : 피하지방층에는 지방세포주위의 결합조직인 림프관, 혈관이 압박되어 순환장애가 일어나고 교원섬유의 탄력성이 저하되는 현상

– 피하지방의 두께 : 체형을 결정

· 신체부위 : 엉덩이에는 피하지방이 많고 코 부위에는 거의 없다.

· 성별 : 여성의 피하조직이 남성보다 두껍다.

· 연령 : 여성의 경우 중년이 되면서 피하조직이 두꺼워진다.

· 영양상태 : 과잉영양섭취 시 피하조직이 두꺼워진다.〈찬의 가짓수에 따른 반상차림 구성〉

V. 피부의 기능

피부는 외부의 직접 접하고 있는 우리 신체의 가장 큰 표면이다. 그러므로 외부의 여러 영향으로부터 내부기관을 보호하며 생명을 지키는데 중요한 역할을 한다.

[피부의 기능]

1. 피부의 생리기능

피부의 기능들은 인체 내부의 항상성을 유지시키며, 각 세포들 간의 대사를 원활하게 하는 순환작용과 함께 인체의 정상적인 활동을 유지하게 하는 중요한 수단이라 할 수 있다. 이를 피부의 생리기능이라고 한다.

1) 보호작용 (Protection)

(1) 체온조절기능

- 신체의 열량소모는 피부를 통해 70%가 소모되고 30%는 호흡을 통하여 소모된다.
- 신체의 정상적인 체온(36.5°)을 유지하기 위해서는 한선, 혈관, 피지선, 저장지방, 림프관 등의 역할이 일정하게 이루어져야 한다.

- 피부는 외부 온도가 낮거나 높아도 진피에 있는 온각이 반응을 보이므로 피부 표면에 늘어나고 모공과 땀구멍이 넓게 벌어진다.
- 혈관이 팽창되고 땀을 많이 흐르게 되면 신체는 체내 온도를 낮추려고 한다.
- 높은 온도에 대한 대응책이 없게 되면 일사병, 신경조직기능의 마비뿐만 아니라 죽음까지 이를 수 있다.
- 외부온도가 28도 이하로 내려가면 감감기관 중 한각이 반응이 보인다. 피부표면과 혈관, 입모근이 수축하여 피지분비를 많이 시키며 이른바 닭살을 만들어 낸다.

(2) 증발조절기능

- 피지선의 역할로 피부에 피지막을 형성하여 피부 건조를 방지한다.
- 레인 방어막(수분증발저지막)은 신체 내부의 습기가 증발하는 것을 막아준다.

(3) 세균, 미생물의 침입 시 방어기능

- 피부표면의 산성막은 박테리아의 감염과 미생물의 침입으로부터 피부를 보호한다.
- 각질층의 박리형상은 미생물의 침투를 어렵게 만든다.

(4) 압력, 충격, 마찰로부터의 보호기능

- 물리적 충격으로부터 각질층의 단단함과 피하조직의 지방, 결합조직의 탄력성이 스프링 역할을 하여 상처가 나지 않도록 피부를 보호한다.

(5) 날씨에 대한 영향으로부터의 보호기능

- 급격한 날씨 변화에 피지분비를 하여 피지막을 형성하고 피부를 매끄럽게 한다.
- 표피의 무핵층도 외부의 변화에 통증이 없이 대응한다.

(6) 화학적 영향으로부터의 보호기능

- 피부의 산성막은 외적 자극에 의하여 pH가 일시적으로 균형을 잃더라도 일정시간 후에 재생되어 피부를 보호한다.
- 각질층의 박리현상도 피부 보호작용을 한다.
- 피부 위 피지막 역시 외부의 액상물질이 피부 내로 침투하는 것을 막는다.

(7) 광선으로부터의 보호기능

- 멜라닌 색소와 표피의 투명층은 피부에 해가 되는 광선과 열의 침투로부터 피부를 보호한

다.

- 열과 광선에 의하여 높아진 체온은 땀의 분지에 의해서 내려가며 신체에 적절하게 조절된다.

2) 저장작용

- 표피층과 진피층은 수분을 포함한 영양물질을 저장하고 있다.
- 피하지방조직은 지방을 약 10~15kg 저장 할 수 있다.
- 지방은 기계적이거나 물리적인 충격으로부터 신체를 보호하고, 필요할 때 에너지원으로 사용하는 역할을 한다.
- 피부는 섭취한 영양물질을 에너지원으로 사용하며, 여분의 영양물질을 저장하고 있다.
- 각종 영양분과 수분을 보유한다.
- 피하지방조직은 지방 외에 유동체나 염분도 저장할 수 있다.

3) 비타민D형성

- 피부는 신체의 신진대사 활성화를 위하여 물질전환의 역할을 한다.
- 신체 에너지를 필요로 할 때 지방은 물에 용해되고 탄수화물로 전환된다.
- 프로비타민 D도 자외선의 영향을 받으면 비타민 D로 전환 및 활성화된다.
- 생성된 비타민 D는 체내에 재 흡수되어 칼슘의 흡수촉진과 인의 대사에 관여함으로써 뼈와 치아의 형성에 도움을 주어 뼈의 발육을 도와줄 뿐 아니라 일광을 인한 피부염의 치유

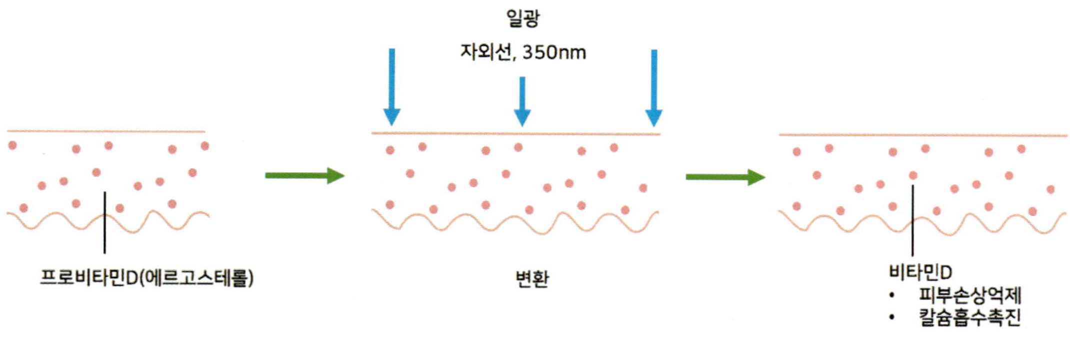

[비타민 D 합성]

4) 감각작용

- 피부 1㎠에는 통각점이 200여개, 촉각점이 25개, 냉각점이 12개, 온각점이 2개가량 존재한다.
- 감각기관은 외부의 자극을 즉각 뇌에 전달하며 촉각, 압각, 통각, 온각, 한각, 소양감 등을 느끼게 한다.
- 촉각, 통각, 소양감은 진피의 유두층에 위치하고 있다.
- 압각, 온각과 한각은 진피의 망상층에 위치하고 있다.
- 촉각점은 손끝, 입술, 혀끝에 많이 분포되어 있고 등에는 적게 분포되어 있다.
- 온각점과 냉각점은 혀끝에 많아 온도를 빨리 감지하며 눈꺼풀, 이마, 뺨, 입술 등에 적게 분포되어 있다.

5) 표정작용

- 얼굴에 있는 숨겨진 근육과 표면에 드러나 있는 30여개의 근육의 움직임으로 내면의 감정의 상태를 표시한다.
- 반복적으로 사용한 곳에는 주름이 형성되고 인상을 결정한다.
- 화가 나거나 부끄러울 때 붉은 혈색을 나타내고 좋지 않는 감정이나 놀랄 때 푸른색이나 노란색을 나타내는 것처럼 피부의 색으로도 감정을 표현한다.

6) 재생작용

- 외부조직의 상처로 인한 피부조직의 상처는 일정시간이 경과한 후 피부조직의 복구능력에 의하여 원래의 모양으로 되돌아간다.
- 진피 층이나 표피의 기저 층에 상처를 입었을 경우에는 재생이 힘들어 흉터가 남는다.
- 털을 많이 가지고 있는 부위는 그렇지 않는 부위에 비해 재생력이 높다.

7) 분비 · 배설작용

- 성인 하루 피지의분비량 1～2g이다.
- 피지분비량은 신체의 부위에 따라 다르며 이마, 가슴 등의 부위가 비교적 많다.
- 피지의 분비는 피부표면에 얇은 막을 형성하여 피부와 털에 광택을 부여하고 수분이 증발되는 것을 막는다.

- 피지의 분비는 피부표면에 있는 피지막의 두께에 의해서 지배된다.
- 피지분비량은 신체의 부위에 따라 다르고 피지선의 크기와 활동성은 나이와 개인의 호르몬 분비상태에 다라 차이가 있다.

8) 면역작용

- 몸 속의 이물질이나 세균 등의 유해한 것이 들어오면 그것에 대항하는 물질을 만들어 내는 면역작용을 한다.
- 피부의 표면에 면역반응에 관련하는 세포들이 있어 면역반응을 통해서 생체방어기전에 관여하는 것이다.

2. 피부의 흡수

피부에서는 여러 물질을 생체내로 흡수시키고 있다. 어떤 물질이 체내에 침입하여 인체 또는 피부세포가 수용한 것을 흡수라고 한다.

1) 피부흡수의 정의

- 외부에 접촉된 물질이 피부를 통하여 혈관 내로 흡수되는 현상
- 피부의 최 외층인 각질층에 의해 조절되는 수동적 확산현상
- 피부는 호흡 시 1%의 정도의 산소를 흡수
- 레인방어막은 이물질의 침투를 최대한 저지하면서 약간의 영양분을 흡수
- 모공을 통하여 외부에서 주어지는 유효성분이 피부 내로 투입
- 피부는 외부의 온도를 흡수, 감지한다.
- 각질층과 피부표면의 피지는 흡수 능력을 저지한다.
- 피부표면의 피지막 때문에 수성물질의 침투는 어렵지만 지방성 물질의 성분은 흡수가 용이하게 이루어진다.
- 침투 : 피부세포간에 침입하는 상태
- 흡수 : 침입한 물질을 인체 또는 피부세포가 수용하는 것

(1) 침투

- 사용된 외부의 어떤 물질이 피부표면을 통하여 피부 내부로 물리적으로 침입하는 것을 의미

(2) 투과

- 침투된 물질이 표피를 통과하는 과정을 의미
- 피부세포자체, 세포와 세포사이, 한선, 모낭을 통하는 경로와 진피로 유입된다.

(3) 흡수

- 침투된 물질이 피부 투과과정 속에서 생리 화학적으로 신체의 물질과 결합하거나 자신의 고유한 방법으로 피부 물질변화와 에너지변화에 관여하는 것을 의미
- 신진대사의 한 과정이라 할 수 있다.

(4) 재흡수

- 피부에 투여한 물질이 피하에서 혈관이나 림프관 또는 조직에 흡수되어 투여물질의 작용이 모든 조직에 확산될 수 있는 것을 말한다.
- 표피를 통한 흡수와 피부부속기를 통한 흡수로 나뉜다.

2) 피부를 통한 흡수 경로

- 피부를 통하여 여러 가지 물질들이 생체에서 흡수된다.
- 피부에서의 주된 흡수경로는 1차 장벽인 각질층을 통한 흡수이다.
- 모낭과 피지선 및 한선을 통한 피부부속기성 흡수는 전체 흡수량에서 적은 부분을 차지하며 여러 가지 유해 요인에 의해 흡수가 증가할 수 있다.

(1) 표피를 통한 흡수

- 표피세포를 통과하는 피부흡수로서 세포자체를 투과하거나 세포사이로 투과된다.
- 피부에 가장 많은 양이 흡수되는 경로이다.
- 일반적인 물질은 각질층까지는 통과되어도 레인방어막이라는 바리어 존(barrier zone)을 인해 과립층 이하 유극층까지 통과되기가 쉽지 않다.
- 흡수되기 힘든 물질을 갈바닉기기 등 전기기기를 이용한 이온화 요법에 의해 흡수가 가능하며 스테로이드계, 호르몬계는 피부세포자체를 통과하여 쉽게 흡수된다.

(2) 피부 부속기를 통한 흡수

- 모공 및 땀구멍을 통한 경로
- 표피투과가 어려운 약물의 흡수 경로이다.
- 피부 부속기를 통한 흡수는 주로 피지선을 통한 흡수가 대부분으로 피부표면의 커다란 구멍인 모공과 한공을 통하여 모낭 벽, 피지선, 한선을 거쳐 진피에 흡수된다.
- 전체 흡수량의 0.1~0.5%를 차지
- 각질층을 직접 통과할 수 없는 분자량이 큰 물질이 확산기전에 의해 흡수되는 특징이 있다.

(3) 표피세포 사이

- 리포좀 또는 초미립 캡슐을 이용한 고도의 기술화 된 화장품이 바로 이러한 경로의 흡수를 위하여 제조 된 것이다.
- 리포좀이나 초미립 캡슐은 표피세포 사이의 간격보다 더욱 미세한 크기로 피부내로 흡수시키고자 수용성 또는 지용성 유효성분을 함유한다.
- 리포좀이나 초미립 캡슐은 세포 내로 용이하게 투과되어 깊숙이 흡수 · 확산된다.
- 구조상 인체의 세포막과 유사하게 제조되어 세포 내로 쉽게 그 안에 함유된 유효성분이 전달되는 특징을 가지고 있다.

▷ 경피흡수

- 피부 내로 들어와 부속기관인 모낭, 한선, 피지선 또는 표피를 경유하여 진피로 도달하는 것 말한다.
- 대부분의 성분이 피지선과 모낭을 통하여 흡수된다.
- 피부는 흡수방어 기능이 있으므로 경피흡수 시 일정 성분을 제한한다.
- 피지에 잘 녹는 지용성 성분이 수용성 성분에 비하여 흡수가 잘 된다.
- 분자의 크기가 작은 것이 큰 것보다 흡수가 잘된다.
- 분자량 800이하의 지용성 성분이 피부 흡수가 쉽게 되고 고분자의 수용성 성분을 흡수가 매우 어렵다.

3) 피부 흡수에 영향을 주는 요인

(1) 피부의 습도와 온도

- 각질층의 습도가 높으면 각질층이 연화되어 물질의 투과가 잘 되고 각질층의 온도가 상승

하면 모공이 열려 투과가 잘 된다.

- 피부관리 시 스팀 또는 온습포을 사용한다.

(2) 각질층 두께

- 각질층이 두꺼운 발바닥이나 손바닥에서는 물질이 흡수되지 않는 반면, 각질층이 얇은 얼굴에서는 물질이 잘 흡수된다.
- 각질층이 얇은 점막, 음부에서는 흡수가 훨씬 잘된다.
- 각질층이 얇은 예민피부 또한 유해물질의 흡수가 빠르므로 예민반응이 쉽게 일어난다.

(3) 연령

- 유아와 노인의 경우 일반 성인보다 피부두께가 얇은 편이므로 흡수가 잘된다.

(4) 피부의 혈류량

- 피부의 혈류향이 많을수록 즉 혈액순환이 잘 될수록 흡수가 용이
- 영양물질을 바르고 적외선을 조사하면 혈액순환 촉진작용에 의해 영양물질의 흡수가 빠른 것을 볼 수 있다.

(5) 물질의 상태

- 각질층은 각질세포와 세포사이를 채우고 있는 지질들로 이루어져 있기 때문에 친유성 물질은 흡수가 잘 된다.
- 분자의 크기가 큰 것보다는 작은 것이 흡수가 잘 된다.
- 분자량이 800이하인 지용성 성분이 피부의 흡수에는 용이
- 식물성 지방과 동물성 지방은 잘 흡수되나 광물성 지방은 피부에 흡수 되지 않는다.
- 피부 내부의 구성 물질과 유사할수록 흡수가 용이

4) 항상성 (Homeostasis)

항상성은 그리스어로 '동등한'이라는 뜻의 'Home/o'와 '유지한다'하는 뜻의 'stasis'를 조합한 말로 '생체 내부환경 유지' 또는 '항상 일정한 상태를 유지한다.'라는 뜻이 있다.

생물의 주요 특성의 하나로 외부의 자극을 받아들이고 그에 대한 반응의 과정에서 환경이 바뀌어도 체내의 상태를 거의 일정하게 유지하려는 성질을 말한다.

(1) 신체기능의 항상성 조절

- 신경 및 호르몬계에 의한 신체기능의 조절
- 체액의 수송계(transport system)의 조절 : 확산, 여과, 삼투압 및 능동적 운반등의 체액의 순환을 통한 평행
- 호흡기계를 통한 O_2의 흡수, 위장 관을 통한 영양물질의 흡수 및 배설, 간이나 그 외 장기의 대사 및 근육 글리코겐 대사 등을 통한 조절
- 대사산물의 제거, 즉 CO_2는 호흡기계, 땀은 피부, 뇨는 신장 등 세포 대사산물을 몸 밖으로 배출하면서 조절
- 세포생식(reproduction)에 의한 조절 등에 의해서 내부 환경의 평형을 유지할 수 있다.

(2) 항상성의 기본원리

- 생체내부에는 각 기관의 기능이 지나치면 억제하고 부족하면 촉진시켜 항상성을 유지시키는 자동조절기구가 존재한다.
- 생체자동조절기구는 내부 환경을 정상상태로 회복하도록 작용하여 항정상태를 회복하고 유지시키고 있으며 인체의 모든 기관과 기관계의 기능에 관여하고 있다.
- 각 기관이 가지고 있는 자기조절작용이 이루어지는 것을 자율신경에 의한 신경성조절과 호르몬을 시작으로 하는 여러 가지 체액성분에 의한 체액성 조절에 의한 것이다. 이들은 자율신경의 중추인 시상하부나 내분비 계통의 중추인 뇌하수체에 의한 상호관계에 의해 이루어진다.
- 생체는 외계변화에 적응하고 항정상태를 유지하며 건강을 보존한다.
- 피부의 항상성은 땀에 의해 수분이 유지되며 수분의 증발은 피지막이 막아 준다.

3. 피부의 pH

피부의 pH는 피지의 지방산과 땀에 유산에 의해 일정하게 유지된다. 즉 피부의 pH는 피부 자체의 pH가 아니라 땀과 피지가 혼합되어 피부를 덮고 있는 막을 pH를 의미한다.

1) pH (Power of hydrogen ions)

- 수소이온농도를 지수함수로 나타내는 단위로 어떤 물질이 용액 속에 용해되어 있는 수소이온의 농도의 수를 나타낸다.
- 피부의 산성, 알칼리성을 표기할 때 사용하는 단위이다.
- 어떤 물질이 용액 속에 용해되어 있는 수소이온의 농도의 수를 나타낸다.
- 피부의 pH는 땀과 피지가 혼합되어 피부를 덮고 있는 막의 pH를 의미한다.
- 순수한 물은 pH 7로서 중성이므로 이보다 크면 알칼리성, 작으면 산성용액이다.
- 피부의 pH는 땀과 피지가 혼합되어 피부를 덮고 있는 막의 pH를 의미한다.
- 피부의 pH 4.5~6.5로서 약 pH 5.5인 약산성막을 띠어 보호기능을 한다.

2) 인체 조직의 이상적인 산성도

- pH 4.9 ~ 7.4이다.
- 피부는 신체의 부위, 피부층, 성별, 연령, 피부유형에 따라 다르다.
- 계절, 기후, 목욕 및 세안, 화장품, 소화기능, 영양상태 등의 외부 여건의 영향을 받는다.

피부심층의 혈장 pH	pH 7.2 ~ 7.35
전신에 걸쳐 외피의 범주	pH 4.5 ~6.5
얼굴에 이상적인 pH	pH 5.2 ~ 5.8

- 겨드랑이나 외음부의 경우 다른 부위에 비해 산성도가 높아 여름철에 피부염의 발생의 위험도가 높다.

3) 산성막

- 피부 표면의 천연 방어기능을 갖는 얇은 막이다.
- 땀 또는 피지의 분비물에 포함되어 있는 카프론산, 카프린산, 프로피온산 등의 지방산과 피부 표피세포들로 구성된 찌꺼기들이 모여 만들어 진다.
- 피부를 외부의 물리 · 화학적 손상으로부터 보호한다.
- 피부표면에 존재하는 미생물균의 지나친 증식을 억제한다.
- 감염, 자극, 가려움으로부터 피부를 보호한다.

4) 피부의 산성도

- 성인 남성의 경우 pH 4.5~6, 여성은 pH 5~6.5
- 지성피부의 산성도 pH 4.5~5로 정상피부에 비해 낮고 건성피부의 경우 pH 6~6.5로 정상피부에 비해 높다.
- 피부의 pH는 온도의 변화에 영향을 받아 외부 온도가 높을 때 pH가 내려가며 온도가 낮을 때는 pH가 올라간다.
- 산성도가 외부의 충격으로 파괴되었을 때는 정상적인 pH까지 회복할 때까지 약 2시간이 걸린다.

VI. 피부의 부속기관

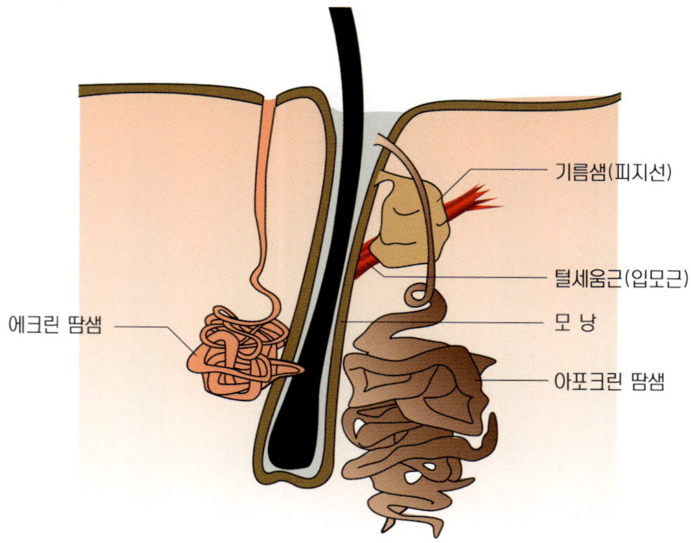

[피부와 부속기관의 구조]

1. 피지선 (Sebaceous gland)

- 피지선은 태생학적으로 상피에서 유래
- 모유두와 협부의 접경부에서 발생하고 지질을 생성
- 태생 4개월에 발생하여 출생 시에는 거의 완전한 형태를 갖추나 출생 후 퇴화하다가 8~10세에 다시 그 기능이 성숙하여 청년기까지 완숙하고 그 상태로 폐경기 또는 남성들은 60세까지 간다.

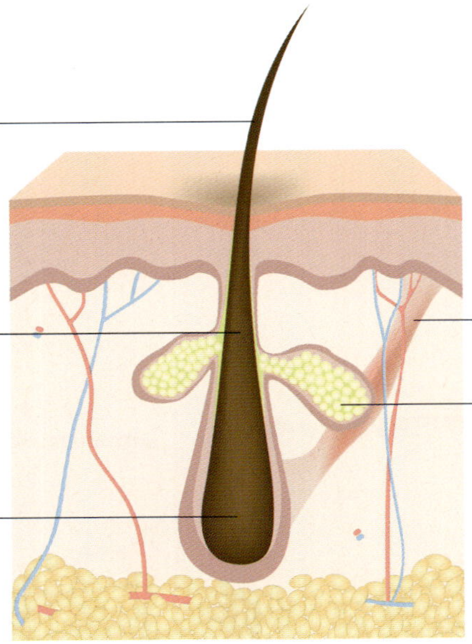

[피지선의 단면]

1) 피지선의 위치

- 진피부분의 망상층에 있으며 모낭에 개구하고 있다.
- 전신에 걸쳐 1㎠당 400～900개 정도 분포
- 코 주위, 이마, 가슴, 두피 등 중앙선에 존재하나 발바닥, 손바닥, 아랫입술에는 존재하지 않는다.
- 독립지선으로 눈 주위, 윗입술, 점막, 귀두, 유두가 있으며 지지선과 모낭과 관련이 되어 있는 것은 아니다.

2) 분비량

- 신체 각 부위마다 다르나 신체 중앙부(코주위, 이마, 가슴)는 많고 사지에는 적다.
- 남성호르몬은 피비분비 촉진작용을 하고, 여성호르몬은 피지분비 억제작용을 한다.

3) 피지선의 발육

- 사춘기에 절정에 이르나 노화되면 분비가 감소

4) 피지선의 작용

(1) 보호작용

- 피지는 땀에 의해 피부표면에 확산되어 엷은 보호막을 형성
- 피부를 윤기 있고 부드럽게 하여 여러 가지 물질과 독성물질의 침투를 막고 자극으로 부터 피부를 보호

(2) 유화작용

- 피지막은 기름속에 수분이 일부 섞인 수중유형의 유화상태
- 피지 속에 지방산이 라놀린, 콜레스테롤, 인지질 등의 지방이 있어 땀과 피지를 유하시키는 작용을 한다.

(3) 알칼리 중화

- 알칼리의 해로부터 피부를 지켜주는 역할

(4) 살균작용

- 필수지방산이 있어 지방산 자체가 살균작용과 외부의 균으로부터 방어 작용을 한다.

(5) 배설작용

- 체내의 유독물질이 피지가 분비되면서 같이 배설된다.

(6) 분해작용

- 트리글리세라이드(Triglyceride)는 모유두에 기생하는 세균에서 분비하는 지질분해 효소인 리파아제(Lipase)에 의해 유리지방산과 모노글리세라이드(Monoglycerid)와 디글리세라이드(Diglycerid)로 분해된다.

5) 피지의 구성성분

① Polar lipid (극지질)
② Wax ester (피부의 수분증발을 막아 줌) — 50%
③ Neutral lipid (중성지질)

(①~③ 합계 50%)

④ Triglyceride (Glycerine, fatty acid) — 50%

6) 피지의 활성화에 영향을 미치는 요인

① **남성호르몬인 안드로겐** (Androger)

② **여성호르몬인 에스트론겐** (Estrogen)

③ **인종, 신체, 나이, 성별, 계절, 음식물 섭취, 시간, 온도**

◆ 피지의 역할

- 피부 내의 모공과 연결된 피지선에서 분비되는 물질
- 피부 표면에 보호막을 형성하여 피부를 보호
- 피부나 털에 광택을 부여
- 내부로부터의 수분이 손실되는 것을 막아주고 피부를 부드럽게 해주는 역할
- 땀과 피지에 의해 산성을 띄면서 외부로부터 유해물질이나 세균이 침입하는 것을 방지
- 주로 지방질 같은 유성성분들로 구성

2. 한선 (Sweat Gland)

- 진피의 망상층과 피하지방층에 위치
- 한관(Sweat duct)은 단층이라기보다 2~3층의 세포로 되어 있지만 분비관(secretoy duct)보다 좁다.
- 밑 부분보다 표면에서 상당히 넓고 표면에서 관이 열리기 전에 염분을 받아들여 몸의 밸런스를 유지한다.
- 신경과 혈액은 한선에 풍부하게 분포
- 부교감신경계의 일부처럼 기능한다.
- 땀샘이라고도 하며 땀을 만들어 피부 표면에 분비하는 기능
- 땀의 분비량은 체온의 변화, 근육의 활동상태, 자율신경의 자극상태에 따라 달라지고 하루의 수분섭취량에 따라서도 달라진다.
- 성인의 경우 1시간에 약 30cc, 1일 약 700~900cc 정도의 땀을 분비
- 땀의 성분은 99%가 수분, 약 1%는 고형질인 염화나트륨, 요소, 유산, 황화물, 아미노산, 암모니아, 크레아틴, 요산 등을 함유한다.
- 기능에 따라 소한선(에크린한선)과 대한선(아포크린한선)으로 나눌 수 있다.

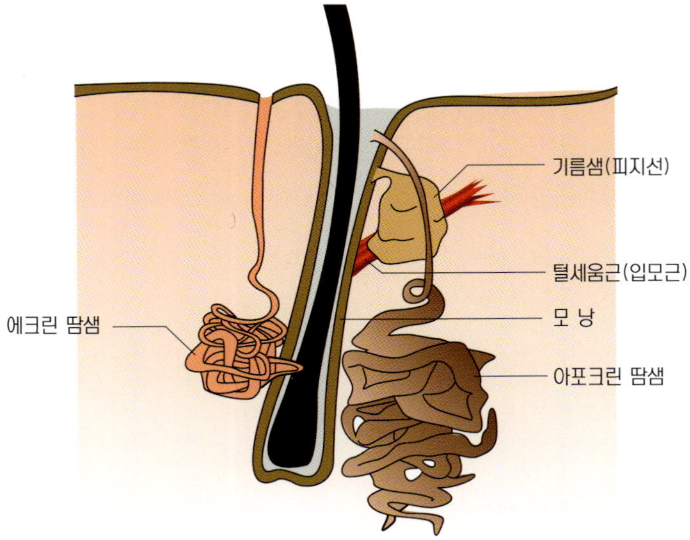

[아포크린한선과 에크린한선의 배출구]

1) 에크린선 (Ecrine sweat gland : 소한선)

- 항상 활동 상태에 있는 것이 아니고 각각 상이한 활동을 보인다.
- 열 자극에 의하여 피부온도가 올라가며 활성화 된 분비선의 수가 증가하여 일단 땀을 생성하면 열자극의 지속으로 생성속도가 증가
- 시간당 2~3L 배출하며 1L당 540cal를 낸다.

(1) 분포장소

- 거의 전신에 걸쳐 진피하층에 있다.
- 손바닥, 발바닥, 겨드랑이, 이마, 서혜부 굽혀지는 쪽의 순으로 많다.

(2) 특성

- 무색, 무취이며 투명하다.
- 비중 : 1.001~1.006
- ph 4.5 ~ 5.5의 약산성 : 세균번식을 억제
- 뇨와 비슷한 성분으로 수분 99%, 염분 0.2~0.7%
- 불감성 발한으로 유산이 0.1%

(3) 역할

- 노폐물 배설작용
- 체온조절작용
- 우로칸산(urocanic acid)이라는 성분이 있어 자연적으로 자외선을 흡수하여 어느 정도 피부를 보호하는 기능을 한다.

2) 아포크린선 (Apocrine sweat gland : 대한선)

- 유년기에는 볼 수 없고 신진대사가 항진하는 청춘기에서 장년기에 걸쳐 왕성하지만 나이가 들수록 감소하여 노년이 되면 차차로 중지된다.

(1) 분포장소

- 모에 부속하여 존재하고 배설구는 모공에 개구되어 있다.
- 겨드랑이, 유두 등에 많이 존재한다.

(2) 특성

- 땀이 농조하여 유백색을 띤다.
- 피부표면에서 박테리아의 분해 작용을 하며 산패한 버터와 같은 냄새가 난다.
- 여성 〉 남성, 흑인 〉 백인
- 사춘기 이후에 발달하므로 제2차적 성징의 하나로 나타난다.

3) 한선의 질환

(1) 대한선의 질환

① **취한증** (Bromhidrosis)

- 피부에서 악취가 나는 질환
- 아포크린 취한증과 에크린 취한증의 두가지가 있다.

▷ 아포크린 취한증

a. 증상

- 아포크린선은 액화부에 대부분 존재하며 사춘기 이후에 발생하며 모발과 의복에 묻어 있는 아포크린 분비물이 냄새를 지속시킨다.

b. 원인

- 원래 균 상태이며 냄새가 나지 않는 아포크린한선의 분비물이 피부표면에서 그람양성세균에 의해 분해됨으로써 발생

c. 치료

- 피부표면에서 아포크린 분비물을 제거하고 세균의 발육을 저지하기 위하여 비누로 자주 세척하거나 항생제연고를 도포
- 방취제 사용
- 심할 경우 아포크린한선이 분포하는 부위를 외과적으로 절제

▷ 에크린 취한증

a. 증상

- 족저부, 간찰부에 발생
- 다한증의 원인이 된다.
- 간찰부의 에크린 취한증의 경우는 당뇨병이나 비만증이 있는 사람에게서 발생

b. 원인

- 에크린한선의 과다한 분비로 인한 연화된 피부의 각질층에 세균 또는 진균이 작용하여 발생한다.

c. 치료

- 자주 씻어 주고 발한을 억제하는 국소요법을 행한다.
- 세균 및 진균감염이 있을 때는 빨리 치료한다.

② **화농성 한선염** (Hiradentis)

▷ 일반적인 정의 : 아포크린산성이 존재하는 부위에 발생하는 만성화농성 질환

▷ 증상

- 젊은 여성의 액와부와 남성에게서는 서혜부나 항문주위에 농양을 형성하다가 파열하여 농을 배출하며 제발되고 반복되는 증상으로 만성이 되기 쉽다.

▷ 원인

- 아포크린한관이 각질에 의해 폐쇄 → 한관의 근육부위 확장 → 염증성 병변 발생 → 세균 유입 및 염증 확대 → 아포크린한선의 파열과 농양 형성

▷ 치료

- 전신 및 국소적으로 항생제를 사용

(2) 에크린한선의 질환

① **다한증** (Hyperhidrosis)

▷ 정서적 다한증

- 정서적 자극(불안, 괴로움, 두려움, 공포)에 의한 반응으로 땀이 나는 것
- 심한 경우 사회생활에 지장을 줄 정도로 심각
- 원인은 중추신경에서 나오는 신경통들이 증가하여 아세틸콜린이 과도하게 방출되고 이에 발한반응이 증가된다.

▷ 범발성 다한증

- 높은 주위 온도에 의한 외부적요인과 질병에 의한 체온이 상승한 내부적요인에 의하여 생긴다.

▷ 미각성 다한증

- 자극이 있는 음식을 먹거나 음료를 마신 후에 붉어지는 얼굴
- 이마, 윗입술, 구강주위 또는 흉골 부위에 과도한 발한이 발생

② **한진** (Miliaria)

▷ 일반적 정의

- 일명 땀띠, 땀구멍(한관)이 막혀 분비물의 축적을 생기는 발진
- 주로 고온다습한 기후조건에 잘 발생

▷ 원인

- 에크린한선의 한관이 각질에 의해 폐쇄되어 땀이 저류되고 한관이 파열되며 소수포를 형성한다.

▷ 증상

- 수정양 한진 : 각질층에서 한관이 폐쇄되면 아주 작은 투명한 수포가 염증 없이 발생
- 홍색 한진 : 가장 흔한 형태로 표피 내 한관이 폐쇄되어 발생하며, 홍반성 구진모양으로 소양감을 동반
- 심재성 한진 : 진피상부에서 한관이 폐쇄되어 구진성 수포가 발생

▷ 치료

- 환자를 땀 분비가 억제될 수 있는 시원한 환경에 있도록 한다.

(3) 무한증 (Adiaphoria, Anhidrosis)

- 땀이 분비되지 않은 현상으로 피부병의 후유증에 의해 초래
- 화상시, 모공자체가 손상되었을 때

▷ 땀 분비에 영향을 주는 요인

- 신경자극(흥분, 무서움, 긴장감) : 정신발한
- 더위 : 온열발한
- 음식물(자극적인 식품) : 미각 발한
- 움직임 : 운동발한
- 땀의 증발을 유도하는 의약품

3. 조갑 (Nail)

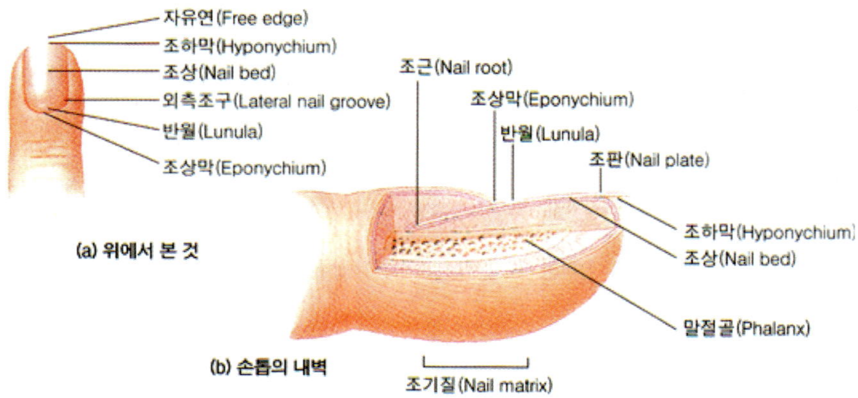

[손톱의 구조]

1) 특성

- 표피의 각질층과 투명 층이 변한 반투명의 각질 판으로 된 조감과 조반월로 되어 있다.
- 시스틴과 유황성분으로 구성
- 손톱 밑에는 모세혈관과 신경말초가 많이 위치하고 있다.
- 하루에 0.1mm씩 자라고 완전히 자라기까지는 4~6개월이 걸린다.

2) 작용

① 손 및 발끝의 보호

② 방어와 공격의 도구

③ 장식의 도구

3) 구조

① **조근** (Nail root)

- 손톱뿌리

② **조곽** (Nail wall)

- 손톱과 조근을 밀착하게 하는 일을 하게 함
- 손톱정리 시 잘라낸 곳

③ **반원** (Lunula)

- 완전히 케라틴화하지 않은 곳

④ **조상** (Nail bed)

- 조체를 받쳐 주는 판, 즉 손톱을 받치는 살

⑤ **조구** (Nail groove)

- 조곽과 손톱사이의 홈

⑥ **조체** (Nail body)

- 손톱 자체

⑦ **조기질** (Nail matrix)

- 손톱을 만들고 있는 형질

4) 조갑의 질환 (Disease of nail)

(1) 피부질환과 관련된 질환

① **건선**

- 조갑침범의 범위는 30~50%로 매우 흔하며 특히 병변기간이 오래된 경우에 잘 나타난다.
- 조갑함몰, 조갑의 황색변화, 조갑박리증, 조갑화 각화증

② **편평태선**

- 조갑의 침범빈도는 1~10%
- 조갑 판에 불규칙하게 종주하는 홈과 융기, 조갑판 탈락 및 조갑상의 위축, 조갑화 각화 및 색소침착 등

(2)조갑의 변색

① 조갑의 백반 (Leukonychia)

- 조갑판 자체가 백색으로 변하는 것
- 후천적, 선천적으로 다 나타난다.

a. 부분적 백상 백반 (흰반점)

- 신진대사 방해로 인한 손톱발육이 원활하지 못할 때 조갑판에 빈공간이 형성되어서 생기는 질환
- 외상, 진균감염, 신장염, 장티푸스 등의 원인이 될 수도 있다.
- 정상인에게서도 많이 발생

b. 선상백반

- 유전성 또는 외상(손톱을 다듬을 때 갑피를 심게 뒤쪽으로 밀어서 생김)

c. 전조갑백반

- 상염색체성 유성유전을 하거나 전신질환에 동반해서 나타난다.
  → 비정상적인 각화로 핵이 지속적 남아 있기 때문

② 조갑의 흑색조

- 조갑판이 흑색 또는 갈색으로 변하여 대부분 조갑기질, 멜라닌 세포에 의한 멜라닌 생성에 기인
- 조갑기질의 양성, 색소성모반 악성, 흑색종, 방사선치료 후 생긴다.

③ 녹색조갑

- 조갑 박리증의 조갑박리부위와 녹농균, 칸디다균에 의해 녹색으로 변한다.
  ex) 족부백선, 수부백선

④ 조갑판 염색

- 니코인, 염색체(머리염색약, 매니규어), 과망간산카리, 수은

⑤ 황색 조갑증후군 (Yellow nail syndrome)

- 노란색 조갑 + 조갑의 성장저하 + 조갑반원과 갑피소실이 있다,
- 조갑주위염, 매독, 암 만성부종이 있는 환자에서 임파관의 이상에 의해 나타난다.

(3) 조갑모양의 변화와 그 밖의 조가변화

① 조갑연화증 (Hapalonchia)

- 조갑기질의 결함에 의해 조갑이 얇게 연화되어 쉽게 구부러진다.

- 영양의 불균형, 허약상태, 나병, 방사선 피부염 등에 의해 나타난다.

② 가로줄무늬의 손톱

- 비타민 A의 부족
- 장대사장애, 췌장분지선질환

③ 세로줄 무늬의 손톱

- 일반적으로 손톱의 영양이 불균형일 때
- 비타민 부족(Niacinamid), 대사장애 관절통

④ 비정상적으로 쉽게 부러지는 조갑

- 비타민 부족, 호르몬 장애, 간질환, 기타물질, 대사질환

⑤ 오목한 조갑

- 대사장애, 니아신 부족, 철부족

⑥ 반월이 없어 졌을 때

- 영양장애, 장질환

⑦ 곰보형 손톱

- 조갑이 시계유리같이 볼록한 모양이 되는 것
- 대사장애, 만성호흡기질환(기관지염, 기관지 확장증), 심장질환

⑧ 조갑 박열증

- 조갑판의 끝 양쪽이 상하층으로 갈라지는 것(세로로 갈라짐)으로 탈수로 인한 각질층의 불완전한 유합에서 온다.
- 매니큐어를 바르는 여성에게서 흔히 볼 수 있다.
  (매니큐어를 계속적으로 장기간 쉬지 않고 바르면 손톱변색증과 조갑박열증이 흔히 나타남)

⑨ 교조증

- 손톱을 물어뜯는 것
- 침에 의해 손가락 끝이 불어서 2차적 세균감염을 일으킨다.

⑩ 화종성 조갑주위염

- 조갑주위 또는 조상의 염증성 질환, 화종균 또는 습진, 조갑건선, 칸디다 등이 나타난다.
- 조갑주위염 때 2차적으로 침범되는 수도 있다.
- 원인균인 연쇄상구균 또는 그람음성간균이다.

4. 털 (모발, Hair)

- 털은 케라틴이라는 단백질로 구성
- 시스틴, 글루타민산, 아스파라긴산, 알기닌, 세린, 스레오닌, 티로신, 페닐아라닌등의 아미노산으로 이루어져 있다.

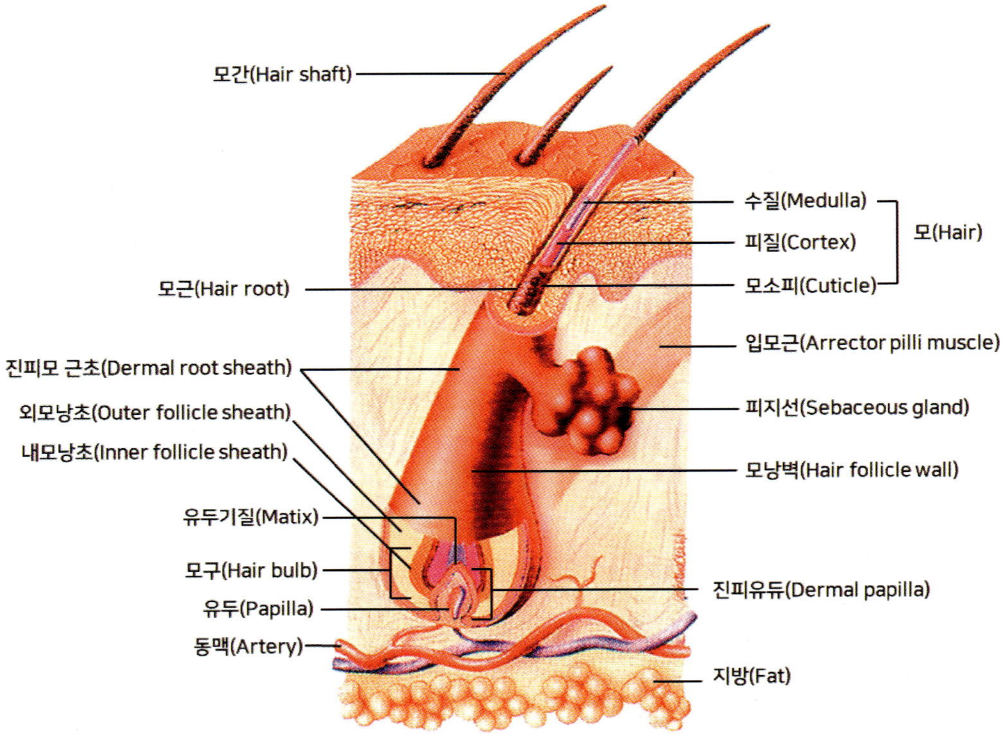

[모발의 구조]

1) 털의 종류

① 긴 털 (장모)

- 두발, 수염, 음모, 액화모

② 짧은 털 (단모)

- 눈썹, 속눈썹, 콧털, 귓털

③ 솜털

- 신체의 털

④ 털이 없는 곳

– 손바닥, 발바닥, 입술

2) 털의 역할

① 보호작용

– 외계의 기계적 · 화학적 자극으로부터 보호

– 유해물질의 침입을 방지

– 방한 · 방서 작용으로 체온을 유지하는 작용을 담당

② 장식적 의미

– 외모를 장식하는 미용적인 효과

③ 지각작용

– 촉각이나 통각을 전달하는 작용

3) 털의 명칭과 기능

– 털은 생태학적으로 상피조직에서 생성되며 태아기 2개월 부터 나타난다.

– 사람의 전신에는 약 130~140만개의 털이 있는데 이중 약 10만개 정도가 두발로서 위치

– 일반적으로 두발의 85~90%는 성장기 모발

– 휴지기 모발이라 불리는 약 10~15%의 모발은 성장이 정지된 상태로 있다가 점차 자연스럽게 빠지게 된다.

– 털은 피부 밖으로 약 35~50°경사지게 나와 있으며 신체 각 부분의 털의 성장방향을 일정하다.

– 방향을 모류하고 하며 두발의 정수리 부분에는 가마가 있어 방향을 만들고 있다.

① 모간 (Hair shaft)

– 피부 표면 밖으로 나와 있는 부분

– 비늘층과 섬유층으로 이루어져 있다.

– 모간은 외측에서 중심으로 향하고 모소피, 모피질, 모수질로 나눈다.

a. 모수질 (Medulla, 털수질)

– 털의 가장 안쪽층으로서 비교적 부드러운 각화세포이다.

– 굵은 모발에서 모수질이 많이 존재하고 가는 모발에서는 모수질이 없을 수도 있다.

– 둥근 모양의 세포로서 기포를 갖고 있으며 방추형으로 세로로 나열되어 있다.
– 모든 영양소, 색소세포, 공기 등이 포함되어 있다.

b. 모피질 (Cortex, 털 피질)

– 모발의 80～90%를 차지하는 털의 중간에 위치한 층
– 세로 모양의 긴 방추형 각화세포
– 모발색을 결정하는 과립상의 멜라닌 색소를 함유
– 방추형의 마이크로피브릴(Macrofibril)이 모여 모피질을 구성
– 마이크로피브릴의 사이를 메우고 있는 간층 물질이 채우고 있다.
– 모소피에 손상이 갈 경우에 간충물질이 유출되면 모발의 손상이 심해진다.
– 탄력성과 수축성을 준다.

c. 모소피 (Cuticle, 모표피)

– 털의 가장 바깥층으로서 비늘층이라 불린다.
– 모발의 10～20%를 차지
– 케라틴으로 구성되어 기왓장을 겹쳐 놓은 것 같은 형태로 각질세포로 구성
– 기와가 벗겨지면 문제가 생기듯이 모소피가 무리한 자극이나 마찰로 다치면 모피질 보호에 문제가 야기된다.
– 모피질을 보호하는 역할

② 모근 (Hair root)

– 표피 바로 아래 위치한 모발 구조부분으로 모낭에 에워싸여 있다.
– 모근과 관계되는 주요 구조는 모낭, 모구, 모유두이다.

a. 모유두 (Hail papilla)

– 혈관과 림프관이 분포되어 있어 털에 영양공급을 하여 발육에 관여
– 작은 원추형으로 솟아 있고 모낭 아래에 위치해 있으며 모근과 붙어 있다.
– 이곳을 통해 영양분이 모구에 도달한다.
– 모유두가 건강하고 영양상태가 좋으며 지속적으로 새로운 털이 자랄 수 있게 하는 모모세포를 생산할 수 있다.

b. 모구 (Hail bulb)

– 종 혹은 전구의 모양으로 골을 이룬 구조로서 모근 아래쪽에 위치
– 모세혈관, 모유두, 모모세포 등이 위치한다.
– 이곳에서부터 털이 성장

c. 모낭 (Follicle)

- 태생 9주에 발생한다.
- 모근을 둘러싸고 있는 피부나 두피 내에 함몰되어 있는 주머니 모양을 하고 있다.
- 각각의 모발의 피부, 두께, 위치에 따라서 깊이가 다른 각각의 모낭을 가지고 있다. 하나 혹은 그 이상의 피지선이 각각의 모낭이 달려있다.

d. 입모근 (Arrector pili muscle)

- 진피의 유두층에 있는 모낭에 부착되어 있는 평활근으로 '털세움근'이라고도 한다.
- 자율신경에 의해 지배되고 입모근의 수축에 의해 털이 곤두서게 되면서 동시에 피지선이 압박되어 피지의 배출이 촉진되는 작용이 있다.
- 눈썹, 속눈썹, 겨드랑이를 제외한 모든 부분에 존재하고 입모근이 수축되면 모공이 닫혀 마치 닭살처럼 보인다.

③ 모포

- 결합조직의 일종으로 내와 외부를 보호하는 피막
- 표피성으로 모근을 직접 둘러싸고 있으며 표피에 연결된다.

4) 모발의 구성성분

① 케라틴 : 약 90%

② 수분 : 8~10%

③ 지질 : 소량

5) 모발의 색깔

- 모발에 분포된 멜라닌색소(유멜라닌과 페오멜라닌)의 양에 따라 결정
- 유멜라닌은 흑갈색계를 페오멜라닌은 적갈색계를 결정 짓는다.

① 금발

- 모구의 멜라닌 세포가 멜라닌 소체를 적게 형성하거나 또는 멜라닌 색소의 침착이 불완전하기 때문이다.

② 은발

- 멜라닌 세포의 수가 적기 때문이다.

③ **적발**

– 보통 멜라닌과 다른 Pheomelanin 때문이다.

④ **백발**

– 멜라닌세포가 완전히 없기 때문이다.

6) 모발의 구분

① **직모**

– 동양인의 털 (90% 이상이 털)

– 직모의 단면은 둥근 원형으로 이루어져 있다.

② **파상모** : 서구인의 완만한 웨이브 털

③ **구상모** : 흑인의 곱슬머리털

7) 모발의 형태에 의한 구분

① **취모** (Lanugo)

– 태아가 5개월 정도 되면서부터 나기 시작하여 부드럽고 수질이 없으며 전신에 분포

② **연모** (Vellus hair)

– 제1회 털갈이 후 나온다.

– 부드럽고 수질도 없으며 멜라닌 색소도 없고 길이도 20cm를 넘는 것이 없다.

③ **종모** (Terminal hair)

– 굵고 길며 멜라닌색소도 풍부하고 수질도 있다.

8) 모발의 성장속도

– 모발의 성장속도는 부위에 따라 틀리며 영양상태, 호르몬, 기온, 일광등에 의해 영향을 받는다.

① **모발의 성장속도**

– 약 0.2~0.3mm/day

② 모발의 수변

– 모발 2~3년, 속눈썹 3~5개월

③ 탈모 및 발모

– 하루에 50~100개정도

9) 모발의 성장주기

– 모발은 일정기간 성장을 거치다가 빠져가는 생리주기를 갖는다.

– 모발의 각 모낭은 각기 독립적으로 활동하기 때문에 동물의 털갈이처럼 일시에 탈모하지 않는다.

① 성장기

– 털은 성장기에만 만들어지는데 털이 성장을 계속하는 시기

– 두발(장모) 성장기는 2~20년이며 여성의 두발 성장기가 남성보다 길다.

– 눈썹(단모)의 생성기는 100~150일이다.

– 성장기의 모유두는 크고 모기질의 세포가 활발하데 성장하여 모발이 길어지며 모구가 피하조직에 이르기까지 길어진다.

② 퇴행기

– 털의 성장이 점차 느리게 자라며 휴지기로 접어 들어간다.

③ 휴지기 (Catagen)

– 두발이 성장을 멈추는 시기로서 3~4개월간이다.

– 성장기가 끝난 모낭은 더 이상 모발을 만들지 않고 퇴화를 하게 되며 세포분열이 정지되고 모낭은 쭈그러든다.

· 일단 성장이 정지하면 모발은 휴지기에 들어간다.

· 일정한 휴지기를 지내면 새로운 털이 재생된다.

· 자연 휴지기에 들어선 털은 약간의 마찰에도 쉽게 탈모한다.

· 휴지기의 모발은 고착력도 약해지고 멜라닌 색소도 결핍되어 탈모기에 접어든다.

④ 탈모기 (Telogen)

· 모구와 모유두의 접착력이 떨어져 자연 탈모되며 병변으로 빠진 털은 10주 내로 재생하여 무리하게 빠진 털도 곧바로 재생된다.

· 새로운 모발이 모낭소에 생겨 탈모 될 모발을 밖으로 밀어낸다.

· 탈모기의 모발은 가벼운 자극이나 마찰에도 가볍게 빠지게 된다.

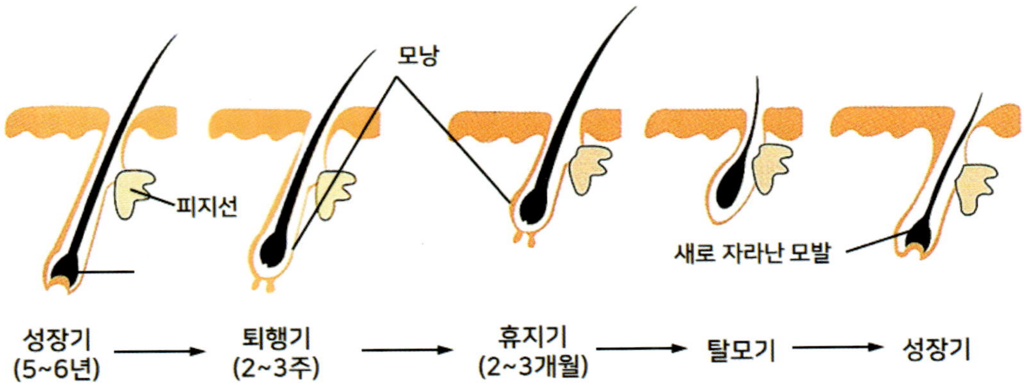

[모발의 성장 주기]

10) 모발의 영양

- 머리카락에 있어서 가장 중요한 영양은 시스틴(Cystine)이라는 아미노산이다.
- 그 외 요오드(I)는 발모촉진에 중요한 역할을 한다.
- 시스틴이 많이 함유한 식품에는 계란, 돼지고기, 고등어, 콩, 낙화생, 우유 등이 있다.

11) 모발의 질환

(1) 탈모증 (Alopecia)

- 탈모는 정상적으로 모발이 존재해야 할 부위에 모발이 없는 상태로서 일반적으로 두피의 휴지기의 모발이 빠진다.

① 생리적 탈모 (Physiolgic alopecia)

a. 원인

- 출산 후의 내분비 변화의 원인으로 다량의 두피모발이 빠진다.
- 임신 말기 휴지기 모발이 현저히 감소하고 따라서 탈모도 감소하다가 분만 후에도 반대로 휴지기 모발이 증가하며(대략 25～40%) 심한 탈모가 나타난다.

b. 증상

- 신생아 초기에 다양한 양의 모발이 급속히 또는 서서히 대칭적으로 전두부에서 빠지기 시작한다.

② **원형탈모증** (Alopecia areata)

a. 원인

- 원인불명이나 자가 면역, 국소감염, 정신적 손상, 유전적인 소인, 내분비 장애로 추측

b. 증상

- 자각증상 없이 다양한 크기의 원형 또는 타원형으로 중앙에서 주변으로 빠진다.
- 탈모의 정도에 따라 전두 탈모증(두발전체가 빠짐), 전신탈모증(전신의 모발이 빠짐)

c. 치료

- 2～3개월에 자연치우도 될 수 있으나 재발이 빈번하다.
- 일반적으로 치료에 잘 반응하지 않으나 규칙적인 생활과 정신적 긴장감, 피로를 피하는 생활이 회복에 도움이 된다.

③ **남성 탈모증** (Male pattern alopeia), **조발성 탈모증** (Alopecia premature)

a. 원인

- 유전적 소인 + 연령 + 남성 호르몬의 3인자에 의해 발생

b. 증상

- 장년남자(20대 후반～30대)의 양쪽 전두부와 두정부에서 M자형으로 탈모가 시작되어 점차 확대된다.
- 측두부나 후두부의 모발은 빠지지 않고 남아 있는 것이 보통이고 여자에게도 경미하게 나타날 수 있다.

c. 치료

- 잘 치유되지 않으므로 모발이식으로 미용상의 문제를 해결한다.

④ **견인성 탈모** (Traction alopecia)

- 견고하게 머리를 땋거나 감아 올릴 때 발생
- 탈모부위는 머리모양에 따라 두발변연과 전두부 위에 발생한다.

⑤ **발모벽** (Trichotillomania)

- 비정상적인 버릇으로 모발을 뽑는 정신증으로 주로 소아기에 발생하며(주로 우울증이 있는 뚱뚱한 아이) 두발, 속눈썹, 눈썹 등이 대상이다.
- 정신적 치료가 필요하다.

⑥ **매독성 탈모증** (Alopecia syphilitica)

- 제2기의 매독성 증상

- 눈썹, 턱수염 및 머리털에 나타나며, 두피의 탈모는 불규칙하게 분포되어 있어 마치 좀 먹은 형태와 유사하다.

(2) 다모증과 조모증 (Hypertrichisis and Hirsutism)

- 모발의 비정상적인 과도한 성장으로 인해 나타난다.

① 다모증

- 전신에 굵은 모발의 수가 증가하는 것
- 원인불명이나 정신분열증, 내분비질환으로 추측

② 조모증

- 여성이나 아동에서 남성과 같은 분포의 모발성장을 보이는 경우
- 분명한 남성화 징후로 원인은 부신, 난소 및 뇌하수체 질환

(3) 백모증 (Canities)

- 나이가 들어가면서 모발의 색이 미나성으로 탈색하는 것
- 생리적 현상으로 유전적 소인에 따라 발생기기가 다르며 어느 나이에서나 나타날 수 있다.
- 멜라닌세포의 수가 감소되어 나타난다.
- 특히 급성 열성질환, 심한 영양불량, 감정적 긴장에 의해서 야기될 수 있다.
  국소적으로 생기는 백모증으로 원형탈모증, X선 조사, 백반증, 부분 백반증, 결절성경화증에서 볼 수 있다.

12) 모낭의 질환 (Follicular disease, 모낭염-Folliculitis)

모낭염은 모낭에 발생하는 농피증으로 발생위치에 따라 표재성과 샘재성으로 나눈다.

① 표재성 모낭염 (Superficial folliculitis)

a. Bochant 농가진

- 모낭개구부에 반구모양의 작은 농포가 발생하나 모발의 발육은 장애를 받지 않는다.
- 포도상구균에 의한 상처나 농양에서 감염
- 두피와 사지, 수염 난 부위에서 발생
- 비누와 물로 깨끗이 씻고 항생제 도포를 발라준다.

b. 그람음성모낭염 (Gram negative folliculitis)

- 여드름 환자에게 항생제를 전신적으로 오래 투여할 때 발생하며, 표재성 농포형(주로 코 주위 발생)과 심재성 결절형(낭포형)두 가지 형태가 있다.

② **심재성 모낭염** (Deep folliculitis)

- 작은 표재성 농포를 통하여 더 깊고 큰 농양과 연결되어 있고 점차로 심부로 확대되어 절종증을 일으키거나 반흔과 탈모도 일으키게 된다.

③ **독발성 모낭염**

- 모낭의 염증반응으로 탈모증을 일으킨다.
- 반흔 탈모증으로 모공 주위에 작은 농포, 홍반, 인설, 번들거림, 함몰 된 반응을 보임
- 두피, 액와, 서혜부 등에서 나타난다.

④ **천공성 모낭염** (Perforation)

- 상지의 신측부, 둔부, 대퇴부에 직경 2~8mm의 무증상의 홍색 모공성 구진에서 작은 흰색 각전을 제거하면 작은 출혈분화구가 남게 된다.
- 치료로서 비타민A를 매일 20만 Unit 섭취하며 각질용해세포, 국소 부신피질 호르몬제를 바른다.

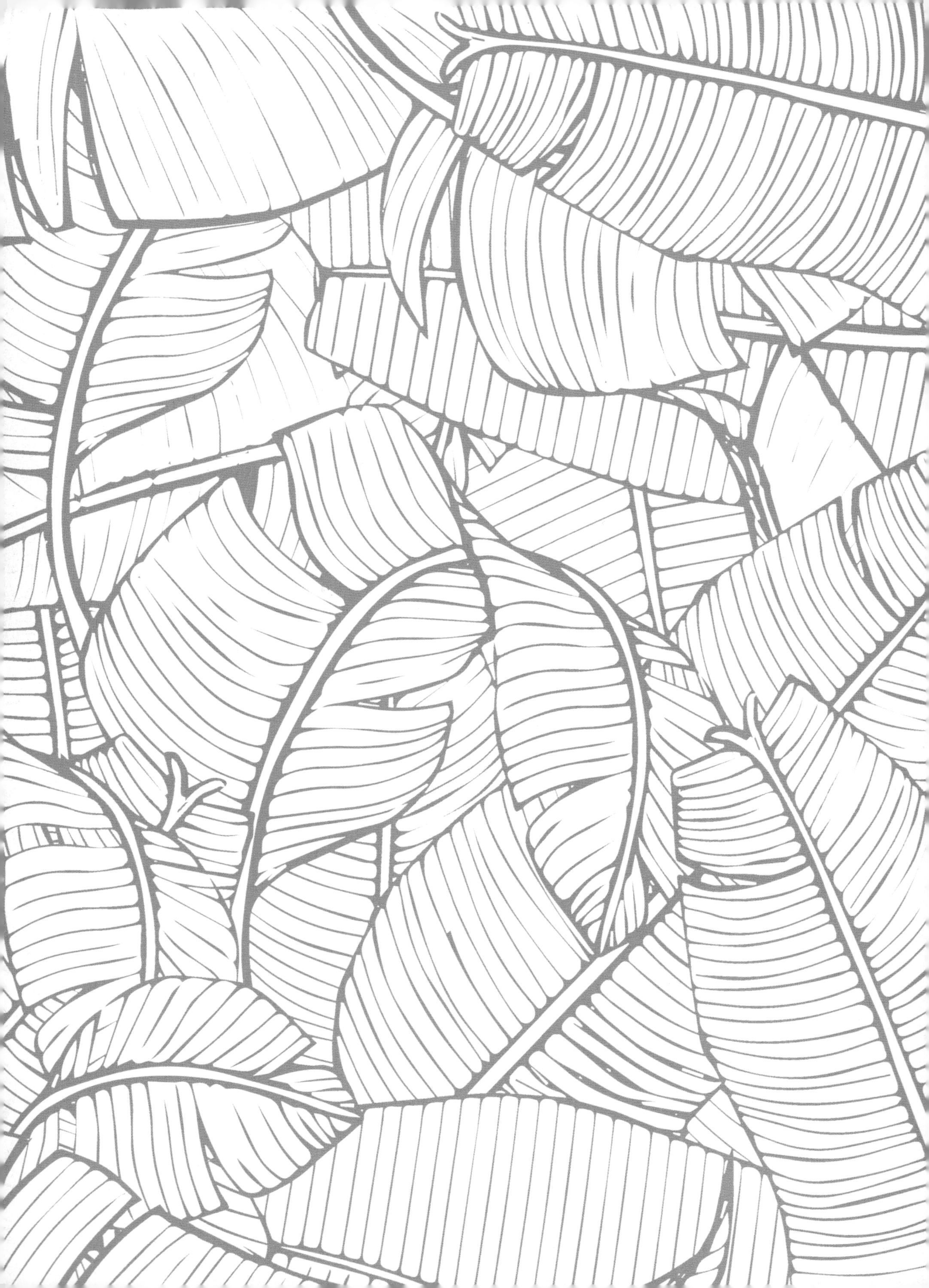

2장

피부유형

피부유형은 크게 건성, 중성, 지성으로 분류된다. 그러나 피부의 유형은 피부의 색깔, 매끄러움과 거침, 탄력성처럼 육안으로 보이는 요인들에 의하여 분류되는 것이 아니라 한선과 피지선의 기능 감소와 증가에 따라 결정된다.
또한 피부의 유형은 개인의 연령, 성별, 유전인자, 신체조건, 심리상태, 음식물과 계절, 지리적 조건 등에 따라 다르며 변화한다.

I. 피부유형(Skin Type)과 진단

개인에 따라 피부유형은 다양하다. 이러한 유형을 진단하여 피부타입을 결정하는 데에는 일정한 기준이 필요한데, 즉 피부조직 상태, 피지분비 상태, 피부보습 상태, 혈액순환 상태, 색소침착 상태, 피부안색, 모공상태 , 피부 탄력성 전반적인 피부 외관 등이다.

1. 피부조직 상태

피부의 조직의 상태에 따라 정상피부, 섬세한 피부, 두꺼운 피부의 3가지로 분류된다.

1) 정상피부 (Normai Texture)

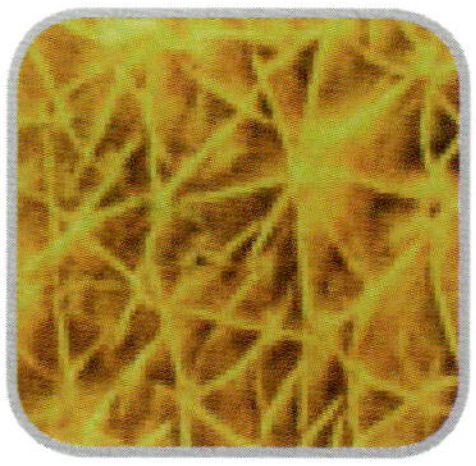

[정상조직피부]

- 피부의 결이 비교적 고운 편
- 피부당김 현상이 별로 없다.
- 모공이 약간 보인다.
- 손끝으로 만져보면 탄력이 있고 피부가 매우 부드럽다.
- 피부의 예민정도가 보통이다.
- 외관상 피부의 경이 약간 살쪄 보이고 통통해 보인다.
- 일반적으로 매우 좋은 조직의 피부

2) 섬세한 피부 (Fine Texture)

[섬세한 피부]

- 피부 결이 매우 고운 편이다.
- 피부 당김현상이 나타난다.

- 모공이 전혀 보이지 않는다.
- 피부가 매우 투명해 보인다.
- 피부가 약간 예민하게 보인다.
- 피부가 섬세하며 매우 정교하다.
- 외관상으로 볼 때는 이상적인 조직으로 보인다.

3) 두꺼운 피부 (Thick Texture)

- 피부가 매우 거칠고 결이 균일하지 못하며 울퉁불퉁하게 보인다.
- 모공이 열려 있고 크게 보이며 많이 보인다.
- 손끝으로 얼굴을 터치 해보면 두껍고 딱딱하게 느껴진다.

[두꺼운 피부]

2. 피비분비 상태

모공에서 배출되는 피부의 지방, 즉 피지 분비량에 따라 정상피부, 유분부족건성피부, 지성피부, 지루성피부, 코메도피부, 여드름 피부로 분류된다.

1) 정상피부 (Normal Skin)

- 피지의 양이 정상
- 모공이 약간 보인다.
- T-zone 부위에 피지분포가 적당
- 피부가 유연하며 탄력이 있다.
- 피부가 외관상 부드럽게 보인다.

2) 유분부족 건성피부 (Alipic Skin)

- 피지가 부족
- 대개의 경우 모공이 보이지 않는다.

- 피부가 거칠고 탄력이 결핍되어 있다.
- 피부가 매우 당길 것 같은 느낌을 준다.
- 잔주름이 많이 보인다.

3) 지성피부 (Oily Skin)

- 피지의 분비가 왕성하게 작용
- 모공이 열려있고 대체적으로 얼굴전체에 퍼져있다.
- 피부의 두께가 두꺼워 보인다.
- 손으로 만져보면 기름이 묻어난다.
- 외관상 얼굴전체에 유분기가 번질거린다.

4) 지루성 (Seborrhic Skin)

- 피부의 결이 매우 우툴두툴 하다.
- 모공 속의 각질화 현상이 매우 빠른 속도로 이루어진다.
- 피지의 양이 매우 많아 누르기만 하면 피지가 나온다.
- 화농성 여드름이 약간 보인다.
- 매우 지저분해 보이는 피부이다.

5) 코메도 피부 (Comedonal Skin)

- 피지의 분비물이 끈적거린다.
- 모공이 열려 있고 대체적으로 얼굴 전체에 퍼져있다.
- 블랙헤드(Black head)가 나있다.
- 일반적으로 피부의 조직이 두껍다.
- 피지의 분비량에 따라 여드름 발진이 더 생길 수도 있다.

6) 여드름 피부 (Acne Skin)

- 모공 내에서 과잉 각질화 현상이 매우 자주 일어난다.

- 블랙헤드(Black head)와 화이트헤드(White head)가 있다.
- 화농성 여드름이 많이 나있다.
- 끝이 검붉은 여드름이 나있다.
- 얼굴이 붉거나 붉은 반점이 보인다.
- 매우 예민하게 보인다.
- 매우 지저분해 보인다.

3. 피부보습 상태

땀과 수분의 증발과 분비량에 따라 표피수분이 부족한 피부, 진피수분이 부족한 피부로 분류된다.

1) 표피에 수분이 부족한 피부 (Superficial dehydrated skin)

- 각질화 현상이 심하다.
- 소양감이 심하다.
- 피부의 유연성이 부족하다.
- 얼굴에 잔주름이 많다.
- 예민해 보인다.

2) 진피에 수분이 부족한 피부 (Deep dehydrated skin)

- 대체적으로 깊은 주름이 많아 보인다.
- 피부의 근육이 늘어나 탄력이 없어 보인다.
- 얼굴형에 변화가 와서 늘어짐 현상이 나타난다.

4. 혈액순환 상태

피부의 혈액순환을 위한 신진대사에 대한 관찰로 다음과 같이 분류된다.

1) 붉은 반점이 자주 일어나는 피부 (Erythrosis)

- 붉은 반점이 얼굴의 다른 부위로 퍼져 나가는 것을 볼 수 있다.
- 손등으로 얼굴을 만지면 대개가 매우 따뜻하게 느껴진다.
- 양쪽 볼이 대체로 항상 붉어져 있다.
- 예민하게 보인다.
- 자주 가려움증을 느낀다.
- 대체로 건강하게 보이나 실제로는 화장이 잘 먹지 않는 매우 문제성있는 피부이다.

2) 모세혈관 확장피부 (Couperose)

- 양 볼에 확장된 모세혈관을 볼 수 있다.
- 얼굴이 자주 붉어지며 전체에 퍼져 나가는 현상을 볼 수 있다.
- 대단히 예민하게 보인다.
- 얼굴전체가 혈색이 같지 않고 얼룩져 보인다.

3) 주사피부 (Rosacea)

- 매우 예민하며 코를 중심으로 빨간 뾰루지가 잘 나는 피부
- 빨갛게 변한 양 볼에 여드름과 같은 뾰루지가 잘 나는 것을 볼 수 있으며, 경우에 따라서 곪는 것도 있다.
- 피지의 분비량이 많이 분비되거나 아주 적게 분비됨을 볼 수 있다.
- 예민한 부위는 엷은 기미가 보인다.
- 붉은 홍반증상이 가끔 나타나기 시작하다가, 심할 경우 지속될 수 있다.
- 예민성이 너무 지나쳐 화장이 잘 되지 않는다.

5. 색소침착 상태

멜라닌 색소의 유 · 무 및 반응에 대한 관찰로서 색소가 과잉 침착된 피부와 색소가 결핍된 피부로 분류된다.

1) 색소과잉 침착피부 (Hyper pigmentation)

- 얼굴 전체에서 주근깨와 같은 잡티가 보인다.
- 임신 중에 많이 생기는 형태, 즉 얼굴 전체에 퍼지는 기미를 볼 수 있다.
- 노화로 오는 검버섯 등이 보일 수도 있다.
- 부분별 엷은 갈색의 색소 기미가 나타날 수도 있다.
- 피부의 순환이 정상적이지 못하여 예민한 부위에 기미가 보인다.

2) 색소 결핍 된 피부 (Hypo pigmentation)

- 얼굴에서 백반증을 발견할 수 있다.
- 대체적으로 얼굴에서 색소가 결핍된 점을 쉽게 찾아볼 수 있다.
- 여드름이나 기타 흉터로 인하여 생기 부위에 색소결핍으로 인한 흉터를 찾아 볼 수 있다.
- 모발이 나이 비하여 빨리 희어짐을 볼 수 있다.

6. 모공 상태

모공이 확대되어 있거나 한 눈에 잘 띄면 그 피부는 예외 없이 지성피부계열이거나 과거에 지성피부 타입을 가졌던 피부유형으로 모공이 약간 보이는 것은 오히려 정상 피부이고 전혀 보이지 않으면 민감 피부이거나 건성 피부이다.

7. 피부 탄력성

손으로 만져보아 탄력이 느껴지지 않으면 전형적인 피부 건성화에 의한 노화피부에 속한다. 탄력성이 저하된 피부는 보습상태가 나쁘기 때문에 피부 늘어짐 현상이 나타나 보인다.

8. 전반적인 피부외관

피부가 건조하다든지, 민감하다든지 하는 등의 피부의 외형은 일반적으로 에스테티션이 육안 관찰을 통해서 쉽게 판단할 수 있다.

II. 피부 유형별 특징

피부는 피지 샘과 땀샘의 기능 상태에 따라 중성, 건성, 지성피부로 구분 되지만, 이러한 피부유형들의 상태가 악화되고 심화되면 민감성, 노화, 색소침착, 모세혈관확장피부 등으로 변화한다.

1. 이상적인 피부

이상적인 피부는 피지선과 한선의 정상적인 기능에 의하여 나타난다.

① 분홍빛의 안색(피부색이 좋은)을 지닌 피부

- 혈액순환이 잘 되면 장미 빛의 안색을 갖게 된다.

② 주름이 없는 피부

③ 모공이 섬세한 피부

- 모공의 상태가 정상적으로 활동한다.

④ 표면이 매끄러운 피부

- 표피의 신진대사인 각화현상이 정상적으로 이루어져야 한다.

⑤ 부드러운 피부

- 피부 표면의 유분과 수분의 밸런스가 잘 이루어져야 한다.

⑥ 단단한 조직을 지닌 피부

⑦ 탄력성이 좋은 피부

⑧ 저항성이 좋은 피부

- 민감함이 지나치게 두드러지면 안된다.

⑨ 장애(색소침착, 여드름의 요소)가 없는 청결한 피부

1) 아름다운 피부를 가꾸기 위해서는

① 정신의 안정 – 자율신경과 호르몬의 균형

② 올바르게 균형 잡힌 식사

③ 신체생체 기능의 정상화

④ 생활환경의 적합성과 자외선으로부터 피부보호

⑤ 화장품의 올바른 사용

⑥ 피부의 올바른 관리
 – 적당한 유분과 수분의 공급 등으로 항상 깨끗함을 유지

2) 피부변화의 요인

① 연령에 따른 영향

② 식습관에 따른 영향

③ 정신적 스트레스 정도에 따른 영향

④ 월경주기에 의한 영향

⑤ 수술이나 의약품 복용에 의한 영향

⑥ 계절에 따른 영향

⑦ 생활환경에 의한 영향

⑧ 화장품 선택에 의해서도 영향을 받는다.

2. 정상피부 (Normal Skin)

피부조직의 상태 또는 피부생리기능이 정상적인 활동을 하고 있어 피부 문제인 색소, 여드름, 잡티가 나타나지 않는 경우이다.

1) 특징

[정상피부의 단면]

- 피지선과 한선의 활동이 정상적인 가장 이상적인 피부상태
- 피부의 생리기능 모두가 정상적인 활동을 하는 피부를 의미
- 피부결의 입자가 섬세하고 깨끗하고 표면이 매끄러우며 가볍고 윤이 흐른다.
- 피부의 탄력성과 혈색도 좋고 피부가 촉촉하다.
- 세균에 대한 저항력이 있다.
- 화장도 잘 받아 오랫동안 화장이 지속된다.
- 세안 후에 당김이 약간 나타나지만 곧 사라진다.
- 계절이나 건강상태에 따라 약건성이나 약지성의 피부로 변한다.
- 각질 층의 수분함량이 10~20%로 정상이다.
- 표피의 세포신진대사가 원활하다.
- 피부결의 형태는 소구가 얕고 종횡으로 정밀하게 갖추어져 있다.
- 모공이 작고 눈에 잘 띄지 않을 정도로 약간 보인다.
- 눈 가장자리의 표정 원인성 주름 외에도 전반적으로 주름이 없다.
- 기미, 주근깨 등의 침착된 피부 색소가 거의 없고 잡티도 없다.

2) 손질법

① 부드러운 클린싱 제품으로 세안을 꼼꼼하게 한다.
② 일주일에 1회 정도 스크럽 필링제를 사용한다.
③ 3주에 1회는 스크럽 필링제 대신에 딥클린싱제를 사용한다.
④ 피부타입에 맞는 영양크림을 이용하여 주 1회 정도 부드럽게 마사지한다.
⑤ 보습과 영양위주의 팩을 마사지한 후 피부에 행한다.
⑥ 단백질과 비타민이 풍부한 음식을 골고루 먹는다.

3. 건성피부 (Dry Skin)

피부는 심한 일광욕, 바람, 경수의 사용, 강한 알칼리 비누의 사용, 수분의 불충분한 섭취,

편식, 화장품과 의약품, 대기오염, 불규칙한 생활습관, 외부의 자극 등에 의해서 건성화 된다. 이와 같이 피부가 건성화 되는 원인에 따라 피부 외적요인과 내적요인이 있는데 그 원인에 따라 건성피부, 표피건성피부, 진피건성피부 등으로 구분된다.

1) 특징

[건성피부의 표면]

- 피부결의 형태는 소구는 극히 얕고 대부분이 한쪽으로 흐르고 있으며 소릉의 높이는 거의 없고 선명치 않다.
- 모공은 매우 작아 눈에 잘 띄지 않는다.
- 피부 조직은 비교적 곱고 얇다.
- 피부가 늘 거칠어 보인다.
- 세안 후 또는 조금만 건조한 환경에 놓이면 피부기 심하게 당긴다.
- 파운데이션이 잘 안 받고 발라도 들떠버린다.
- 피부의 노화현상이 급속하게 진행되어 잔주름이 많이 나타난다.
- 표피의 심한 건조도에 비하여 피부 늘어진 현상은 의외로 심하지 않다.
- 적절한 에멀젼 화장품으로 피부보습 트리트먼트를 지속적으로 해주면 정상상태를 쉽게 유지할 수 있다.

2) 원인

- 각질층의 수분이 10%이하로 부족하다.
- 유전적으로 피지선 기능이 원활하지 못하거나 피지선 자극 호르몬의 분비 부족
- 화장품에 의한 염증 후 피부상태가 거칠어짐.
- 부적합한 피부손질로 인하여 건성화 초래시킴
- 비타민 A의 부족
- 피지와 땀의 분비가 부족
- 냉 · 난방은 습도를 낮추어 공기를 건조하게 한다.
- 강한 자외선으로 인한 일광 피부염은 피부의 수분을 빼앗는다.
- 바람, 한냉으로 피부의 수분이 상실됨.

3) 손질법

① 피부의 활성화를 위하여 피부의 내적, 외적으로 충분한 기초손질을 한다.
② 세안 시 탈지력이 강한 비누사용은 삼가하고 무자극의 클린싱제를 택한다.
③ 뜨거운 물과 차가운 물을 피하고 미지근한 미온수를 사용.
④ 사우나나 온탕에서의 오랜 시간은 피한다.
⑤ 보습효과가 뛰어나고 비타민A와 E가 함유된 영양화장수, 영양에센스와 영양크림을 많이 사용하며 유연화장수는 무알콜의 자극이 없는 것을 사용한다.
⑥ 수분공급과 유분공급을 하기 위해서는 먼저 혈액순환과 신진대사가 활발히 이루어지도록 정기적으로 마사지를 한다.
⑦ 보습효과가 큰 영양팩을 1주일에 1~2회정도 행한다.
⑧ 가습기를 틀어 공기 중의 수분 함유량을 높힌다.
⑨ 지방이 많이 함유되어 있는 음식과 비타민A, E가 함유되어 있는 음식물을 섭취한다.
⑩ 실내의 온도와 습도를 적당히 조절하여 피부의 안정을 꾀한다.
⑪ 충분한 양의 생수를 마셔 신체 내의 보습에도 신경을 쓴다.
⑫ 유분을 보급하기 위하여 유분크림을 과도하게 피부에 사용하였을 경우에 피지선의 기능이 약해지는 결과가 오므로 유의한다.

4) 건성피부의 종류

(1) 수분결핍의 건성피부

- 피지선과 한선의 역할은 정상이나 피부세포가 지닌 보습량의 부족으로 건조한 상태를 말한다.
- 진피의 결체조직의 수분함유량이 저하된 피부형
- 비타민A의 결핍이 원인
- 외적인 요인
  · 과다한 일광욕을 했을 경우
  · 뜨거운 목욕을 자주하여 수분을 손실했을 경우
  · 피부 관리를 소홀히 했을 경우
- 외관상 얼굴의 T-영역(이마, 코 및 턱부위)에 있는 모공이 크며 약간의 윤기 흐르는 것으로 나타난다. 그러므로 간혹 피부의 장애를 유발한다.

– 수분부족으로 인하여 피부가 예민해지므로 결과적으로 조기 노화상태가 뒤따르게 된다.

– 화장을 잘 받지 않으며 잔주름의 형성이 빨리 온다.

· 피부 관리 시 수분 공급을 주목적으로 해야 한다.

① **표피수분부족건성피부** (superficial dehydrated skin)

– 건성피부와 매우 흡사하지만 피지부족이라는 내적요인이 아니라 외부환경적인 요인에 의한 외적요인이 주된 원인이다. 즉 심한 냉난방이나 겨울철 바람등과 같이 표피 건성화를 초래하는 환경 속에 지속적으로 피부가 노출되어 표피 건성피부로 진행하게 된다.

– 각질현상과 소양감이 심하다.

– 피부조직이 별로 얇게 보이지 않고 표정원인성 주름의 형성이 거의 나타나지 않는다.

② **진피건성피부** (deep dehydrated skin)

– 피부 자체의 수분공급기능에 이상이 생겨서 초래되는 피부유형이다.

(2) 유분결핍의 건성피부

– 피지선의 기능 저하로 인하여 피부에 피지 분비가 감소하므로 얼굴에 윤기가 없게 되고 거칠며 탄력이 없다.

– 대체로 땀구멍과 모공은 섬세하다.

– 유분이 많이 함유된 크림류을 장기간 사용하면 피부 자체의 피지분비 배출량이 저하된다.

– 피부가 다루기 어려운 상태로 발전하여 당겨지는 느낌이 있고 피부비듬이 생기며 조기 노화의 현상이 잔주름의 형성이 많아진다.

– 피부의 장애는 없으나 예민해져서 모세혈관의 확장 경향이 생기며 민감성 피부 증상을 갖게 된다.

– 유분이 부족한 피부의 관리는 피지선을 자극하여 피지분비를 증가시키는 것을 주목적으로 한다.

– 마사지를 정기적으로 행하여 피지선의 기능을 활성화시키도록 한다.

(3) 유분과 수분 결핍의 건성피부

– 피부에 수분이 결핍되면 자연적으로 유분이 결핍되는 현상까지 동반한다.

– 지방성, 여드름성의 피부를 피지분비 억제의 목적으로 심하게 관리할 경우 그 역반응으로서 유분과 수분의 결핍 피부가 나타나기도 한다.

– 외부의 심한 냉 · 난방으로 건조해진 공기에 오래 머물면 피부의 수분증발이 심해져 피부의 균형이 깨진다. 그러므로 결과적으로 피부 당김과 피부의 늘어짐이 심하게 나타난다.

– 피부결은 섬세하나 윤기가 없으며 예민한 증상을 보여 모든 자극에 유의하여야 한다.

4. 지성피부 (Oily Skin)

피지선의 기능이 필요이상으로 촉진되어 정상보다 과다한 피지가 분비됨으로써 피부 표면이 늘 번들거리며 모공은 넓어지고 각질층은 두꺼워져 피부가 두터워 보이는 피부를 지성피부라고 한다. 피지선으로부터 분비되는 과다한 피지의 양이 모공 밖으로 나오지 못하고 축적됨으로써 여드름과 같은 피부병변의 원인이 된다. 지성피부는 피지분량의 정도에 따라 도는 지성피부의 상태에 발전된 피부병변에 따라 구분 할 수 있다.

[지성피부의 단면]

[지성피부조각의 형태]

1) 일반적 특징

- 피부결의 형태는 소구가 비교적 크고 깊으며 불규칙하다.
- 각질층의 두께가 두껍다.
- 피부가 거칠고 모공이 넓다.
- 피부의 투명감이 보이지 않고 탁해보인다.
- 외부작극에 대한 저항력이 비교적 강하다.

- 더워지면 피부의 번들거림이 더 심해진다.
- 햇빛에 의한 피부색소침착 현상이 빨라진다.
- 화장이 잘 지워지며 시간이 지나면 거무칙칙하게 보인다.
- T존 부위는 모공에 피지가 쌓여 오돌토돌하고 블랙헤드가 보인다.

2) 원인

- 피지 분비량이 매우 많다.
- 유전적 체질이나 사춘기 호르몬 영향으로 피지량이 증가
- 위산과다와 변비의 내과적 요인

3) 일반적 손질법

① 지성피부는 한선과 피지선에 안정을 주는 것이 중요하다.

② 지방과 탄수화물의 과잉섭취를 피하고 불포화지방산이 함유된 신선한 과일을 많이 섭취하도록 한다. 특히 비타민B군을 종합적을 섭취하면 좋다.

③ 기호식품의 과다애용을 피한다.

④ 건성, 지루성 피부의 경우에는 많은 물을 마시도록 하며 보습효과가 뛰어난 화장품을 사용한다.

⑤ 알칼리 비누의 사용을 피한다.

⑥ 피부의 보호막을 유지하면서 세정력이 우수한 젤 타입의 클렌징제품을 사용하여 철저한 세안을 한다.

⑦ 일반적인 손질법으로 건성 지루의 경우에는 유분보급을 피하며 수분을 주도록 하고 지성피부는 여드름성 피부와 비슷한 관리법을 이용한다.

⑧ 피부표면의 불순물과 모공속이나 피부 위에 쌓인 각질을 제거하기 위해 규칙적으로 필링을 해준다.

⑨ 물의 온도는 피지를 녹여내기 위한 38°의 약간 뜨거운 물을 사용하여 클렌징을 한다.

⑩ 피지 분비가 많은 시기에는 알코올이 함유된 수렴제를 사용하여 모공이 막히거나 확장되지 않도록 주의

⑪ 팩은 피지제거용이나 유분기를 흡수하는 지성피부 전용 팩을 사용

4) 유성 지루피부 (seborrhoea oleosa skin)

- 피부의 번질거림이 심하다.
- 각질층이 비후하여 피부가 두껍게 보인다.
- 피부가 거칠고 모공이 넓다.
- 피부가 투명하지 않다.
- 화장이 잘 받지 않으면 잘 지워진다.
- 남성호르몬이 영향으로 남성이 여성보다 많다.
- 면포 등 여드름을 일으킬 수 있다.

5) 건성 지루피부 (seborrhoea sicca skin)

- 피부조직이 두껍다.
- 피부 표면이 건조하고 각질이 일어난다.
- 혈액순환 장애로 피부색이 창백하다.
- 잔주름이 많이 나타나며 기미와 주근깨 등 색소침착이 쉽게 온다.
- 화장이 잘 받지 않는다.
- 유성 지루피부에 의해 저항력이 약해 여드름 발생의 위험성이 더욱 크다.

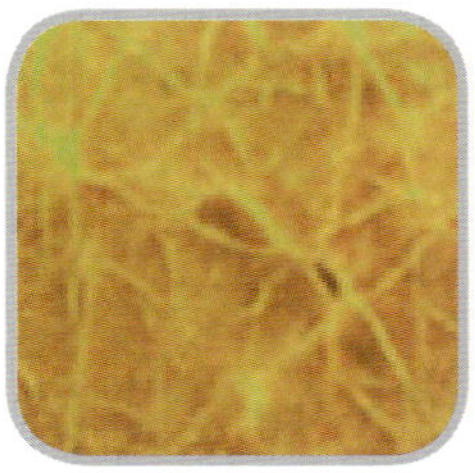

기미가 있는 피부

노화에 의한 마모된 피부

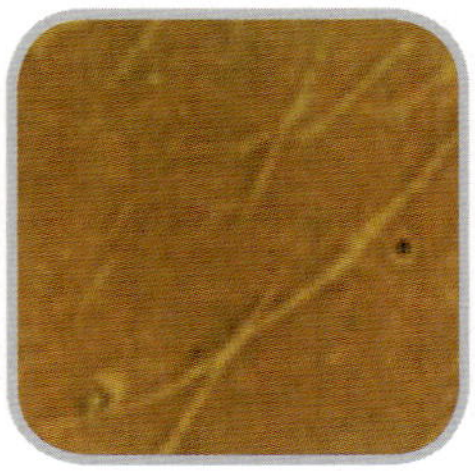

혼합피부

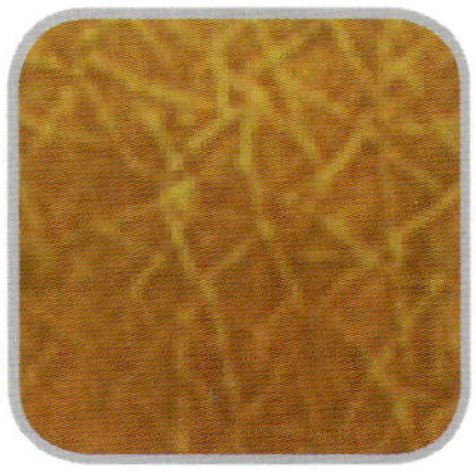

여드름이 있는 피부

[지루성 피부조각의 형태]

5. 복합성 피부 (Combination Skin)

- 피지분비량의 불균형으로 2가지 이상의 피부형태가 공존하는 피부상태이다.
- 지성피부와 건성피부가 부위에 따라 다르게 나타나고 있는 경우도 있다.
- 얼굴 피부의 부위에 따라 T존 부위는 전형적인 지성피부이면서 나머지 부분은 건성피부의 특징을 나타낸다.
- 중년 이후의 사람들에게 나타난 피부유형이다.
- 선천성 요인보다는 후천성 요인에 의향 나타나게 되는 것으로 알려져 있다.

조직이 크고 생기가 있는 비닐모양의 피부

피부가 얇은 피부

탄력이 없는 피부

조직은 확실이 알 수 없는 생기가 없는 피부

조직은 확실이 알 수 없지만 평판한 피부

[복합성 피부조각의 형태]

1) 특징

- T-zone 주위에 유분기가 많고 다른 부분은 건성화되어 세안 후 눈가나 뺨 등의 부위에 심하게 당긴다.
- 피곤하거나 스트레스를 받을 때 여드름이 한, 두 개 자주 발생한다.
- 눈가에 잔주름이 많이 나타난다.
- 광대뼈 부분에 기미가 나타나는 수가 많다.

- 스트레스나 화장품에 의해 여드름이 발생하기 쉽다.
- 피부에 맞는 기호화장품의 선택이 어렵다.
- 화장이 고르게 받지 않는다.
- 피부조직이 전체적으로 일정하지 않다.

2) 원인

- 환절기의 기후변화
- 유분이 많은 기초화장품을 장시간 사용하였을 경우
- 수면부족 시
- 과로, 신경과민 시

3) 관리방법

- 피부부위별 증상에 따라 기초 화장품을 다르게 사용
- T존 부위는 필링의 횟수를 늘리고 세안 시에는 폼 클렌징 등을 이용하여 세심하게 관리
- 유분이 많거나 적은 크림류의 사용은 피함
- 다양한 증상을 나타내는 만큼 상황에 맞는 적절한 제품을 선택하도록 유의

6. 민감성 피부 (Sensitive Skin)

민감 피부는 연령이나 피부타입과 관계없이 외부자극에 대한 저항력이 약하고 피부가 화학적, 환경적인 반응에 예민한 피부유형을 말한다. 원인과 반응은 개인차가 있으므로 어떤 반응에서 민감한지 정확히 판단하기 힘든 경우가 많으나 심리적, 정신적 요인과 매우 큰 연관성을 갖는다.

1) 특징

- 피부가 화학적, 역학적인 반응에 예민하다.

- 심리적, 정신적인 것과 매우 큰 연관성을 갖고 있다.
- 외관상 피부결을 섬세하여 깨끗해 보이나 건조하기 쉽고 자극에 민감하므로 외부온도에 의하여 피부가 쉽게 피곤함을 느낀다.
- 계절이 바뀔 때마다 피부가 일시적으로 불안정해진다.
- 외부자극에 대한 저항력이 약하기 때문에 쉽게 피부가 거칠어진다.
- 소홀한 피부 관리로서도 자극이 커 주름을 형성하기도 하고 면포와 같은 염증성 현상과 알레르기성 수포 및 두드러기도 나타날 수 있다.
- 피부의 색소침착현상이 잘 생긴다.
- 지성 예민성과 건성 예민성으로 나누어진다.
- 안면 피부의 민감도는 눈 주위 – 입 주위 – 목 – 볼 – 이마의 순서이다.
- 피부 표면이 투명하다.
- 모공이 거의 보이지 않는다.
- 피지 분비량이 고르지 못한 복합성 피부 상태일 경우가 많다.
- 모세혈관이 피부 표면에 잘 드러나 보인다.

◈ 일시적 민감 피부의 대상

- 선천성
- 신경질적이고 예민하도 생각되는 사람
- 본래의 알레르기가 있는 사람
- 산전 산후의 여성(호르몬 조정 능력이 깨짐)
- 생리 전후의 여성
- 접촉성 피부염을 앓은 경험이 있는 사람
- 대 수술자
- 자궁을 들어낸 사람(호르몬 균형이 깨짐)
- 갱년기의 사람
- 약을 장기 복용하는 사람
- 일사광선을 많이 받은 후
- 자극적 음식을 많이 먹는 사람
- 수면부족을 겪은 후
- 스트레스
- 주위환경의 열악(오염, 오취, 물질과다)

2) 민감성 피부의 종류

(1) 염증성 피부병변 : 접촉성 피부염

① 선천적 요인

- 선천성 광과민증
- 선천적 대사이상
- 흉선 임파체질
- 출혈성 소질
- 삼출성 체질(진물성 체질)
- 통풍체질

② 후천적 요인

- 위장기능 부진
- 난소기능 이상
- 간 기능 부진
- 내분비 이상
- 선 기능 장애

(2) 혈액계의 이상

① 자율신경계의 불안정으로 인한 혈관운동의 항진

- 요인
  - · 정신적 인자
  - · 칼슘부족(하루소비량 0.6)
  - · 비타민 결핍
  - · 마그네슘의 부족(얼굴근육의 경련)

② 혈관 속에 세균이나 이물질이 들어와 일으키는 혈관장애 병변

◈ 피부 민감화의 과정

- 피부가 건조해지고 생리기능이 약화
- 피부의 표면이 거칠어 진다.
- 각질층의 수분보유 능력이 약화되고 피부표면의 피지막 형성이 약화된다.

– 자극성 및 유해성 그리고 알레르기성 물질의 피부침투가 용이해진다.

– 민감성 피부가 된다.

3) 손질법

① 면역과 저항력 강화로서 피부안정과 염증방지 그리고 세포재생을 주목적으로 피부관리를 행한다.

② 자극을 주지 않는 무향, 무색소의 민감성타입 화장품을 사용

③ 세안 시에 세안제를 얼굴에 직접 대지 않고 손에서 충분히 거품을 낸 후 사용하고 미온수로 완전히 헹구어 낸다.

④ 서늘해진 계절에 유분과 수분의 공급을 필수적이나 너무 많은 유분은 피부에 자극을 준다.

⑤ 순한 기초화장품을 사용

⑥ 보습효과가 높은 앰플이나 에센스를 사용

⑦ 마사지할 때 손가락에서 압력을 빼고 가볍게 적당 시간 동안 행한다.

⑧ 자극적인 마사지 테크닉은 피한다.

⑨ 마사지 후에 짧은 시간 동안만 스팀타올을 덮어 혈액순환을 촉진시킨다.

⑩ 자외선 차단크림은 SPF 차단지수가 가장 낮은 것을 사용하되 차단 효과를 보기 위해서는 한번 사용한 다음 깨끗이 씻고 다시 덧바르도록 한다.

⑪ 림프마사지는 민감성피부에 저항력을 길러주어 좋다.

⑫ 적외선램프의 사용이나 효소 세안제, 석고 팩의 사용은 하지 않도록 한다.

⑬ 정신적 스트레스, 과로, 수면부족, 불균형적인 영양상태는 피부를 민감하게 하므로 균형있는 생활을 하도록 한다.

⑭ 얼굴에 닿는 화장도구, 베게, 이불 등은 천연소재의 재료를 택하도록 하며 깨끗이 한다.

7. 모세혈관 확장 피부

모세혈관 확장증은 피부의 혈관, 즉 세정맥, 모세혈관 혹은 세동맥이 피부표면 가까이 확장된 것을 말한다.

1) 특징

- 피부의 해가 되는 요소들로 인하여 표피 가까이에 있는 모세혈관이 약화되거나 파열, 확장되어 외관까지 붉은 실핏줄이 보이는 피부로서 붉은 피부를 말한다.
- 모세혈관은 혈액순환의 양이 많아지면 자연히 굵어지는데 스스로의 신축성이 감소되어 혈액의 양이 원상태로 가지 못해 생기는 것
- 피부는 섬세하다.
- 표피가 매우 얇고 털이 무척 가늘어 어려 보인다.
- 겨울철에는 혈관기능이 약하고 혈액순환이 나빠져 혈액이 한 곳에 모여 울혈상태가 나타난다.
- 얼굴 중 온도가 가장 낮은 볼 부위에 잘 생긴다.
- 피부의 탄력성이 줄어들며 피부의 긴장감이 완화되어 근육이 늘어진다.
- 늘어난 혈관 벽으로 인하여 혈액순환의 양이 많아서 피부세포의 성장이 빨라 각화과정이 정상보다 빠르게 되면서 죽은 세포층의 박리현상이 촉진되는 것이 원인이 되어 각질층이 얇아지게 된다.
- 피부에 자극이 되는 모든 요소에 민감한 반응을 보이므로 주의

◈ 붉은 피부는 다음과 같은 상황의 사람에게서 잘 나타난다.

- 지방성이며 여드름이 잘 나는 사람
- 선천적으로 혈관이 약한 사람
- 갑상선이나 성호르몬에 장애가 있는 사람
- 위장과 장에 이상이 있는 사람
- 갱년기의 여성
- 만성변비가 있는 사람
- 긴장과 스트레스에 시달리는 사람
- 커피, 알코올, 담배를 애용하는 사람

2) 손질법

① 기초손질 화장품을 손상된 모세혈관 피부용을 선택

② 감귤류와 야채에 많이 함유되어 있는 비타민P(바이오 플라이보노이드)와 비타민 C와 모세혈관을 튼튼히 하는 비타민 B를 충분히 섭취

③ 알코올, 콜라, 카레, 겨자 등은 모세혈관의 확장을 돕고 충혈을 초래한다.

④ 죽순과 마늘, 고추는 피부를 거칠게 하고 혈관확장인자가 포함되어 있다.

⑤ 니코틴은 피부의 모세혈관의 혈액순환을 나쁘게 하고 비타민C를 파괴한다.

⑥ 필링은 가능한 하지 말고 세정 팩을 이용한다.

⑦ 마사지는 자극이 적고 부드럽게 하되 모세혈관이 확장된 부위는 피한다.

⑧ 팩제는 피부에 자극이 큰 peel off type보다는 피부에 부드러운 작용을 하면서 영양분이 많은 크림타입의 팩제를 사용하도록 한다.

⑨ 냉기를 갑자기 쐬면 피부가 약화되므로 혈관을 튼튼히 하기 위해서는 온 · 냉 교차 타올을 이용하여 온도에 대한 피부의 적응력을 높이며 외출 시에는 반드시 피부를 보호해야 하므로 메이크업을 한다.

⑩ 모세혈관이 피부 가까이 노출되면서 선명히 드러나거나 보이지 않으면서 전체적으로 홍조를 띨 때는 585색소 레이저로 1회에서 2회 가량 치료한다.

8. 노화피부 (Aging Skin)

노화피부의 초기의 증상은 피부의 건성화로부터 온다. 피부가 노화되면 기름샘과 땀샘의 역할이 감소되어 세포의 보습 량이 떨어지고 진피와 피하지방의 탄력성이 줄어들며 근육 층도 늘어지고 세포내의 수분이 메말라져서 각질형성이 촉진 되며 피부가 거칠어지고 주름이 형성된다.

1) 피부노화의 원인

(1) 피부세포의 영양결핍

① 영양의 불균형

- 잘못된 식생활습관과 무리한 다이어트 등으로 영양의 불균형을 초래하여 피부세포가 영양결핍증에 걸린다.

② 피부결합조직의 약화

- 세포의 영양결핍으로 진피 층의 콜라겐의 생성이 정지되어 피부의 수화작용이 저하되면 엘라스틴 섬유조직의 약화로 피부의 탄력이 저하된다.

③ 피하지방 결핍

- 근육층과 피하지방층이 건강할 때는 탄력이 있고 아름다운 피부를 갖게 된다.
- 피하지방층이 와해되면 피부층의 함몰현상이 일어나면서 피부가 탄력을 잃게 된다.

(2) 햇볕에 과도한 노출

- 오존층에 파괴로 인하여 자외선에 의한 피부손상
- 자외선이 내포하고 있는 광입자가 음(−)전기를 띤 전자방출을 하여 피부세포를 구성하는 단백질분자와 결합하는 과정에서 전기적인 화학반응으로 유리기를 생성한다. 이 유리기는 전기적으로 안정되지 않는 물질로 화학적인 반응이 매우 강하고 피부세포의 단백질과 반응하여 다른 단백질로 변화시켜 버리면서 피부세포를 크게 손상시킨다.
- 광노화 : 햇볕에 의해 피부가 노화되는 것

(3) 잘못된 화장품 사용

- 피부의 피지막은 피지와 수분이 조화를 이루면서 피부를 보호

- 탈크 성분이 피부의 피지와 수분을 흡수하여 피부를 건조하게 하고 피부 보호막을 손상시킨다.

2) 특징

- 기름샘과 땀샘의 분비기능이 저하된다.
- 피부표면의 각질층이 증가한다.
- 피부윤기나 광택이 저하된다.
- 혈액순환 불균형과 피부세포내의 영양섭취능력 저하 등으로 결체조직이 위축된다.
- 멜라닌 세포의 기능이 약화되고, 그 결과로 습관적으로 불규칙하게 멜라닌 색소가 생성된다. 이것을 노인반점(age-spots)이라고 한다.

3) 손질법

① 유분과 수분이 많이 함유된 화장품 선택
② 마사지를 주기적으로 하여 피부의 혈액순환을 돕고 신진대사를 촉진
③ 비타민 A, E가 함유된 화장품을 사용
④ 고농축 영양에센스를 사용
⑤ 피부를 외부의 유해한 환경으로부터 보호하고 자외선으로부터 피부를 보호하기 위해서 자외선 차단크림을 반드시 사용
⑥ 균형 있는 식사를 한다.
⑦ 자신에게 알맞은 적당한 운동을 한다.
⑧ 충분한 수분을 취한다.
⑨ 스트레스를 피한다.
⑩ 술, 담배를 삼간다.
⑪ 긍정적인 사고방식을 갖는다.

3장

피부와 영양

모든 생명체는 생명을 유지하기 위해 외부로부터 영양을 섭취하여야 한다. 즉 신체는 영양분을 받아들여 몸 안에서 에너지로 만든 뒤 자신의 활동과 생명유지에 이용한 것이다.

인체가 필요로 하는 기본적인 영양소를 이른바 6대 영양소라 명명하고 여기에 속하는 것이 탄수화물, 지방, 단백질, 무기질, 비타민 및 물이다. 이들은 체내에 각기 필요한 에너지를 주고 신체의 조직형성에 관여하며 신체를 건강하게 유지하는데 기여한다. 건강을 위한 필수조건 가운데 하나는 영양소가 골고루 배합되어 있는 균형 잡힌 식단을 통하여 인체가 필요로 하는 영양분을 공급하는 것이다.

I. 탄수화물 (Carbohydrate)

단백질, 지방과 더불어 인체에 가장 필요한 3대 영양소이며 체내에서 완전 산화되는 가장 경제적이고 효율적인 성분이며 사람의 대사 작용에 매우 중요한 에너지원이다. 우리가 주식으로 하는 쌀, 보리, 밀, 옥수수 등의 주된 성분으로 소화가 쉽고 체내에서 독성물질을 만드는 일이적다. 탄수화물은 소화과정을 거쳐 간이나, 근육에 글리코겐(Glycogen) 형태로 저장되어 무산소성, 유산소성 운동을 포함하여 모든 신체 활동에 필요한 에너지를 발생한다. 즉, 탄수화물의 주된 역할은 신체 내 수억 개의 세포에 계속적으로 에너지를 제공하는 것이다. 운동선수들이 고강도 운동 전, 운동 중, 운동 직후에 식이요법으로 탄수화물의 섭취량을 조절하면 인체는 근육과 간에 저장된 글리코겐을 최대한 활용하여 운동 수행능력을 향상시킬 수 있다. 특히 운동직후에는 근육과 간의 글리코겐 재합성을 위하여 반드시 필요한 영양소이다. 탄수화물의 기본 물질인 포도당은 광합성 작용에 의해 합성되어 식물의 뿌리, 열매, 줄기와 잎에 등에 전분이나 섬유소 형태로 저장 된다

1. 탄수화물의 기능

① 에너지원

- 섭취 한 대부분의 탄수화물은 포도당으로 전환되어 대사에 이용
- 탄수화물은 1g당 4Kcal의 에너지를 공급하며, 하루 섭취하는 에너지의 60~70%정도 차지한다.
- 신체에서 적혈구, 뇌세포 및 신경세포는 주로 포도당을 에너지원으로 이용된다.
- 근육 등 다른 세포에서도 식사 후에는 포도당으로 사용하여 에너지를 얻는다.

② 체단백질 보호작용

- 적절한 양의 탄수화물 섭취는 몸에 있는 체단백질을 보호한다.

- 포도당만을 이용하는 세포의 에너지를 제공하고자 할 때, 탄수화물 섭취가 부족하면 단백질로부터 포도당을 합성한다.
- 탄수화물을 매우 적게 흡수하거나 굶으면, 근육이나 간, 신장, 심장 등 여러 기관에 있는 단백질이 분해 포도당 합성에 쓰인다.
- 체중 조절을 위해 굶을 경우, 체단백질이 급격히 손실된다.

③ 지방의 불완전 산화방지 (항케톤제(지방중간대사산물)생성효과)

- 체내에서 지방질이 산화 되어 에너지를 낼 때도 탄수화물이 꼭 필요하다.
- 적게 섭취한다면 지방이 분해될 때 완전히 산화되지 못하고 케톤체가 만들어지는데 이들이 혈액과 조직에 많이 축척되는 것이 케톤증이다.
- 케톤증을 방지하기 위해서는 하루에 50g~100g 탄수화물 섭취가 필요하며 이는 밥한 공기 반에 해당한다.

④ 음식에 단맛과 향미 제공

- 독특한 단 맛과 향미가 있어서 식품의 맛과 수용도를 높인다.
- 설탕이나 꿀 등의 천연적인 당류 이외에도 여러 대체 감미료가 사용되는데, 인공적으로 합성된 것으로 열량을 내지 않는 감미료는 당뇨병, 비만 등의 식사요법에 이용된다.

※ 합성감미료 : 사카린, 인, 아스파탐등 열량은 제공하지 않고 단맛을 내는 물질

- 당뇨나 체중조절 식사에 이용되나 장기간 섭취시 안전성에 문제가 있을 수 있다.

⑤ 단백질의 절약효과

⑥ 지방성과 지방대사 조절

⑦ 조섬유로서의 기능

⑧ 기호성 증진

⑨ 특수기능

- 아미노산 합성
- 결체조직 합성
- 해독작용
- DNA, RNA 합성
- 항원, 항체 반응

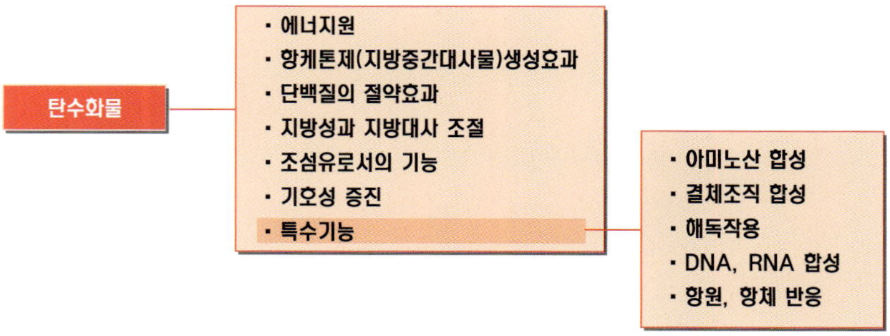

[탄수화물의 기능]

2. 탄수화물의 종류

1) 단당류 – 탄수화물 중에서 가장 간단한 당으로 모든 당질의 기본이 된다.

① 포도당 (Glucose)

- 당질을 저장 할 때는 전분이나 당원질로 변환한다.
- 식물의 과일이나 즙액 등에 함유되어 있고 특히 포도에 많이 함유되어 포도당이라 불려지며 인체의 세포 내에서 사용되는 가장 기본적인 에너지원이다.
- 사람이 의식장애나 수술시 소화, 흡수의 능력이 없을 때 포도당 정맥주사를 통해 에너지를 공급받으며 뇌와 신경세포의 유일한 에너지원이다.

② 과당 (Fructose)

- 단당류 중 단맛이 가장 높은 과당은 과일이나 꿀에 자연적인 형태로 다량 존재하며, 과당은 인체 내에서 즉시 포도당으로 전환되어 중요한 고 탄수화물의 공급원이 된다.
- 일부는 소화관을 통해 직접 혈액 중으로 흡수되고 나머지는 모두 간에서 글루코오스로 합성된다.

③ 갈락토즈 (Galactose)

- 유당을 가수분해하면 생기는 당이다.
- 뇌 발육에 매우 중요한 요소이다.
- 수유부는 혈액에 의하여 운반된 포도당이 유선에서 변화되어 갈라토즈로 되고 포도당과 결합하여 유당이 되어 분비된다.

2) 이당류 (단순당 + 단순당)

① 자당 (Sucrose)

- 일반적으로 설탕이라 한다.
- 자연계에 가장 흔한 물질로서 자당, 유당, 맥아당 등이 있다. 일명 설탕으로 불리는 자당은 사탕수수, 사탕무 등 식물계에 널리 분포하며 식품 등의 감미료로 많이 사용되며 영양밀도가 낮은 단순당류로서 열량(kcal) 이외 다른 영양소는 공급하지 못하므로 영양이 풍부한 단당류, 다당류 식품으로 대체하여 사용하기에는 부적합하다. 그러나 단지 열량 보충용으로만 사용 할 때는 매우 유용하다.

② **맥아당** (Maltose)

- 곡류의 발아과정에서 생기는 것이다.
- 감주나 물엿은 맥아당을 함유하고 있다.

③ **유당** (Lactose) – 유청, 젖당

- 포유동물의 유즙에 존재
- 양은 동물의 종류에 따라 다르다.
- 물에 잘 녹지 않아 위 속에서는 발효되지 않으므로 많이 섭취해도 위점막을 자극하지 않는다.
- 우유에 다량 함유되어있으며 일반적으로 유청 단백질의 100g 당 80%를 차지하고 있다.

3) 다당류 – 복합 탄수화물

- 단당류 혹은 그 유도체가 결합된 고분자 화합물이다.
- 물에 잘 녹지 않으며 가수분해되면 단당류가된다.

① **전분** (Starch)

- 차가운 물에는 변화가 없으며 열을 가하면 풀이 된다.
- 전분(녹말–말토덱스트린)은 씨앗이나 옥수수, 밀 등 곡식류와 완두, 콩, 감자, 근채류 등에 풍부하게 함유 되어있으며 다른 탄수화물 중에서도 근육과 간의 글리코겐 합성에 가장 빠르게 작용하는 것으로 알려져 있다.

② **효정** (Dextrin)

- 전분이나 당원질과 흡사하다.
- 혈액이 많이 손실되었을 대 혈액대용으로 사용 된다.

③ **당원질** (Glycogen)

- 동물체에 간, 근육 등에 저장되어 있다가 필요시에 포도당으로 전환되어 혈액 속으로 흘러 들어가 기능을 한다.

④ **섬유소** (Cellulose)

- 식물 세포막의 주성분이다.
- 물에 용해되지 않으며 사람의 소화액에도 섬유소를 소화시키는 효소가 없어 영양가로는 별반의 가치가 없다.
- 섭취 시에는 부피를 늘려 주는 역할을 하여 장의 운동을 도와 변비예방에 효과가 있다.

⑤ 글리코겐 (glycogen)

- 동물성 다당류 탄수화물인 글리코겐은 인체 내에서 저장되는 탄수화물의 저장형태로서 일명 동물성 전분이라고도 하며 간과 근육에 저장된다.
- 성인이 저장 할 수 있는 글리코겐의 양은 약 350g 이며 그 중 100g 정도가 간(간 무게의 5%)에, 250g 정도가 근육(근육 무게의 1%)에 저장되는 것으로 알려져 있다.

II. 지방질 (Lipid)

지방질은 물에 녹지 않고 유기 용매에 녹는 물질을 지방이라 하며 상온에서 고체지방(Fat), 액체형태인 기름(Oil), 지방 유사물질(Lipid)등을 통합한 천연화합물로 생활에 필수적인 에너지원이다. 탄수화물의 2.2배가량 되는 고칼로리를 지니고 있으며 이용되고 남은 잔여분은 피하조직에 저장되어 필요시에 쓰인다.

지방질은 신체의 체온조절에 관여하며, 피지선의 기능을 조절하여 피부의 건조를 방지하며 피부를 윤기 있게 해주고 인체에 필수적인 지방산인 리놀산과 리놀레인산을 포함한 영양소이다. 상온에서는 고체 형태인 지방은 포화지방산인 반면 액체 형태인 것은 불포화지방산이 많다. 동물성 지방을 체내에 많이 흡수하면 콜레스테롤이 체내에 침착하여 모세혈관의 노화현상이 일어나고 피부 탄력이 저하된다.

1. 지방질의 종류

1) 단순지방질

① 중성지방 (Neutral fat)

- 소기름, 돼지기름, 유지방과 어류와 간유는 동물성 중성지방에 속한다.
- 야자유, 면실유와 올리브유는 식물성 중성지방에 속한다.

② 밀납 (wax)

- 공기 중에 변질되지 않고 세균에 강하다.
- 동 · 식물의 표면에 있어 건조를 방지하고 체온유지에 관여한다.

2) 복합지방질

① 인지질 (phospholipid)

- 뇌세포, 신경계통, 간장, 골수 및 체액에 많이 들어 있다.

② 당지질 (Glycolipid)

- 일반적으로 갈락토즈가 들어 있는 뇌신경에 많이 있으며 세포구성에 관여하고 있다.

③ 지단백 (Lipoprotein)

- 지방산과 단백질의 복합체로 혈중에 많이 존재한다.

3) 유도 지방질

① 지방산 (Fatty acid)

- 공기 중에 고체 상태이며 주로 동물성 지방인 포화지방산과 융점이 낮아 액체상태의 식물성 지방인 불포화지방산이 있다.

a. 포화지방산 (saturated fatty acid)

- 체내흡수가 느리고 배설이 잘 안되며, 피부 침투가 어렵고 상온에서 고체이다. 동물성 지방의 섭취 시 증가되며, 혈중 콜레스테롤이 축적되면 혈관병증이 생기기 쉽다.

b. 불포화지방산

- 지방이 분해되면 지방산이 형성되며, 이중 불포화지방산은 인체 구성성분으로 인체에 중요한 역할을 하므로 필수 지방산이라 하며 체내에서 합성되지 않는다.
- 불포화지방산은 상온에서 액체이며 체내 흡수가 쉽고 배설도 잘 된다. 공기 중에 노출되면 변질되기 쉽다.
- 리놀산, 아라키돈산, 리놀렌산 등이 있으며 다른 성분으로 대체가 어렵다.

② 글리세롤 (Glycerol)

- 중성지방의 구성성분으로 탄수화물과 상호 교환된다.

③ 스테롤 (Sterol)

- 담즙산, 성호르몬, 비타민 D 및 부신피질 호르몬을 구성하는 성분이다.

④ 콜레스테롤 (Cholesterol)

- 담즙의 주성분이다.
- 뇌신경, 신장, 간장과 비장 등에서 발견된다.
- 계란 노른자 속에 많이 들어 있다.

2. 지방질의 채내 기능

1) 중성지방

① 필수 지방산의 공급

- 필수 지방산이란 신체를 정상적으로 성장 유지 시키며 생리적 과정을 수행하는데 꼭 필요한 성분 그러나 체내에서는 합성되지 않거나 양이 적어 식품을 통해 섭취되어야 한다.
- 아라키돈산, 오메가-3지방산등이 필수 지방산

② 농축된 에너지원

- 탄수화물이나 단백질이 1g당 4kcal를 공급하는 반면 지방은 1g당 9kcal를 공급한다.

③ 효율적인 열량을 저장

- 체내에 축적되는 섭취하지 못하는 동안 열량을 공급 한다. 체내 지방조직은 80%이상으로 물의 비율이 적기 때문에 매우 효율적인 열량 창고로서 작용한다.

④ 지용성 비타민의 흡수 촉진

- 지용성 비타민은 지질에 녹아 있는 상태로 흡수되므로 지방의 섭취가 적어지면 흡수율이 저하되므로 소장에서 지방흡수의 장애가 생기면 지용성 비타민의 영양 상태도 나빠진다.

⑤ 맛과 향미, 포만감 제공

- 음식에 독특한 질감을 주고 향미를 주는 화합물이 지방에 녹아 있어 맛과 향미를 제공하며 지방은 탄수화물이나 단백질보다 위장관을 통과하는 시간이 길어서 포만감을 준다.

⑥ 장기 보호 및 체온조절

- 체내 지방조직은 물에 비해 열전도율이 낮으므로 추위를 막아준다.
- 피하조직은 생식기관인 유방, 자궁, 정소, 심장, 신장 등 주요기간 둘러싸고 있어 외부 충격으로 보호한다.

2) 인지질과 콜레스테롤

① 세포막과 신경조직의 구성성분

② 인지질은 콜레스테롤과 함께 세포막과 신경조직의 주요 구성성분이며 세포막은 인지질의 이중층으로 이루어지고 콜레스테롤은 인지질 이중층 중간 중간에 존재하여 세포막의 유동성을 유지하는데 기여 한다.

③ 호르몬과 담즙산 전구체

- 콜레스테롤은 에스트로겐, 테스토스테론 등 스테로이드계 호르몬이나 담즙산의 전구체이며 피부에서는 콜레스테롤이 자외선의 도움을 받아 비타민D로 합성한다.

3) 지방의 작용

- 다른 영양소에 비하여 무게가 가볍고 다량의 열량을 방출한다.
- 지용성 비타민(A, D, E, K), 카로틴 등의 용매로 작용한다.
- 체내의 피하지방은 체온을 유지시켜 준다.
- 음식물의 위 내 정체시간을 길게 하여 공복을 단축시킨다.
- 대장에서 배설물의 윤활제 역할을 한다.
- 피지선을 통해 피부로 배출되어 피부보습작용과 항산화작용 및 세균침입 억제작용을 한다.
- 탄수화물, 단백질 소모를 절약한다.

4) 지방질의 필요량

- 성인은 총열량 섭취의 15~25% 임신, 수유부, 19세 이하에서는 25~30%가 가장이상적이며 1일 약 50~60g이 요구된다.

5) 지방과잉증

- 비만, 동맥경화, 심장병, 간 질환(지방간, 간경변 등)

6) 지방결핍증

- 체중감소, 조직소현상, 건성피부

III. 단백질 (Protein)

단백질은 수많은 아미노산(amino acid)의 연결체로 우리 몸의 에너지원인 3대 영양소이기도 하고 인체의 약 15%정도로 우리 몸을 구성하는 중요한 요소이다. 주로 몸의 근육을 구성하며 내장기관, 세포 등 인체 내의 모든 것을 구성하고 있다. 또 세포 내의 각종 화학반응의 촉매역할을 담당하는 물질이며, 항체를 형성하여 면역을 담당하는 물질로서도 중요한 유기물이이다. 또한 피부에서는 피부 구성성분 중 대부분을 치지하는 중요한 요소이다.

- 생명체의 세포구성단위
- 새로운 조직을 만들며 이미 있는 조직의 활동 유지를 위하여 아미노산을 공급한다.
- 생명유지와 발육 및 생체의 구성성분으로 매우 중요
- 유전자, 혈색소 등의 주성분으로 에너지를 방출
- 단백질은 22여종의 아미노산(Amino acid)과 펩타이드(Peptide)가 결합되어 이루어짐
- 아미노산
  · 신체에 매우 중요한 물질
  · 대뇌의 활동, 골격의 형성, 내장과 피부근육에 깊이 관여
  · 피부조직의 재생작용에 크게 관여
  · 부족한 경우에는 진피세포의 노화가 촉진되어 잔주름이 형성
  · 피부가 탄력성을 상실
  · 박테리아 번식이 잘되어 여드름도 번번히 유발된다.

1) 단백질의 기능

① 단백질의 피부기능

- 피부의 윤택과 탄력을 증진시킨다.
- 피부의 저항력을 증진시킨다.

– 순조로운 각화작용에 필수적이다.
– 보습작용을 강화한다.
– 모발, 손톱의 윤택 및 건강을 증대시킨다.

② 단백질의 기능

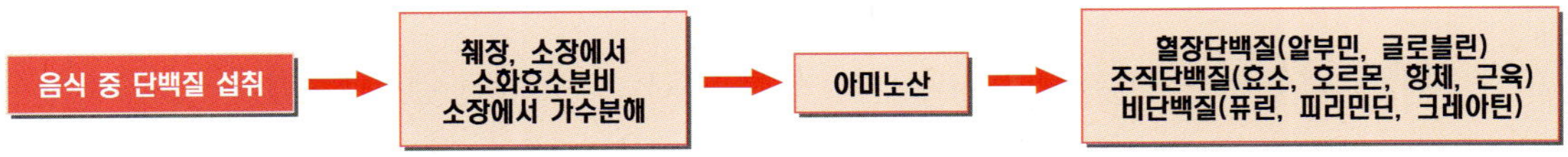

2) 단백질과 신체구성

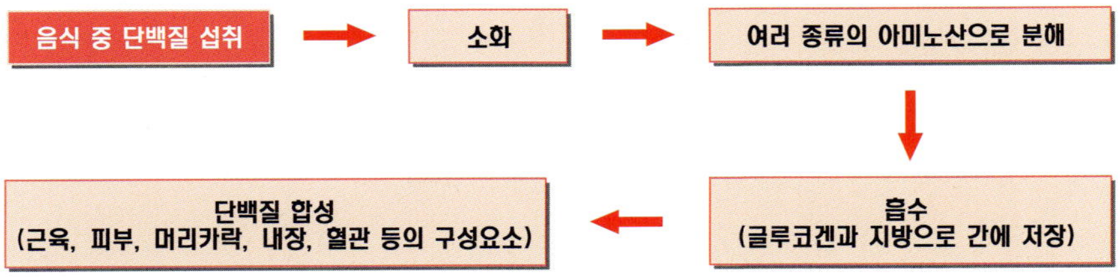

3) 단순 단백질

① **알부민** (Albumin)

– 동식물 세포와 체액에 들어 있다.

② **글로블린** (Globuin)

– 동실물의 세포와 체액에 들어 있다.

③ **히스톤** (Histon)

– 적혈구과 백혈구 세포핵의 주성분이다.

4) 복합단백질

– 생리적으로 대단히 중요한 단백질

① **핵 단백질** (Nucleoproyein)

- 세포핵의 가장 중요한 성분이며 생리작용에도 큰 역할을 한다.
- DNA : 세포의 핵내에 있으며 유전자의 본체
- RNA : 단백질 합성에 관여

② **당 단백질** (Glycoprotein)

- 동 · 식물의 세포와 조직보호 및 보강작용을 한다.

③ **인 단백질** (Phosphoprotein)

- 유즙 안에 들어 있다.

5) 아미노산의 종류

- 필수아미노산 : 체내에서 합성할 수 없어 반드시 음식물로 공급받아야 하는 것
- 불 필수아미노산 : 체내에 다른 아미노산이나 다른 물질로부터 합성할 수 있는 것
- 필수아미노산의 공급은 동물성 단백질이 식물성 단백질보다 함량도 풍부하고 우수하다.
- 필수 아미노산 중 1가지가 부족해도 단백질 부족현상이 나타난다.

① **필수아미노산**

- 아르기닌 : 면역기능 증강, 상처치유
- 이소루이신, 루이신 : 체내의 필수물질 생성, 에너지 생성에 관여
- 리신 : 칼슘의 흡수 및 콜라겐 생성을 촉진
- 트레오닌 : 콜라겐과 엘라스틴의 주요 구성요소
- 트립토판 : 면역기증증강, 천연안정제
- 발린 : 근육조절
- 히스티딘 : 헤모글로빈에 많이 함유되어 있고 알레르기 해독작용이 있으며 관절의 재생기능이 있다.
- 메티오닌 : 피부, 모발 및 손톱의 질병을 예방하고 콜레스테롤을 낮춘다.

② **불 필수아미노산**

- 알라닌, 프롤린 : 면역성 증진과 심근강화 및 관절에 중요
- 아스파라긴 : 저항력이 커지고 지구력이 증강되며 간에서 해독을 돕는다.
- 시스테인 : 단백질 합성과 상처회복을 촉진하고 모발을 보호한다.
- 글루탐산 : 정신을 맑게 한다.

- 글리신 : 면역성을 증강시키고 아미노산 대사를 촉진한다.
- 세린 : 포도당을 간과 근육에 저장하는 것을 돕고 면역기능을 증강시킨다.
- 티로신 : 신격자극을 뇌로 전달하며 기억력을 좋게 하고 우울증을 감소시킨다. 갑상선 및 뇌하수체의 기능을 촉진하며 아미노산 대사를 촉진시킨다.

6) 단백질의 작용

① 조직의 신생 및 재생에 이용

- 흡수된 아미노산은 혈류를 통해 각 조직에 운반되어 필요한 단백질을 합성하고 조직의 소모부분을 보충한다.

② 뼈, 근육, 혈액 등의 생성 및 열량공급

- 조직단백이나 혈장단백을 합성하고 남게 되는 아미노산은 열량공급에 이용된다.

③ 체내의 효소, 호르몬, 면역체 합성에 이용된다.

④ 체내에서 체액의 급격한 변동을 막는 완충제 역할을 한다.

7) 단백질의 결핍증

- 성장발육이 활발하지 못하고 성인의 경우 체중이 감소된다.
- 저 단백혈증을 일으킨다.
- 빈혈증, 피로, 부종, 병에 대한 저항력 감퇴를 일으킨다.
- 여러 가지 소화기관의 질환, 발열, 암, 간장 질환, 신장질환, 출혈성 질환이 일어나기 쉽다.
- 신경증상으로서 두통, 신경통, 정신작업능력 저하, 성욕감퇴 등의 증상 일어난다.
- 내장기관의 기능저하, 유즙분비 감소 및 무월경을 초래한다.

8) 단백질의 필요량

- 아미노산의 조성의 차이나 섭취 단백질의 종류에 따라 다르지만 성인의 하루 소모 단백질의 최소량은 14~22mg이다.

IV. 무기질 (Mineral)

생체기능과 영양대사를 조절하는 조절소로서 체중의 2% 정도를 함유하고 있으며 칼슘(ca)과 인(P)의 비율이 가장 높으며 나머지는 미량의 무기질로 구성되어 있다. 무기질은 체내에서 화학적인 열량을 주지 않으나 인체의 구성성분, 인체의 기능조절, 세포기능 활성화 등에 절대적으로 필요한 영양물질이다.

1. 무기질의 작용

1) 조직 구성작용

- 골격과 치아의 구성성분을 이루는 경조직에는 칼슘(ca)과 인(P)이 다량 함유 되어 있으니 이것이 골격화 되려면 비타민D의 도움이 필요하다.
- 연조직의 구성성분으로 근육, 신경조직의 핵과 원형질의 유기 화합물, 핵단백질, 세포핵에 인(P)이 인지질형태로 함유되어 있다.
- 체액의 구성요소로서 세포간 지질액에 무기염류가 용액을 있을 때 체액의 기능조절을 하게 된다.
- 소화관 내의 소화분비액에도 관여한다.

2) 조절작용

- 무기질의 완충작용에 의해 산, 염기의 평형을 유지시켜 혈액이나 조직을 pH7.4 정도로 약알칼리 상태로 유지하게 된다.
- 식품의 무기질이 조직 내에서 완전 연소되어 산성원소를 남긴 것을 산성식품, 알칼리원소를 남기는 것을 알칼리성 식품이라고 한다.

- 체액의 삼투압 작용으로 세포막이나 조직막 내에 있는 무기염류의 나트륨(Na) 농도에 따라서 혈액과 조직 간의 물의 이동, 위장에서부터의 물의 배설, 체액의 교환 등이 조절된다.
- 근육은 이상적이 기능을 위해서 무기질을 함유하는 체액에 잠겨 있어야 수축이 일어나게 된다.
- 심장근육의 수축, 이완도 무기질의 조절작용에 의한다.
- 무기질은 혈액응고에 필요하다.
- 무기질은 신경의 정상적인 기능유지를 위해 필요하며 이중 마그네슘(Mg)과 칼륨(K)은 신경조절작용을 하며 칼슘염료는 신경을 흥분시키는 작용을 한다.
- 철(Fe)과 요오드(I)는 조직 내의 산화작용에 필요하다. 철은 헤모글로빈을 형성하고 산소(O)를 조직에 공급해주며 탄산가스(CO_2)를 운반하는 작용을 한다.

3) 무기질의 결핍증

- 칼슘(Ca), 인(P)의 결핍 : 성장중지, 골격약화, 치아부식, 구루병이 생긴다.
- 철(Fe), 구리(Cu) 결핍 : 혈액 내의 헤모글로빈 양의 저하로 빈혈이 생긴다.
- 요오드(I) 결핍 : 갑상선 기능장애 및 백모현상이 생긴다.

2. 무기질의 분류

구 분		무 기 질
필수무기질	다량원소	칼슘, 마그네슘, 나트륨, 인, 염소유황
	소량원소	망간, 철, 구리. 요드, 아연, 코발트, 셀렌

1) 칼슘 (Ca)

- 골격과 치아의 주성분이다.
- 10~50%만 체내에 흡수하며 주로 소장의 십이지장에서 흡수한다.

- 신경 활동과 밀접하게 연관이 되어 있어 흥분을 가라앉혀 준다.
- 칼슘이 결핍되면 골격 형성과 치아의 건강이 나빠지며 혈액의 응고 현상이 나타난다.
- 근육과 신경에도 영향을 미쳐 잦은 신경질과 신 과민의 증상을 야기 시킨다.
- 함유식품은 콩, 치즈, 크림, 계란노른자, 우유, 아스파라거스 등이다.

2) 인 (P)

- 인은 세포의 핵산과 세포막을 구성하는 성분이다.
- 칼슘처럼 골격과 치아의 경조직의 주성분을 이룬다.
- 탄수화물과 지방의 대사나 흡수, 체액의 완충작용 등의 생리작용을 하고 있다.
- 함유식품은 콩, 치즈, 코코아, 계란, 간, 우유, 건포도등이다.

3) 나트륨 (Na)

- 체내의 수분과 산 및 알칼리의 균형을 유지한다.
- 근육의 탄력성과 관계있다.
- 과잉 섭취 시 신장병의 원인이 된다.
- 함유식품은 소고기, 빵, 치즈, 굴, 시금치 등이다.

4) 철분 (Fe)

- 헤모글로빈을 구성하는 중요한 물질이다.
- 피부의 혈색과도 밀접한 관계에 있으며 결핍되면 빈혈이 일어난다.
- 함유식품은 콩, 계란 노른자, 살구, 소고기, 간, 동물의 내장, 밀 등이다.

5) 요오드 (I)

- 갑상선과 부신의 기능을 활발히 해주어 피부를 건강하게 한다.
- 모세혈관의 기능을 정상화시키는 역할을 한다.
- 함유식품은 생선, 굴, 새우, 미역, 김 등이다.

6) 마그네슘 (Mg)

- 근육의 활성을 조절하며 효소의 활성화를 돕는다.
- 신경 안정과 뼈의 구성에 관여한다.
- 함유식품은 콩, 밀, 양배추, 초콜렛, 호두, 시금치 등이다.

7) 염소 (Cl)

- 삼투압을 조절한다.
- 효소의 활성화에 관여한다.
- 위에서 위액의 형성에 도움을 준다.
- 함유식품은 빵, 우유, 버터, 양배추, 치즈, 계란, 햄, 김치 등이 있다.

V. 비타민 (Vitamin)

비타민은 필수영양소인 단백질, 지방질, 탄수화물, 무기질 등의 흡수 · 유지 및 인체의 영양에 기여하는 미량의 유기물을 총칭한다. 비타민은 Vital(생명)과 Amine(화합물)의 복합어이다. 비타민은 에너지급원이나 신체조직을 구성하지 않으나 미량으로 인체에 영향을 미치며 결핍증상을 나타낸다. 비타민은 동물의 체내에서 합성되지 않으며 외부에서 섭취해야 한다. 비타민의 결핍증은 성장불량, 면역서 약화, 눈병, 신경염, 피부염, 괴혈병, 빈혈, 생식기능장애 등이 있다. 비타민은 신체의 건강과도 밀접하지만 피부에도 직접적인 영향을 주므로 피부관리에 있어 거의 모든 비타민이 필수적이라 해도 과언이 아니다.

1. 비타민의 기능

- 성장을 촉진한다.
- 신진대사의 보조역할을 한다.
- 소호기관의 정상적 역할을 보조한다.
- 무기질 이용을 보조한다.
- 열량 영양소의 대사과정 보조한다.
- 열량 영양소의 대사를 촉진한다.
- 신경을 안정시킨다.
- 면역기능 강화한다.

2. 지용성 비타민

기름과 유지에 용해되며 하루 섭취량이 사용량보다 많게 되면 체내에 저장된다. 또한 체외로 방출이 잘 일어나지 않으며 결핍증세도 서서히 나타난다. 구성 원소는 탄소, 수소, 산소이다. 비타민 A, D, E, K가 지용성 비타민에 속한다.

1) 비타민 A

- 피부 상피 조직의 신진 대사에 깊이 관여한다.
- 건성 피부의 경우 표피에 각질화 정상이 깨져 심한 각질이 생성되거나 주름이 형성될 때 각화를 정상화시켜 피부의 재생을 돕고 노화방지에도 큰 효과가 있다.
- 피지선과 한선의 기능을 조절하여 윤활유의 역할을 한다.
- 세포의 저항력을 증진시켜 화농성의 여드름 유발을 방지한다.
- 색소침착성 피부의 안정을 돕는다.
- 피하조직의 유지 및 뼈와 치아의 성장에 관여한다.
- 점막의 손상을 방지한다.
- 상피조직을 정상적으로 유지해 준다.
- 시력을 좋게 한다.
- 신경세포에 중요하고 피부윤기, 성장에 절대 필요하다.
- 과잉 섭취는 탈모증, 소양증을 유발한다.
- 부족 시 : 피부를 각화, 안구 건조증, 결막염, 야맹증, 세균에 대한 저항력 저하
- 간유, 우유, 버터, 인삼, 난황, 생선, 녹황색 채소, 계란에 많이 함유
- 1일 필요량은 5000I.U 이다.

2) 비타민 D

- 항 구루병성 비타민이다.
- 피부내의 프로비타민 D는 자외선을 받으면 비타민 D로 활성화되어 칼슘이나 인의 대사에 관여하므로 뼈와 치아 구성에 큰 영향을 미친다.
- 피부의 민감화를 막아준다.
- 피부병인 습진과 각화증의 관리 시에 뛰어난 효능을 갖고 있다.

- 결핍이 되면 골격과 치아의 약화 및 혈액응고 및 혈액응고 능력의 저하를 가져오고 탈모증, 체중감소가 동반된다.
- 부족 시 : 구루병(곱사병), 골연화증, 골다공증
- 간유와 간, 계란노른자, 우유 등에 D_3가 많이 함유되어 있고 버섯에는 D_2의 프로비타민 D가 들어있으며 성인은 자외선 조사 시 자연적으로 피부에 합성이 되고 소아는 1일 400 I.U가 필요하다.

3) 비타민 E (Tocopherols)

- 피부의 상처를 치유하는 효능을 가진다.
- 피부의 영양 상태를 좋게 한다.
- 세포의 에너지를 증강시키기 때문에 탄력성이 감소되어 늘어진 피부에 좋다.
- 주름이 많이 생긴 결합 조직의 섬유 성분에 긴장감을 주기 때문에 노화방지나 세포재생을 돕는다.
- 항산화 비타민으로 생식, 번식에 관여한다.
- 체내의 면역체계에도 관여한다.
- 생식기능 장애 및 근육 위축증이 일어나며 심하면 각 조직의 산소 소모량이 늘어나 체내 산화가 항진된다.
- 비타민 E는 체내 산화방지로 노화를 방지한다.
- 곡물의 배아, 푸른 잎 야채, 아몬드, 땅콩, 버터, 계란 노른자에 많이 함유해 있다.
- 부족 시 : 노화피부, 건조피부, 냉증, 월경불순, 유산, 불임증
- 성인1일 권장량은 25～30㎎이다.

4) 비타민 K

- 응혈성 비타민으로 혈액의 응고에 관여한다.
- 비타민 P와 함께 모세혈관의 벽을 튼튼하게 해준다.
- 피부염과 습진에 좋은 효과를 보인다.
- 푸른 야채와 간 등에 많이 함유되어 있으며 장내 세균에 의해서 합성이 된다.
- 부족 시 : 혈액응고 지연, 모세혈관벽 약화된다.

3. 수용성 비타민

수용성 비타민은 물에 용해되며 필요이상의 섭취는 체내에서 저장되지 않고 쉽게 뇨 중으로 방출된다. 매일 필요량을 공급하지 못하면 결핍증세가 빠르게 나타난다. 그러므로 매일 필요량을 섭취하여야 하며 구성 원소로는 수소, 산소, 탄소, 질소, 황, 코발트 등을 함유하고 있다.

1) 비타민 B (Thiamine)

- 항신경성 비타민으로 불리며 신경을 정상으로 유지시키는 역할
- 민감성 피부에 면역성을 길러준다.
- 입술 등의 점막 피부에 난 상처를 치유하는데 효과가 크다.
- 부족할 경우에는 부종이 잘 생긴다.
- 효모, 맥아, 돼지고기, 간 등에 함유되어 있으며 성인 1일 권장량은 1.5 mg이다.

2) 비타민 B2 (Riboflavin)

- 항 피부염성 비타민으로 불리며 피부 내에 쉽게 흡수되어 모세혈관의 혈액 순환을 촉진시키고 피부의 보습함유량을 증대시키며 탄력감을 부여한다.
- 성장 촉진 작용을 한다.
- 체내에서 당질대사의 산화와 환원을 지배한다.
- 피부나 점막을 보호한다.
- 열에 비교적 안정이다.
- 부족 시 : 지루성 피부염, 구내염, 일광과민증, 성장부진, 체중감소, 식욕감퇴
- 효모, 신선한 야채, 계란, 간, 고기, 우유와 유산균 등에 많이 함유되어 있다.
- 성인 1일 권장량은 2mg이다.

3) 비타민 B6 (Pyridoxine)

- 헤모글로빈의 생성 시에 중요한 비타민이다.
- 생체 내 단백질 대사에 크게 작용하여 피부의 새 세포 형성에 관여한다.
- 피부 관리의 영역에서는 여드름성 피부, 건성 및 지루성 피부, 위축된 피부와 모세혈관 확장피부에 진정효과가 있다.

- 피부병을 예방한다.
- 빈혈, 경련 부종에 좋다.
- 피지선의 기능조절로 피지 분비 억제 작용을 한다.
- 단백질과 지방의 대사에 관여하고 뇌, 신경조직의 에너지 전달작용을 한다.
- 부족 시 : 성장 장애, 피부병, 근육통, 구토, 신장결석
- 식품 : 간, 우유, 쌀, 효모, 밀

4) 비타민 B12 (Cobalamine)

- 항악성 빈혈 비타민이다.
- 빈혈을 방지하고 신경계에 관여한다.
- 조혈작용을 한다.
- 부족 시 : 악성빈혈, 간 비대증
- 효모, 간, 육류, 조개, 김, 계란이나 우유 등에 많이 함유되어 있다.

5) 비타민 C (아스코르비산, Ascorbic acid)

- 항산화 비타민이다.
- 멜라닌 색소의 증식을 억제하고 광선에 대한 저항력을 증가시켜서 피부의 과색소 침착을 방지한다.
- 미백제로 많이 쓰여 기미나 주근깨 피부에 좋다.
- 피부 저항력을 강화시키므로 두드러기 등 알레르기성 피부에도 좋다.
- 모세혈관의 벽을 튼튼히 하고 진피의 결체 조직을 강화시켜 거친 피부가 원상태로 회복되는데 도움이 된다.
- 세포내의 호흡을 활발하게 하고 혈액순환을 좋게 한다.
- 상처치료에 필요한 세포간 물질을 형성한다.
- 혈색소의 형성과 철분을 흡수하고 저장한다.
- 피부 힘줄 뼈의 기본형성 물질이다.
- 표백진정작용을 한다.
- 부족 시 : 괴혈병, 색소 침착증, 감염에 대한 저항력약화, 식욕부진, 각화증 등
- 신선한 야채와 과일에 많이 함유되어 있다.

VI. 물

물은 포유동물의 신체 (체조직과 체액)을 구성하고 있는 성분 중 대략 70%를 차지하며 신체의 대사를 도와 영양분을 용해시켜 소화, 흡수 및 연소시키고 필요 없는 노폐물을 땀과 소변 등으로 배설시켜 체온조절의 기능을 갖고 있다. 좋은 물의 섭취는 건강과 피부와도 매우 밀접한 관계가 있다. 사람에게 있어 10%의 수분을 상실하면 위험하게 되고 20%를 상실하게 되며 죽음에 이르게 되기 때문에 물은 생명유지에 가장 중요한 요소이다.

1) 인체 내 물의 역할

- 생체내 모든 반응은 물을 용매로 삼투압 작용을 한다.
- 체액을 통하여 신진대사를 한다.
- 혈액, 림프액 등의 체액을 말게 활성화시키는 조절을 하여 신체내의 산, 알카리의 평형을 갖게 한다.
- 피부표피의 수분량은 10~20%로서 유지되어야 하는데 평형이 깨지면 건조가 시작되어 탄력이 상실되고 주름이 생긴다. 즉 각질이 일어나서 버짐이 생기며 저항력 상실로 피부 트러블과 소양감과 잔주름이 생긴다.
- 피부 진피의 수분부족은 탄력상실과 직결되어 굵은 주름의 원인이 된다.

2) 수분손실과 피부변화

- 수분함유량이 많은 음식을 기피할 경우 주름의 주원인이 된다.
- 염분을 많이 섭취할 경우에 수분의 소비가 증가되는데 이것은 체내에 무기질과 비타민의 부족 증으로도 이어질 수 있다. 무기질과 비타민의 부족은 피부병을 야기 시키고 거칠게 만드는데 주요 요인이 된다.

VII. 식사와 칼로리

피부 세포의 성장 및 증식을 위해서는 적절한 종류와 영양분이 필요하다. 이러한 영양분은 음식물 섭취를 통해서 신체에 공급이 되는 것이므로 피부에 나타나는 문제점이나 올바른 피부 관리는 에너지를 만들어 주는 음식물의 섭취, 즉 식생활과도 밀접한 관계가 있는 것이다. 음식물이 신체에 미치는 영향을 알기 위해서는 우선 음식물의 칼로리를 알아야 하는데 일반적으로 사람이 자신의 현재 체중을 유지하는데 필요한 최저의 칼로리를 기초 칼로리라 말하며 이는 약 1600㎉이다.

표 3-1. 기초대사량

기초 대사량					
	연령 성별 표면적의 크기 갑상선 호르몬의 양 열, 약품 등의 인자	+	운동량 음식물 섭취량 주위온도	=	총 대사량

1) 균형 잃은 식사

① 외모

- 무표정, 무관심

② 머리결

- 건조해서 푸석푸석해 보이며 끝이 갈라진다.
- 윤기가 없어 색소 변화가 나타난다.

③ 얼굴의 피부

- 입술주위(구륜근)와 기타 부위에 지루나 모낭염이 생기며 여드름 피부와는 구별된다.

④ **신체의 피부**

– 건조하여 피부가 갈라지는 현상

– 부신과 뇌하수체의 기능도 쇠퇴하여 색소가 침착된다.

– 모세혈관 확장증이 나타난다.

● 미용식

① 일상생활에서 부족함이 없도록 음식을 섭취한다.

② 단백질, 지방, 탄수화물을 필요량에 따라 골고루 섭취한다.

피부의 주성분은 단백질이고 각질과 털과 손톱의 주성분 역시 유황을 함유한 아미노산이기 때문에 동물성 단백질을 많이 섭취해야 한다.

③ 음식의 섭취 시에는 적절한 양과 좋은 질의 것으로 규칙적인 식사를 하는 것이 좋다.

④ 혈액의 pH는 7.4로서 약알칼리를 띄고 있다. 그래서 음식물도 알칼리 식품군의 섭취가 좋다.

2) 식사와 체질

– 신체는 체질상 약 알카리성(pH7.3전후)

– 산성식품을 지나치게 섭취할 경우

· 체내에 칼슘이 부족

· 체액이 산성으로 변하게 되어 정신적 불안정과 피로감의 누적, 산소 부족, 간장 장애 등의 원인

· 체내에 산소가 부족하면 당질이 완전 연소되지 않고 혈액으로 흘러 들어가 체질이 산성으로 변한다.

① **알카리성 식품**

– 약알칼리성 식품 : 감자, 양배추, 버섯, 완두, 호박, 연근, 두부, 사과, 배, 파인애플, 복숭아

– 강알칼리성 식품 : 우유, 무, 시금치, 귤, 포도, 다시마, 토마토, 오이

② **중성 식품**

– 토란, 생선묵, 계란, 조개, 메밀국수, 초콜렛, 햄, 마요네즈, 건포도

③ 산성식품

- 약산성 식품 : 햄, 버터, 계란, 새우, 조개, 오징어, 문어 , 양파
- 강산성 식품 : 소고기, 돼지고기, 청어, 떡, 백미, 청주, 땅콩, 치즈, 백설탕, 구수, 메밀

3) 영양과 피부의 관계

- 신체로 흡수된 영양분은 신체 외부인 피부에 긴장감과 젊음을 부여
- 실제 나이보다 노화된 피부를 살펴보면 피부 세포층의 영양 결핍이 주요 원인

  ※ 피부에서는 진피 층의 콜라겐과 엘라스틴이 약화되어 탄력감이 상실되기 때문
- 영양 결핍으로 저장할 성분이 부족하게 되어 피하지방 세포는 얇아지고 쿠션으로서의 제 역할을 못하며 피부 층의 함몰을 가져온다.
- 피부가 햇볕에 과다 노출되면 피부 세포 증식 기능이 저하되어 진피의 콜라겐과 엘라스틴의 손상으로 피부 보습량이 줄어들며 피부가 늘어지고 잔주름이 형성
- 최근의 영양 결핍이란 편중된 식사습관이 주원인이다.

4) 개선되어야 할 식사 습관

- 특정 비타민의 결핍은 피부의 색소 침착을 유발하거나 건성화를 만든다.
- 자극적 음식이나 기호식품(커피, 차류)등의 과잉 섭취는 여드름성 요소를 만들기도 하며 이것이 더욱 과다해질 때에는 피부 색소의 변화를 야기 시킨다.
- 편식 또한 영양의 불균형을 초래하여 피부 건강의 악화를 가져오는데 알레르기를 피하기 위한 편식도 다른 한편으로는 영양의 불균형을 유도하므로 알레르기성 음식은 피하되 그것도 동일한 영양분을 지닌 다른 음식을 섭취해야 한다.

VIII. 비만

현대인의 비만은 지나치게 많은 에너지를 섭취하면서 소비를 적게 하기 때문에 과잉의 에너지가 체지방에 저장되면서 과잉체중이 되는 것을 의미하며 비만은 표준 체중보다 20%이상 많은 체중을 뜻한다. 비만도가 높을수록 건강이 나빠진다.

표준체중의 160%의 사람들은 사망률이 대단히 높아 평균수명을 단축시키게 된다.

① 표준체중은 다음과 같이 구한다.

표준체중 = (신장cm − 100) × 0.9

② 비만도는 다음의 공식에 의해 구한다.

$$\text{비만}(\%) = \frac{\text{자기체중} - \text{표준체중}}{\text{표준체중}} \times 100$$

③ 표준체중에 따른 비만의 범위는 다음과 같다.

- 체중부족 : 표준체중 − 10%
- 정상체중 : 표준체중 ± 10%
- 과체중 : 표준체중 + 10%
- 비만 : 표준체중 + 20%

1) 비만의 원인

① 유전

- 가족적인 비만은 유전적 원인과 가족전체의 식습관에서 유래
- 자녀에게 미치는 영향은 부모가 다 비만일 경우에 73%, 1명이 비만일 경우 41%, 부모가 모두 정상일 경우 9%의 확률을 보인다.

② 질병

- 내분비 계통의 질환은 지방세포를 비대하게 하며 지방조직을 발달시킨다.

③ 에너지 섭취와 소비

- 음식을 통해 섭취한 에너지량과 신체기능을 유지하기 위하여 소모한 에너지량의 에너지 평형을 계산한다.
- 섭취에너지량과 소비에너지량이 같다면 에너지 평형상태에 있다 할 수 있으며 에너지 평형상태가 깨지면 체지방량과 체중의 변화를 가져온다.

④ 스트레스

- 감정적인 요인이 스트레스화 될 경우에 자가 치료의 형태로 먹는 경우가 많은데 이것은 스트레스 호르몬을 분비시키고 그것이 식욕증진을 갖고 오는 이유인데 심지어 탐식 증상을 보여 비만을 초래한다.

⑤ 식사습관

- 하루 음식 섭취량을 볼 때 음식량과 횟수 그리고 시간을 분석하면 비만이 진행되는 원인을 알 수 있다.

2) 비만증의 분류

① 원인에 의한 분류

a. 단순성 비만

- 과식과 운동부족이 원인이 되는 단순성 비만
- 비만한 사람이 95%가 이에 속한다.

b. 중후성 비만

- 내분비의 질병이나 유전에 의한 비만

② 지방분포 분위에 의한 분류

a. 상반신 비만

- 남성에게 많고 성인병(고혈압, 당뇨병) 발병률이 높으나 규칙적인 운동으로 좋아질 수 있다.
- 상반신 비만은 지방세포가 크게 변한 것이므로 운동을 하면 지방분해가 쉬워 근육운동에 필요한 에너지원으로 변하기 때문에 쉽게 체중이 감량될 수 있다.

b. 하반신 비만

- 대퇴부에 지방축적이 높은 형으로 여성에게 많다.
- 전신의 피로감이 쉽게 오고 손, 발이 자주 저리며 정맥류의 증상이 올 수 있다.
- 셀룰라이트가 많다.
- 성인병에 걸릴 확률은 적으나 지방세포 수가 많아 체중조절이 어렵다.

c. 내장 지방형 비만

- 장기 사이에 지방이 많은 형으로 성인병 발병확률이 높다.

d. 피하 지방형 비만

- 외형으로 피하지방이 발달한 비만 형태
- 비만의 정도를 체성분 지방 중 지방의 양이 몇 퍼센트 포함되어 있는지 판정하는 방법으로 켈리퍼(Caliper)를 이용하여 피하지방의 두께를 측정해서 체지방률을 산출한다.

● 식이섬유

식이섬유소는 저칼로리식으로 소화흡수가 잘 안되며 장에 머무는 시간이 길어 빨리 만복감을 주고 당분을 흡착하여 빨리 배설시키므로 비만을 예방한다.

● 식이섬유식품

① 근채류 : 고구마, 감자, 토란, 무, 당근, 우엉, 연근, 양파, 마늘

② 해초류 : 미역, 다시마, 파래

3) 비만증의 관리

① 식이요법

- 열량감소를 목표로 하나 다른 필수 영양소의 결핍을 초래해서는 안된다.
- 급격한 에너지 절감은 건강을 해치므로 유의한다.
- 저열량식으로 지방과 탄수화물의 섭취는 줄인다.
- 단백질은 체조직의 보수를 위하여 필요하며 근육조직의 분해 없이 체지방의 감소로 비만도가 감소되어야 한다.
- 충분한 수분은 섭취하도록 하며 저염식의 식사를 한다.
- 비타민과 무기질은 충분히 섭취한다.

- 식사는 하루에 3~4회로 나누어 소량으로 하며 알코올은 칼로리가 매우 높으므로 제한한다.
- 빠른 식사를 하는 것은 중추신경에 포만감을 느끼게 되는 시간인 식후 20분이되기 전에 식사와 후식 등의 군것질을 한다는 것을 의미한다. 따라서 상대적으로 천천히 먹는 사람보다 많이 먹게 된다.
- 식이요법은 처음에는 체중이 줄어드는 것이 눈에 보이는 것 같지만 상당히 많은 인내가 필요함을 인지해야 되며 이에 실패할 확률도 매우 높다.
- 식습관을 조절하면서 운동요법을 병행하고 여기에 행동요법을 첨가하면 가장 큰 효과를 얻는다.

② 운동요법

- 체조직의 구성을 변화 시킨다.
- 산소운반 능력을 증가시킨다.
- 심리적 스트레스를 감소시킨다.
- 당대사에 좋은 영향을 미친다.
- 운동은 지속적으로 끈기 있게 해야 하며 1일 1시간 정도가 적당하다.

③ 행동요법

- 식사를 거르지 않는다.
- 남는 음식을 아낀다고 먹지 않는다.
- 작은 식기를 사용하여 먹을 만큼 양을 정한다.
- 음료를 마실 때 가급적 설탕이나 크림류를 타지 않는다.
- T.V를 보거나 책을 볼 때 먹는 습관을 없앤다.
- 먹는 것으로 스트레스를 풀지 않는다.

IX. 아름다운 피부를 위한 최상의 음식과 필수식품

1. 필수 비타민

1) 비타민 A

① **특징 :** 지용성 노화방지제

② **함유식품 :** 간, 청록색 조류, 호박, 당근, 파슬리, 시금치, 브로콜리 등

③ **효능**

- 피부세포조직의 성장과 유지 및 점액 막의 기능에 필수적
- 건조하고 거친 피부와 조기노화를 막는데 도움이 됨
- 여드름의 치료를 빠르게 하여 면역성을 높여줌

④ **결핍증상**

- 주름살이 너무 일찍 나타남
- 여드름, 뾰루지, 위가 검은 여드름, 건선, 시력상의 문제, 호흡기 문제
- 건조하고 두껍고, 벗겨지거나 가려운 피부, 치유력의 약화 등

2) 비타민 B

① **특징 :** 수용성, 영양제

② **비타민 B :** 티아민, 리보플라민, 나이아신, B6, B12, 엽산, 판토텐, PABA, 이노시톨, 비오틴, 콜린으로 구성된 하나의 복합체

③ **함유식품 :** 기름이 적은 고기, 닭고기, 계란 노른자, 간, 우유, 맥주 효모, 현미, 아몬드, 해바리기 씨, 완두, 콩

④ **효능**
- 스트레스를 방지해 주는 비타민
- 노화가 되거나 여드름 방지를 도와 줌
- 신진대사와 순환을 원활하게 함
- 상처를 치료하는 필수적
- 새 세포를 만드는데 유용

⑤ **결핍증상**
- 입이나 입술의 염증
- 습진, 피부기능 장애
- 비듬, 안색 창백, 색소침착, 주름살

3) 비타민 C

① **특징 :** 수용성 노화방지제

② **함유식품 :** 장미열매, 감귤류, 토마토, 파인애플, 사과, 감, 브로콜리, 감자, 고추, 건포도, 파파야

③ **효능**
- 콜라겐의 생성을 도움
- 모세혈관 벽을 튼튼하게 해주며, 치유력을 높임
- 스트레스에 대처하는 데 도움이 됨

4) 비타민 D

① **특징 :** 지용성 영양제

② **함유식품 :** 생선의 간유, 청어 ,고등어, 연어, 참치, 강화은유, 계란 노른자, 햇빛

③ **효능**
- 비타민 A와 더불어 여드름을 치유함
- 단순 포진을 치료
- 조화노화를 속도를 늦추고 뼈에 미네랄을 공급
- 칼슘의 흡수를 도와줌

④ **결핍증상**

- 활기부족
- 성장둔화
- 골다공증
- 구루병(곱사병)

5) 비타민 E

① **특징 :** 지용성 노화방지제

② **함유식품 :** 냉각 야채유, 현미, 계란, 파슬리, 밀싹 눈, 녹엽채소

③ **효능**

- 세포조직에 산소를 공급 : 우리 몸에 비타민 A를 저장량을 늘려준다.
- 피부와 눈의 세포조직을 보호
- 조기노화를 늦춘다.
- 종양이 생기는 걸 방지
- 심각한 열상이나 만성적인 피부손상을 빠르게 치유
- 적혈구 세포 형성을 촉진하고 결핵성 피부병인 낭창에도 좋다.

④ **결핍증상**

- 상피세포 및 피부생식세포의 약화
- 조기노화, 윤기 없는 피부
- 적혈구 세포의 악화로 인한 열상 입을 확률의 증가

2. 필수 미네랄

1) 요오드

① **함유식품 :** 생선, 조개류, 청록조류, 해바라기 씨앗, 바다 소금

② 효능

- 피부 염증의 치료
- 피부의 산소와 연소 및 신지대사율의 증가
- 거친 피부와 조기 주름 방지

③ 결핍증상

- 성장 및 치유둔화
- 신진대사가 원활하지 못하며 푸석푸석하고 거친 피부

④ 금기 : 여드름이 난 경우 이를 악화시킬 수 있음.

2) 실리콘

① 함유식품 : 속새(식물의 일종), 청록 녹조류, 쐐기풀, 가시뿌리, 보리 풀, 밀 잎, 사과, 베리, 우엉뿌리, 양파, 아몬드, 땅콩, 해바라기 씨앗, 포도

② 효능

- 콜라겐 형성
- 탄력 있는 피부
- 뼈와 피부조직의 강화
- 주름살 방지효과

③ 결핍증상

- 조기주름, 창백한 피부, 늘어진 피부

3) 유황

① 함유식품 : 순무의 뿌리, 민들레 잎사귀, 무, 서양고추냉이, 양파, 마늘, 양배추, 샐러리, 계란, 아스파라거스, 콩, 신선한 생선, 살코기, 케일

② 효능

- 피부를 투명하고 부드럽게 해준다.

③ 결핍증상

- 두피건조, 뾰류지, 습진, 여드름

4) 아연

① **함유식품 :** 초록조류, 보리풀, 캘프, 밀의 싹눈, 호박씨앗, 해바라기 씨앗, 맥주효모, 우유, 계란 등

② **효능**

- 상처치유, 세포성장 촉진, 면역성 강화
- 비타민 A나 B와 결합되어 여드름 치료

③ **결핍증상**

- 치유력의 둔화
- 감염저항률 저하

3. 필수 지방산 및 지방산

1) 포화지방산

- 실온에서 고체 상태이므로 구별이 용이
- 버터, 코코넛, 팜유, 소고기, 닭고기, 돼지고기 지방, 그리고 full-fat 낙농제품에 들어 있음
- 우리 몸에 의해 만들어지지만 과하면 콜레스테롤 과다와 심장질환을 고생한다.

2) 단순 불포화 지방산

- 실온에서 액체상태
- 올리브, 카놀라유, 캐슈, 아보카도 그리고 전갱이류, 황새치, 고등어, 연어 등에 들어 있다.
- 콜레스테롤 수치를 높이지 않을 뿐만 아니라 오히려 낮춰 줌으로서 심장질환에 좋다.

3) 고도 불포화 지방산

- 단순 불포화 지방산처럼 실온에서 액체 상태이나 분자구조가 조금 다르다.
- 아미의 씨앗, 잇 꽃, 해바라기, 옥수수기름, oily-cold-water 등에 들어 있다.

4) 오메가 - 3

① **구성요소 :** ALA, EPA, DHA

② **함유식품 :** 참치, 삼치, 꽁치, 고등어,숭어, 연어

③ **효능**

- 면역체계를 확립
- 혈액내의 LDL콜레스테롤과 중성지방의 수치를 감소
- 기억력, 집중력 향상

5) 오메가 - 6

① **구성요소 :** 감마리놀렌일산(GLA), 리놀레익산, 아라키돈산

② **함유식품 :** 달맞이 꽃 기름, 보리지 기름, 블랙큐런트 오일, 청록조류, 식물성 기름에 많다.

③ **효능**

- 혈압, 혈액응고에 관여
- 관절기능의 원활과 유연성

④ **결핍증상**

- 건조하고 벗겨지는 피부
- 여드름, 관절의 통증, 근육긴장

6) 무기질 (미네랄)

- 뼈, 이빨의 주성분
- 신체의 기능조절에 있어서 중요한 역할을 하므로 인간의 생존상 필수 불가결한 영양소
- 칼슘, 인, 철, 요오드, 아연, 나트륨 등을 말한다.

– 열과 에너지를 생산

① **칼슘** (Ca)

– 뼈와 치아를 형성
– 혈액의 산성화를 막고 혈액을 응고시킴
– 필요량
  · 성인 : 1일 500~700mg
  · 임산부, 수유분, 청소년 : 1,200mg
– 식품
  · 유제품(치즈, 우유, 아이스크림)
  · 멸치, 정어리 뼈째 먹는 작은 생선
  · 콩 제품(콩, 팥, 두부)
  · 푸른 잎 채소, 순무, 박고지, 고사리 등의 야채
  · 해조류, 조개류
* 부족 시 : 골격과 치아의 쇠퇴 및 발육 불균형이 오기 쉽다.

② **인** (P)

– 치아와 뼈 조직에 들어 있는 미량의 규소와 불소의 조직형성에 필요하다.
– 성인 1일 필요량 : 1,500mg
– 식품 : 우유, 치즈, 달걀노른자, 수육, 콩

③ **철분** (Fe)

– 적혈구 속의 헤모글로빈이 함유되어 있고 산소운반에 중요한 구실을 한다.
– 혈액의 구성 성분으로 체내 저장이 잘 안되므로 음식물을 통해 보충한다.
– 부족 시 : 빈혈이 일어난다.
– 식품 : 소의 간, 육류, 달걀노른자, 참치, 뱀장어, 정어리
– 1일 필요량 : 성인남자(약10~12mg), 여자(20mg)

④ **구리** (Cu)

– 헤모글로빈의 생성과 재생에 필요하며 소의 간이나 조개류에 함유되어 있다.

⑤ **요오드** (I)

– 체내의 에너지 대사와 단백질 생성에 작용한다.
– 부족 시 : 갑상선 기능의 장애를 일으킨다.

- 식품 : 해조류

⑥ **아연** (Zn)

- 단백질 합성에 필요하다.
- 피부의 상처 치료에 효과적이며 성장을 촉진한다.
- 콜라겐 합성에 중요한 작용한다.
- 부족 시 : 모발, 손톱 성장의 둔화를 초래한다.

⑦ **나트륨** (Na)

- 염소(Cl)와 결합하여 체액의 삼투압 조절작용을 한다.
- 소화액 분비를 조절한다.
- 근육 및 신경의 자극전도
- 혈액의 삼투압유지
- 부족 시 : 피로감, 노동력저하, 열중증, 탈력감
- 과다 시 : 부종, 신장에 부담, 고혈압 유발

⑧ **마그네슘** (Mg)

- 체액의 알칼리성 유지
- 부족 시 : 성장지연, 경련을 초래

4장

피부의 장애와 질환

I. 피부의 장애

피부에 발생하는 여러 질환들은 때로는 비슷한 증상을 나타내 장애요소를 파악하는데 매우 어렵게 만들기도 하고 때로는 단순, 특이해서 쉽게 알아내기도 한다.

피부의 증상은 피부장애의 정도와 개인의 체질 및 환경 등에 의하여 같은 질환이라고 다른 증상을 나타내기도 하여 피부에 나타나는 여러 증상들은 점차 복잡하고 복합적으로 나타나고 있다.

피부질환의 초기적 단계로는 1차적 장애인 원발진이 있고 이 상태가 진행되어 변화된 상태로 2차적 장애인 속발진이 있다.

1. 원발진 (primary lesions, 피부의 1차적 장애)

눈에 보이거나 손으로 만져지는 것으로 질병으로 간주되지 않는 피부의 변화를 말하며 면포, 농포, 구진, 결절, 반점, 두드러기, 소수포, 수포, 낭종 등이 원발진에 속한다.

1) 면포 (comedo)

- 피지, 각질세포, 박테리아가 서로 엉겨서 모공의 출구를 막아 형성되는 것

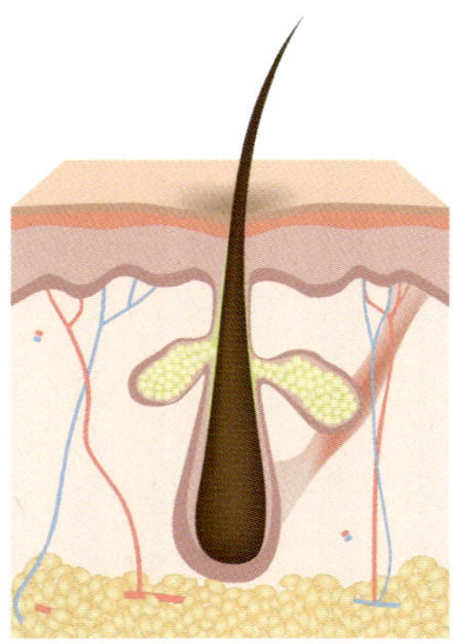

[정상적인 피지선]

① 열려진 면포 (black heads, 개방면포)

- 죽은 각질세포의 축적
- 여드름 1, 2단계의 잘 생긴다.
- 공기와 접촉, 산화되어 표면의 검은 색을 띈다.
- 팽팽한 상태로 피부의 표면에 약가 돌출되어 있어 짜내기가 용이하다.

- 얼굴에 면포가 많으면 누런 회색의 안색을 띤다.

② **닫혀진 면포** (white heads, **폐쇄면포**)

- 피지와 죽은 각질 세포의 축적으로서 모공을 막으며 생성된 면포
- 모공 속에 형성된 것이라 공기와의 접촉이 없어 흰색을 띄는데 오돌오돌한 형태로 전체 피부에 생기기도 한다.
- 기구를 사용하지 않고는 짜내기가 용이하지 않다.
- 면포를 방치하면 여드름 간균이 번식하게 되며 악화된다.
- 피부의 신진대사 저하가 원인이 될 수도 있어 수분부족이 발생하는 경우가 많으므로 피부 관리 시에 유분이 적고 수분이 많은 마사지를 행하여 피부기능을 회복시켜 준다.

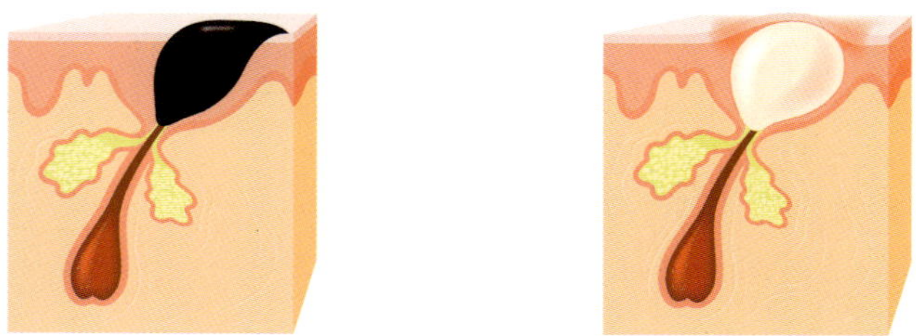

(열려진 면포) (닫혀진 면포)

[열려진 면포와 닫혀진 면포]

2) 구진 (papule)

- 여드름 피부의 3단계 때 잘 생기는 질환
- 피부의 표면으로 솟은 농을 포함한 직경 1cm의 작은 융기
- 단일 또는 군집으로 생긴다.
- 피지선 주위와 한선 혹은 모낭의 개구부에 생기며 구진성 여드름 주위에는 붉은 기운이 돌고 터지면 가피가 생기기도 한다.

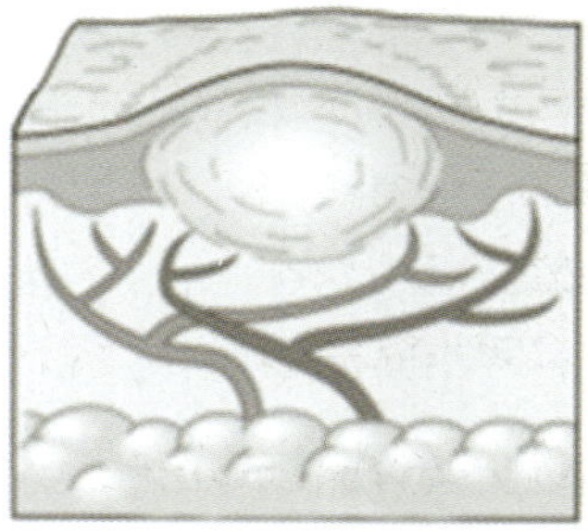

[구 진]

- 치유 후 흉터가 남지 않으나 색소침착현상이 6개월 이상 가기도 하므로 조심스럽게 관리를 해야 한다.

3) 농포 (pustule, 화농성여드름)

- 농포와 구진은 항상 전 단계인 면포를 거친다.
- 농포는 염증에 의하여 붉은 색을 띠거나 다른 색을 나타나기도 한다.
- 처음부터 농포가 생기기도 하지만 구진과 수포로부터 생기기도 한다.
- 농포는 경계가 뚜렷하고 단단한 돌출 부위로서 크기는 1cm 미만이며 만지면 아픔을 느낀다.
- 치료 후 흉터가 남을 수 있다.
- 농포와 구진은 증상의 구별 없이 혼합된 개념으로도 알려져 있다.

[농 포]

4) 결절 (nodule)

- 여드름 피부의 4단계에 나타난다.
- 결절은 구진과 같은 형태이나 구진보다 더 크고 단단하며 피부 깊숙한 곳에 위치하고 있지만 표면으로 솟아 보이기도 한다.
- 구진이 서로 엉겨서 큰 형태를 이룬 것
- 기저층 아래의 진피나 피하지방층에 형성되기 때문에 생성 시부터 통증을 수반
- 치유 후에는 흉터가 남는다.
- 구진과 종양의 중간 염으로서 돌출부 속에는 염증이 차 있다
- 열을 동반하고 깊이 위치하고 있어 제거도 용이하지 않다.
- 물리적으로 제거 할 때는 주위의 다른 피부조직이 상하지 않게 유의하여야 한다.

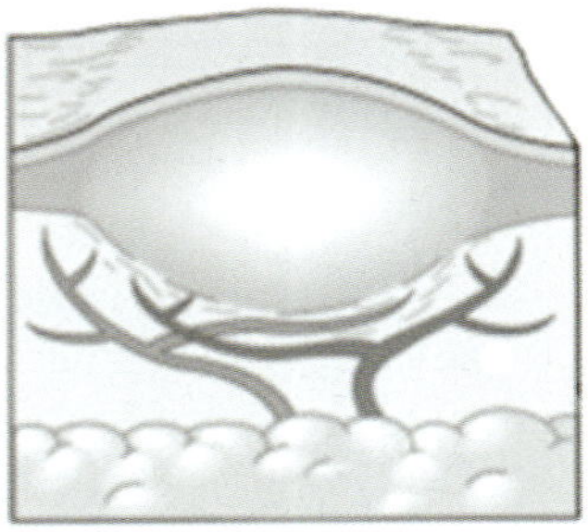

[결 절]

5) 반점 (macule)

- 피부의 표면에 융기나 함몰 등의 상처 없이 피부의 색이 변하는 것
- 대개 원형이나 타원형의 모양을 지닌 경계가 뚜렷한 점과 주변으로 갈수록 차차 흐려지는 점으로 보이며 육안으로 구별이 가능

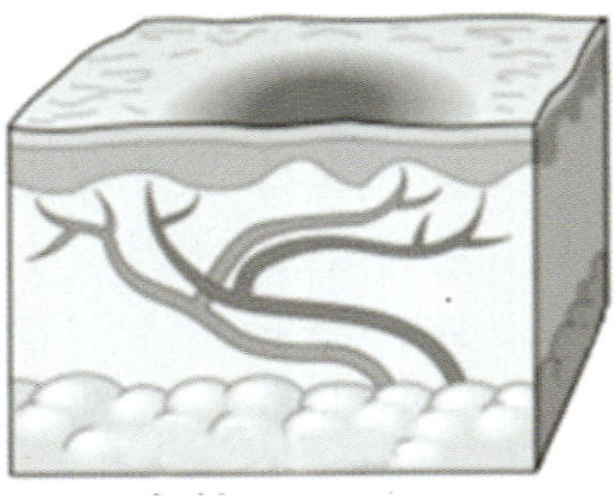

[반 점]

6) 팽진

- 말초혈관의 투과성 증가로 인한 단백질과 수분의 유출로 인하여 생기고 말초혈관 주위에 있는 비만세포로부터 히스타민의 분비가 증가되기 때문에 생긴다.
- 다양한 크기를 가진 부종성의 융기로서 대부분 타원형인데 간혹 불규칙적인 모양을 지니기도 한 일시적인 피부현상
- 가려움증인 소양감을 동반한다.
- 수분 내에 갑자기 형성되었다가 서서히 사라지기도 한다.
- 히스타민의 투여로 증상이 완화되기도 한다.

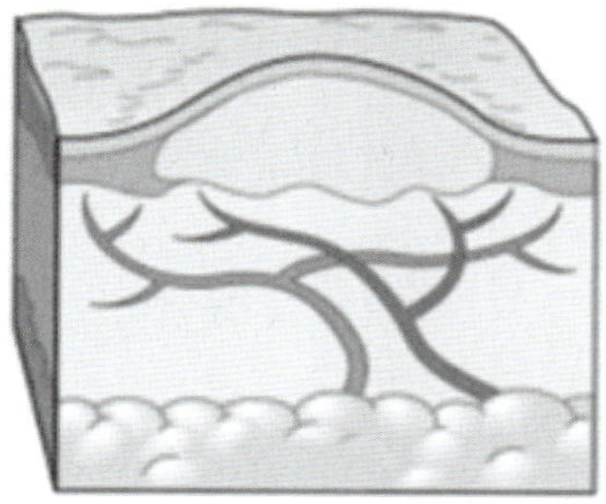

[팽 진]

7) 소 수포 (vesicle)

- 표피내부(표피 밑)의 직경 1cm 미만의 맑은 액체(체액, 혈장, 혈액)을 포함한 융기
- 내용 액의 색상은 황색에서 황적색, 적색에서 검붉은 색을 띈다.
- 소수포는 개별적으로 존재하기도 하지만 대상포진에서는 군집으로 나타난다.
- 자연적으로 터지기도 하고 대수포나 농포로 발전하기도 한다.
- 염증이 생기지 않고 흉터 없이 치유된다.

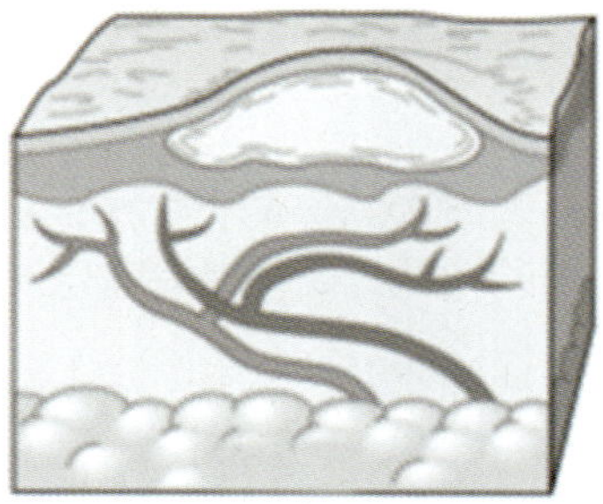

[소수포]

8) 수포 (bleb)

- 역학적인 충격이나 온도의 영향으로 인하여 생긴다.
- 소수포보다 큰 크기(1cm이상)를 지니고 있으며 장액성 액체를 포함하고 있는 융기
- 표피와 진피 내에 자리 잡고 있으며 모양은 불규칙적으로 형성되나 외관상 둥글게 보임
- 가벼운 접촉으로도 쉽게 손상되며 쉽게 터진다.
- 터지면 산출물과 함께 벽이 그대로 존재하여 건조해

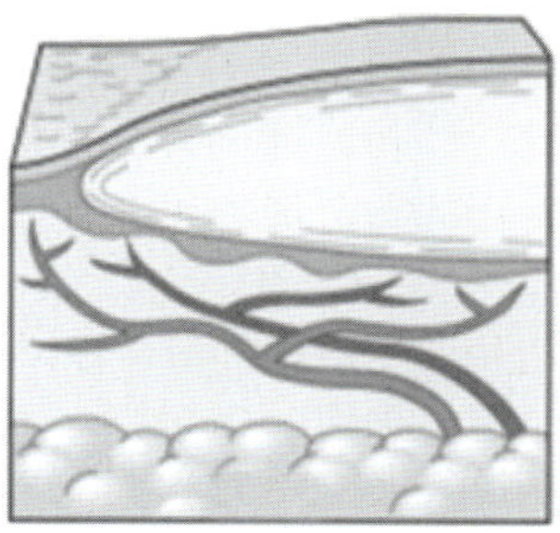

[수 포]

지면 가피를 남기기도 한다.

- 잘 관리 하지 않으면 치유 후에도 흉터가 남을 수 있다.
- 열 → 부종 →수포 → 진물이 생겨 피부가 헐음(가피) → 흉터가 자리 잡음

9) 낭종 (cyst)

- 진피층에 자리 잡고 있다.
- 생길 때부터 심한 통증이 있고 여드름 피부의 4단계에 생긴다.
- 막으로 둘러싸여 있는 둥근 모양으로 내용물의 성분을 다양하다.
- 치료가 어려워 전문의에 맡긴다.

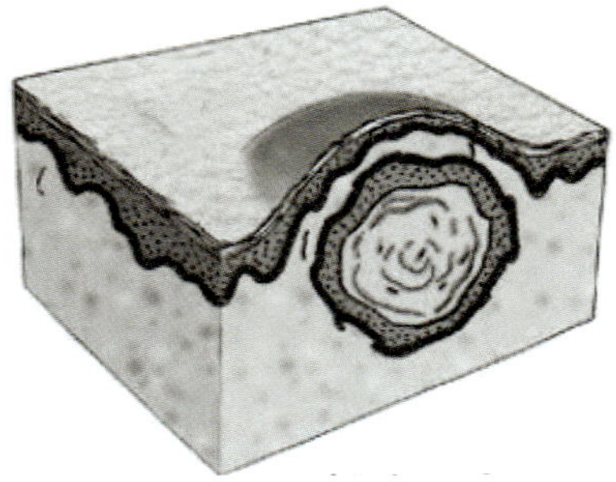

[낭종]

10) 종양 (tumor)

- 큰 결절로 직경 2cm 이상의 크기를 가졌으며 색깔을 지닌다.
- 내용물은 단단하기도 하고 연하기도 하며 잘 움직이거나 고정된 덩어리로 악성종양과 양성종양을 구분된다.

2. 속발진 (secindary lesions , 피부의 2차적 장애)

질병이나 부상 및 1차적 피부의 장애인 원발진에 의하여 생기는 피부의 변화로 회복, 외상, 그 밖의 외적요인에 의해 변화된 병변이다.

비듬, 가피, 미란, 궤양, 흉터 및 위축 등이 속발진에 속한다.

1) 비듬 (인설, scale)

- 표피로부터 떨어져 가볍게 흩어지고 지속적이며 무의식적으로 생기는 죽은 각질세포
- 각질화과정의 이상으로 비듬이 생긴다.

- 모양은 다양하여 얇고 건조하거나 습할 수도 있고 거칠고 두껍게 형성될 수도 있다.
- 먼지와 멜리닌의 함유정도에 따라 회백색에서 황색 혹은 갈색을 띤다.
- 염증성 질환에서 흔하며 이상각화증에서 기인한다.

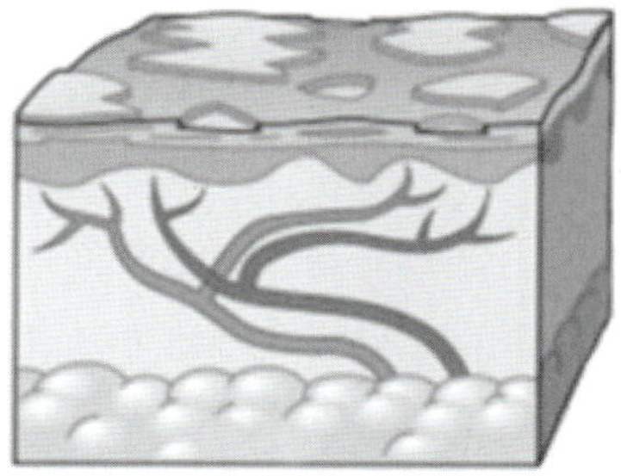

[비 듬]

2) 가피 (crust)

- 염증이나 액체(진물, 혈청, 혈액)가 피부 표면에서 마른 것
- 세균과 표피의 부스러기가 섞여있다.
- 분비물의 구성이나 양에 따라 크기, 모양, 색이 다르다.
- 화상에 의한 것은 딱딱하고 두꺼운 가피가 형성된다.
- 표피의 부상에 의한 결과이다.

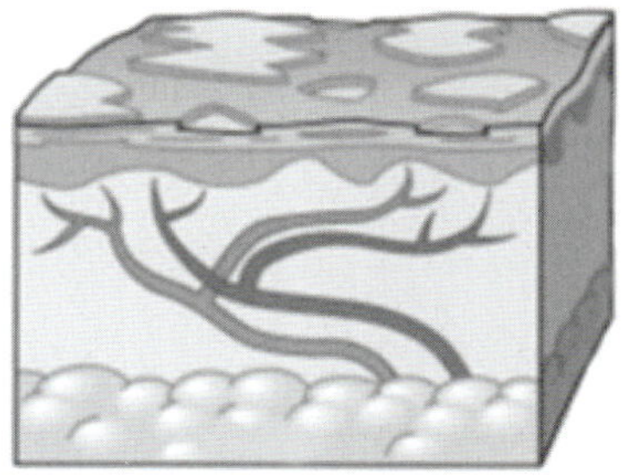

[가 피]

3) 미란 (erosion)

- 수포가 터진 후 표피가 떨어져나가 생긴 것
- 흉터 없이 치유된다.

4) 궤양 (ulcer)

- 진피 내에 있는 병든 피부조직의 세포 붕괴로 인하여 생성
- 표피와 더블어 진피의 부분, 피하지방층 혹은 전부가 염증으로 손상된 것
- 색과 흉터를 지닌 채 치유
- 궤양은 둥글거나 불규칙적으로 형성된 형태와 크기를 갖고 있다.

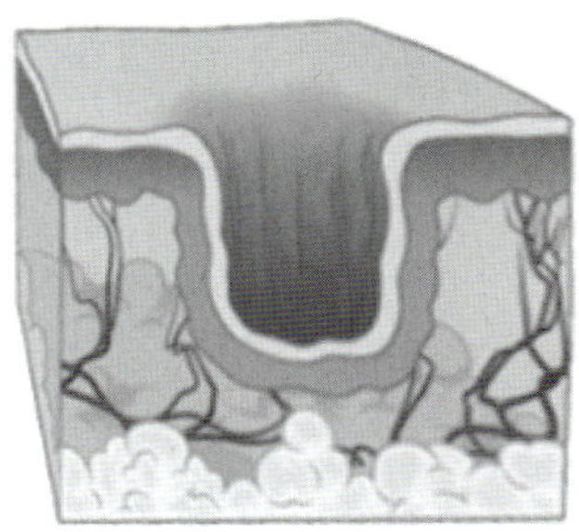

[궤 양]

5) 찰상 (excoriations)

- 소양감을 제거하기 위하여 손톱으로 긁다가 생기기도 하며 외상과 지속적인 마찰에 의해서 생기기도 한다.
- 표피의 유극층과 성분이 긁힌 것
- 세균에 감염되면 농포를 형성
- 대부분 흉터 없이 치유된다.

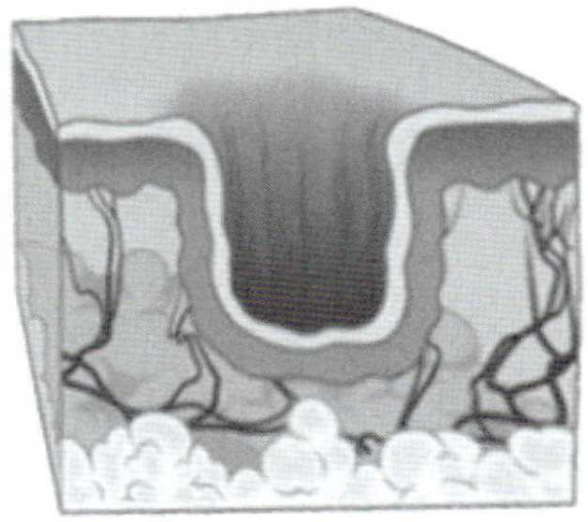

[찰 상]

6) 흉터 (cicatrix)

- 세포의 재생이 더 이상 되지 않는 곳
- 얇은 표피를 지녔으며 진피의 세포도 적고 모낭과 피지선과 한선이 없다.

7. 위축 (atrophy)

- 피부의 조기 노화로 인하여 많은 주름을 볼 수 있다.
- 표피가 비정상적으로 얇아졌거나 진피의 콜라겐이나 엘라스틴이 감소되었을 때 정맥이 표면에서 볼 수 있게 비춰진다.

8. 태선화 (inchenification)

- 만성자극으로 인하여 표피 전체와 진피의 일부가 건조하고 가죽처럼 두꺼워지는 상태
- 피부에 윤기가 사라지고 유연감이 없어 단단해지며 피부주름이 뚜렷해진다.

9) 반흔 (fissure, 상흔)

- 표피나 진피가 질병이나 부상으로 인하여 피부가 갈라진 것
- 손상된 피부가 정상적으로 회복되지 못하고 결합조직으로 대체되어 흉터로 존재하거나 갈라진 상태로 있는 것

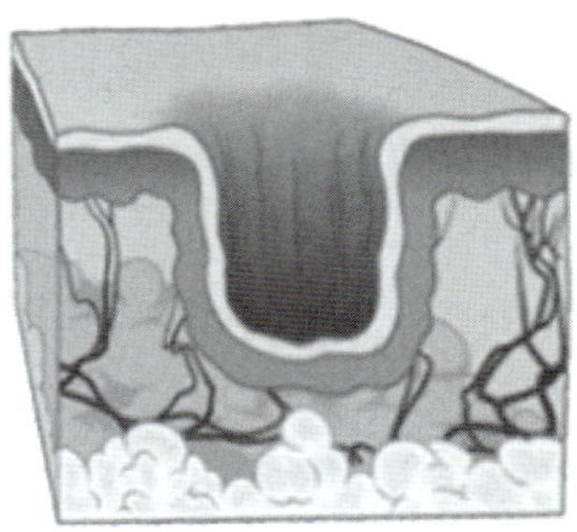

[반 흔]

II. 피부질환 장애

피부병을 피부질환이라고도 한다. 피부는 신체의 표면을 덮고 있으므로 외계로부터 자극이나 여러 병원체에 직접 접촉될 기회가 많고, 체내로부터 영향을 강하게 받는다. 더욱이 피부의 근소한 변화도 눈으로 보고 손으로 만질 수 있으며, 병변부(病變部)의 일부를 채취하여 병리조직학적으로 검사하거나, 미생물의 검색 등의 검사를 하기 쉽고, 개개의 질병의 진단을 명확하게 하는 것이 용이하다.

그 종류는 상당한 수에 이르며, 병명도 복잡 다양하다.

1. 열에 의한 피부질환

1) 화상 (Burn)

- 열에 의한 피부손상을 의미한다.
- 심할 경우에는 피부뿐만 아니라 하부조직까지 파괴된다.
- 온도, 노출시간, 열의 종류 및 피부의 두께에 따라 개인적 차이가 있다.
- 보통 44℃부터 화상을 입을 수 있다.

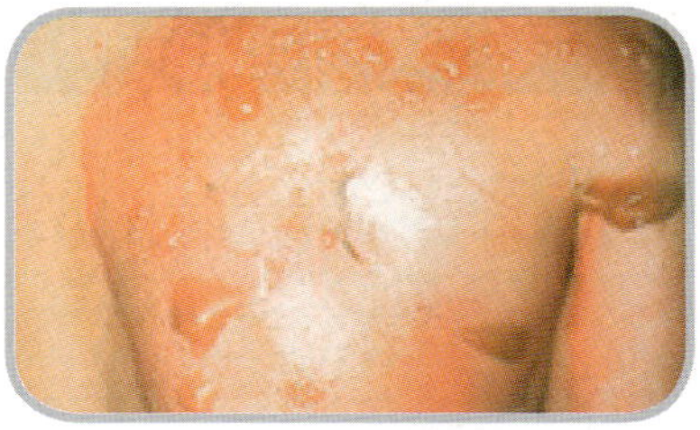

[화 성]

① 1도화상

- 표피에만 화상을 입는 것
- 홍반, 부종 및 통증을 동반
- 흉터없이 치유

② 2도화상

a. 표재성 화장

– 홍반, 부종, 수포 및 통증이 동반

– 세균감염이 없으며 흉터 없이 치유

b. 심부성화상

– 표피손상을 갖는다.

– 모세혈관의 파손으로 피부가 창백해진다.

③ 3도화상

– 표피와 진피의 파괴로 인해 피부의 감각이 없어진다.

– 세균감염의 위험이 극대화된다.

2) 동상 (Frostbite)

– 귀, 코, 볼, 손가락, 발가락 등의 연부조직에 자주 발생

· 조직이 얼게 되면 창백하고 통증을 못 느낀다.

· 조직손상의 정도에 따라 증상이 다르다.

· 가벼운 증상으로는 홍반과 불쾌감을 느끼지만 심하게 되면 조직의 괴사와 수포를 동반하게 된다.

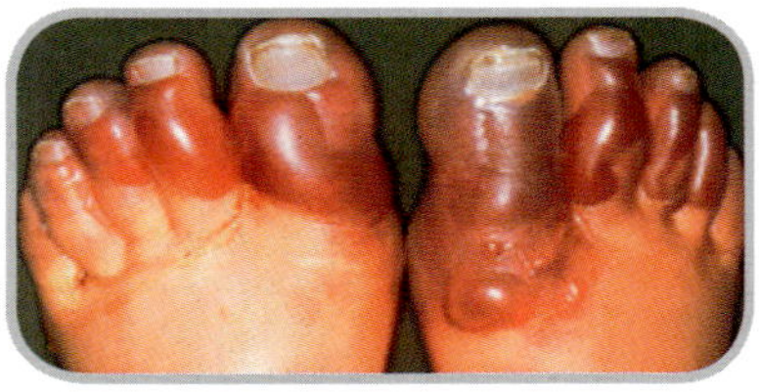

[동 상]

2. 기계적 손상에 의한 질환

1) 굳은 살 (Callus)

– 각질층이 두터워지는 현상

– 통증이 없고 압박을 제거하면 저절로 없어진다.

– 손바닥이나 발바닥 그리고 특히 관절의 돌출부위에 잘 생긴다.

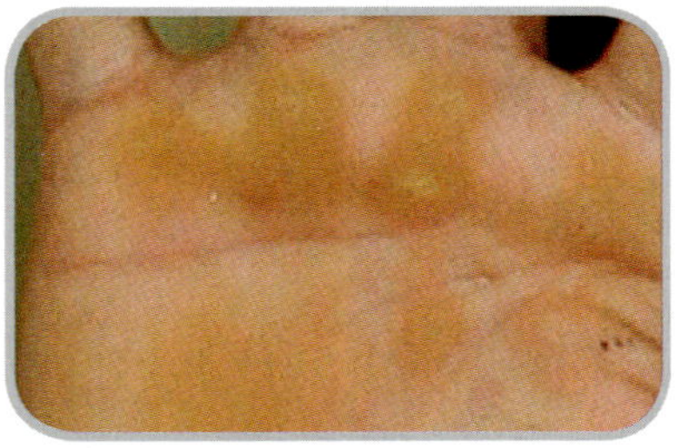

[굳은 살]

– 압박을 완화시키기 위하여 구두에 부드러운 패드를 대거나 혹은 굳은 살 제거기를 이용하여 피부로부터 굳은살을 깎아 낸다.

2) 티눈 (Corn)

– 발가락이나 발바닥에 신발의 계속적인 압박 등에 의하여 생기는 각질층의 증식현상

– 기저부가 피부표면이고 첨단부가 피부 안쪽을 향한 원추형의 국한성 비후층

– 증상

· 경성티눈

– 발가락의 위나 발바닥에 생기는데 표면에 윤이 흐른다.

– 상부층을 깎아내면 중심이 나타나는데 이것이 유두진피의 지각신경을 자극하여 통증을 주는 것

· 연성티눈

– 발가락 사이에 생기는데 땀의 습윤 작용으로 희게 보인다.

– 압박을 없애주면 자연적으로 소실되기도 하나 살리신산과 디클로초산의 사용으로 효과를 보는 것이 좋다.

– 원인 : 기형성 발모양이나 작은 신발 혹은 높은 굽의 신발

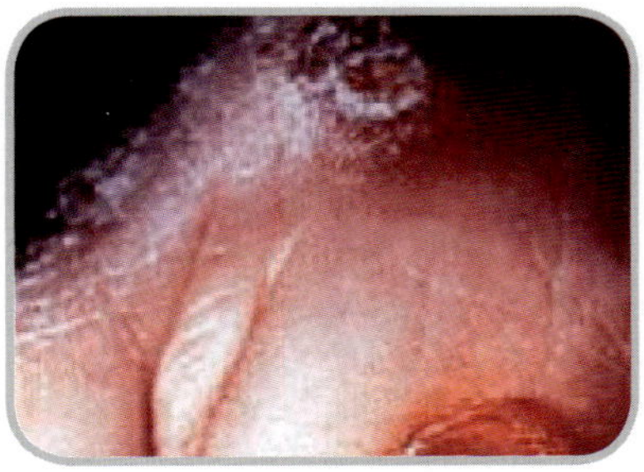

[티 눈]

3) 욕창

– 지속적으로 일정한 압박을 받는 부위에 발생하는 궤양

– 움직이지 못하는 사람에게 생긴다.

3. 이물질 반응

1) 문신

- 영구적으로 불용성 색소를 진피층에 유입시켜 글이나 그림을 그려 넣은 것
- 증상
  - · 광과민성 질환
  - · 여러가지 결절
  - · 악성 림프종
  - · 켈로이드
- 색소를 없애는 것은 쉽지 않지만 최근 레이저를 통하여 색소를 태우는 것이 좋은 효과를 보이고 있다.

2) 파라핀 종

- 파라핀의 주입은 주름살을 없애거나 유방확대에 쓰이기는 하지만 부작용이 크다.
- 결절과 궤양을 동반

3) 실리콘 육아종

- 액체 실리콘은 생물학적으로 불활성이므로 주름살을 펴거나 반흔을 교정할 때 그리고위축되거나 패인 피부의 재건에 사용
- 액체 실리콘의 막이 손상되면 섬유화 결절이 생길 수 있다.

4. 습진 (피부염 , Eczema)

습진성 피부염은 가장 흔한 피부 질환 중의 하나로 다양한 요인에 의해 발생하는 피부염증 반응을 모두 포함하며 원인이 불확실하고 재발하는 경향이 있고 그 형태의 양상이 다양하다. 습진은 초기에 소양증을 동반하여 홍반, 수포, 구진, 부종 등의 원발진이 시작되며 만성으로

진행되면 인설, 태선화 등이 나타난다. 여러 가지 습진을 통틀어 말할 때는 습진성 피부질환군이라고 부르 것이 보통이며, 주로 습진보다는 피부염이라 말한다.

1) 접족성 피부염

- 피부가 건조해지면서 거칠어지고 피부의 각질이 부풀어서 껍질이 벗겨지는 피부질환
- 선천적으로 예민한 피부에 발생할 확률이 높다.

① 주부습진

- 물이나 합성세제 같은 강한 알칼리성 물질에 의한 자극에서 생성
- 대부분 손에 나타난다.
- 합성세제와 같은 비누 성분이 손을 덮고 있는 피부의 얇은 지방막(약산성)을 파괴하게 되고 차가운 날씨로 인해 손이 건조하게 되면 손가락 끝, 손톱주변의 피부가 얇아지면서 갈라지며 심하면 피가 나온다.

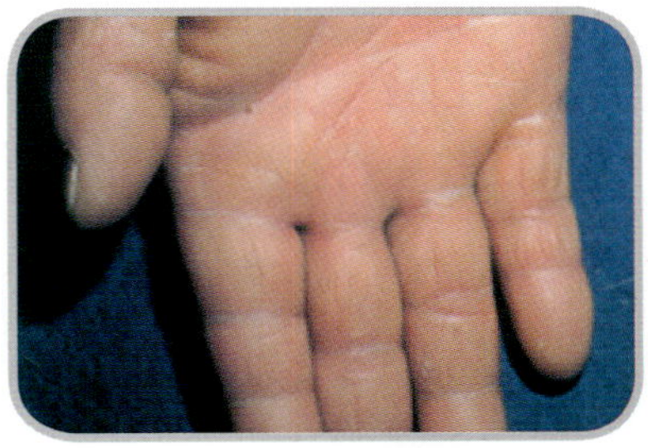

[주부습진]

- 물이나 합성세제의 사용을 피함
- 고무장갑을 끼고 장기간 사용 시에는 면장갑을 덧껴야 한다.
- 물 사용 후에는 유분이 많은 크림으로 손을 보호한다.

② 유아습진

- 기저귀로 인하여 생기는 습진
- 일어나는 과정은 주부습진과 비슷하다.

③ 일광접촉성 피부염 (photo contact dermatitis)

- 원인물질이 접촉한 후 햇빛의 조사가 첨가되어 발생하는 접촉피부염
- 벨록피부염은 1차 자극성과 접촉피부염의 대표적인 것이고 향균에 비치오놀에 의한 것은 광 접촉 알레르기 반응의 대표적인 것이다.
- 진단은 광 첩포 시험이 정확하다.

④ 전신성 접촉피부염 (systemic contact dermatitis)

- 대표적인 것이 무기수은이다.
- 접촉의 원인인 흡입으로 체내에 들어가 그것이 혈액순환에 의해 피부에 도달하여 표피의 유극세포의 단백질과 무기수은이 결합하여 처음으로 항원이 형성되고 그 항원에 대해 알레르기성 접촉피부염 반응이 일어난다.

2) 알레르기(allergie)성 접촉피부염

- 특정 성분에 의하여 비정상적인 민감 반응을 일으키는 피부질환
- 접촉하면 그 물질에 대해 방어하기 위하여 항체을 만들어낸다.
- 개체의 감수성 전도에 따라 개인차가 있으며 과민반응을 보이는 증상을 알레르기라 한다.
- 음식, 특정식물과 동물, 고무종류, 머리 염색제와 퍼머약 같은 일상생활에 쓰이는 화학제, 방부제, 농약, 향료, 화장품 등에 의하여 유발된다.
- 특징
  · 초기에는 접촉된 부위에 가려움증과 홍반이 발생
  · 증상이 심해지면 부종과 작은 물집이 생기며 진물이 스며 나와 급성 습진성병변을 보인게 된다.

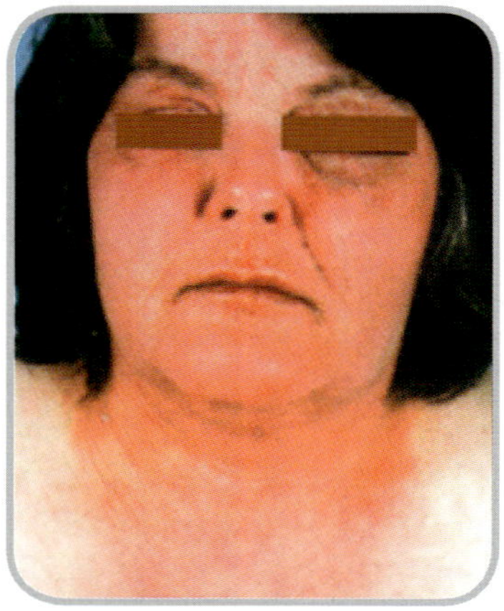

[알레르기성 접촉피부염]

① 식물

- 옻나무(원인성분은 Pentadacy catechol)와 은행나무(Ginkgolic)가 대표적
- 기타 야생초와 알로에 등이 원인이 될 수 있다.

② 화장품

- 화장품의 구성성분중 방부제, 색소, 향료, 산화방지제, 고분자화합물, 계면활성제 등이 피부염을 일으킬 수 있다.
- 증상
  · 화장품을 바른 부위에 가려움증과 홍반이 발생
  · 계속사용할 경우 얼굴 전체에 부종과 가려움증이 확산
- 카카오 버터, 라놀린, 메칠살리신산, 올레오산, 구아닌, 금분, 콜라겐등이 많이 함유되어 있는 화장품은 알레르기를 많이 유발한다.

③ 머리염색약

- 기존 머리 염색약의 주성분은 Paraphenlenediamine으로 염색작용이 우수하지만 그만큼 강력한 알레르기 유발 물질 중의 하나이다.

④ **금속**

- 니켈, 수은, 크롬 등이 대표적인 것
- 니켈은 시계, 안경테, 귀걸이, 목걸이, 여성내의의 걸쇠, 반지 등의 장식품과 주방기구 등의 여러 금속에 합금으로 함유
- 니켈 피부염은 금속이 닿는 부위, 즉 손목과 귓불 및 목 주위와 얼굴 등의 접촉부위에 발생

⑤ **고무제품**

- 대표적인 알레르기 유발물질은 Thiura군
- 특히 가정용 고무제품, 장갑, 브래지어, 팬티, 거들, 신발 등에 포함되어 있다.

3) 접촉 두드러기 증후군

① **아토피성 피부염** (Atopic dermatitis)

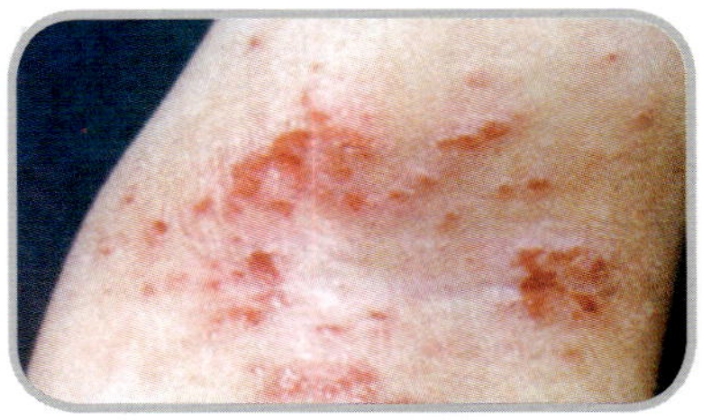

[아토피성 피부염]

- 만성습진의 일종
- 어린아이에게 흔히 발생
- 원인 : 정확한 원인은 아직 밝혀지지 않음
  - · 유전적 경향(부모 중 한쪽 아토피성이면 자식이 50%, 양부모 모두가 아토피성이면 자식이 70%유전됨)
  - · 알레르기성
  - · 면역학설
  - · 환경요인설
- 천식이나 알레르기성 비염과 동반되어 나타나는 경우가 많다.
- 계절적으로 피부가 건조하기 쉬운 가을, 겨울에 발생빈도가 높다.
- 증상
  - · 피부가 건조해지면서 가려움증이 동반
  - · 가려움증이 심하고 오래되면 태선화된 병변이 있게 되는데 이렇게 되면 피부의 정상적인 주름이 매우 두꺼워진다.
  - · 긁으면 상처가 나면서 2차적인 세균감염이 발생
  - · 신경질이 늘어나면 습진, 종기, 사마귀 등이 생기기도 한다.
  - · 성장하면서(80%가 나아지고 20%정도는 계속적이 증상을 지님) 피부가 깨끗해지는 경

우도 많다

· 건조해지는 것을 최대한 막기 위해서는 온도와 습도를 적절히 유지하고 목욕횟수와 비누사용을 줄인다.

· 목욕 후 유분이 많은 로션이나 오일을 바른다.

② **지루성 피부염**

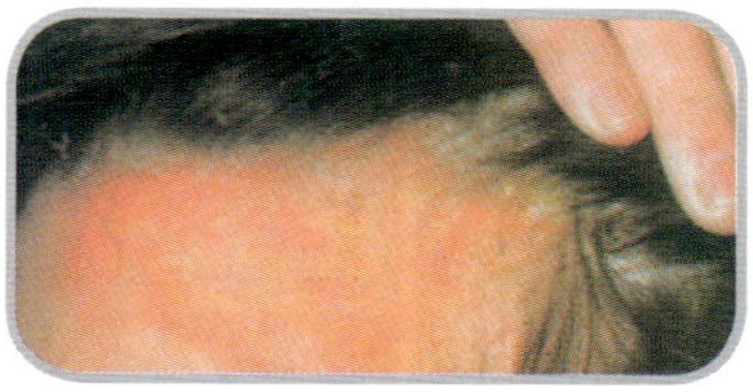

[지루성 피부염]

- 원인 : 유전, 호르몬의 영향, 영양실조, 및 정신적 긴장에서 오는 피지 분비의 과다현상
- 가려움증이 동반되는 동반되며 기름이 있는 인설이 생긴다.
- 두피, 안면의 눈썹, 눈꺼풀, 입술, 위와 목, 유방 하부, 배꼽, 겨드랑이와 생식기 주변에 생기는 피부질환
- 전 인류의 1～3%, 성인의 3～5% 정도에 발생한다.

③ **건성습진**(피부 건조증)

- 연령이 많아지면서 피부의 수분과 유분이 적어지며 피부는 건조하게 된다.
- 진피층의 수분의 양이 줄어들면서 피부의 각질이 일어나고 홍반이 생겨 피부가 트는 현상
- 난방이 너무 잘 되어 있거나 온풍기 바람을 오래 쐬면 이 질환이 발생
- 겨울에 잘 생긴다.
- 가려움증이 동반되기 때문에 피부건조를 막는데 초점
- 목욕을 자주 하지 말고 비누사용을 줄인다.
- 목욕 시 물에 오일을 타서 목욕하고 후에 유분기 많은 로션이나 오일을 바른다.

5. 구인 인설질환

1) 건선 (psoriasis)

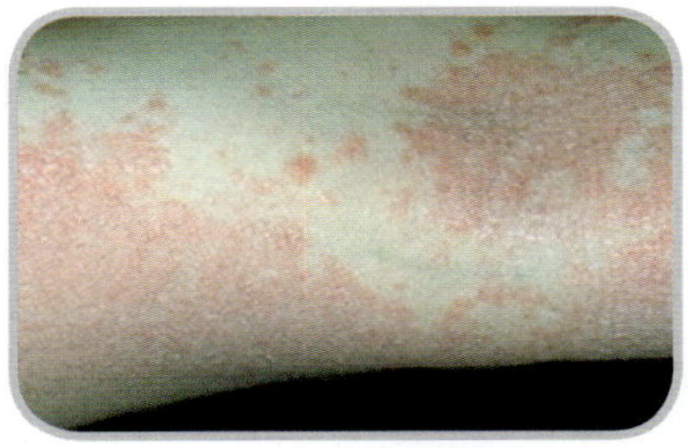

[건 선]

- 구진과 은백색의 인설을 가진 원인 미상의 개인에 따라 다양하게 발생하는 만성질환
- 20대에 잘 발생
- 백인에게는 2%의 비율로 가족 내 발생률이 높다.
- 발생기전은 불명확하나 면역기전에 관여한 질환으로 간주되며 머리카락부위, 팔꿈치, 무릎부위에 자주 나타난다.
- 건선의 형태는 두꺼운 은배색, 운모 형태인 두꺼운 비늘모양을 한 홍반으로 그 크기는 콩 모양이나 화폐상에서부터 커다란 국면으로 전신에 확대, 융합된 붉은 피부형으로 분류된다.
- 피부과 환자의 3%정도를 차지
- 유전, 자외선 노출, 피부외상, 건조한 기후, 과도한 피부자극, 내분비적 요인을 원인으로 추정
- 치료는 부신피질호르몬의 외용과 비타민A산 유도체의 내복 등이 이용
- 콜타르 외용과 자외선 조사를 결한 Goeckerman요법, 일광욕, UVB등도 사용

6. 모발의 질환

1) 모낭염

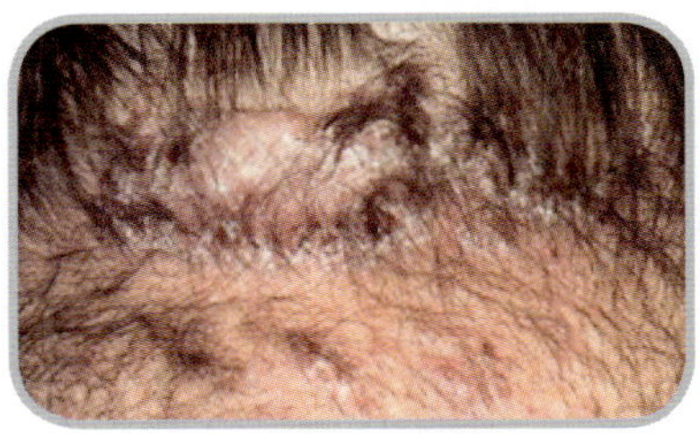

[두피 모낭염]

- 세균감염으로 인하여 생성되는 농포 형태의 일종
- 모낭에 발생하며 이것이 피부 깊숙이 자리 잡아 만성이 되면 모창으로 발전하게 된다.

7. 감염성 질환

세균 또는 바이러스, 진균 등이 피부에 감염되어 생기는 질환이다.

1) 세균성 피부질환 (Bacteral dermatoses)

피부의 세균감염은 1차 감염과 2차 감염을 나누어지고, 1차 감염은 포도상 구균이나, 연쇄상구균등의 단독 병원체등이 원인으로 정상피부에 발생하고 2차 감염은 기존의 피부질환에 세균감염이 되는 것을 말한다.

① 농가진

- 어린아이에게 자주 발생되는 질환
- 두피, 안면, 팔과 다리에 수포가 생기고 만지면 진물이 흘러 가피가 생긴다.
- 화농성 연쇄상구균이 주원인균으로 쉽게 전염된다.

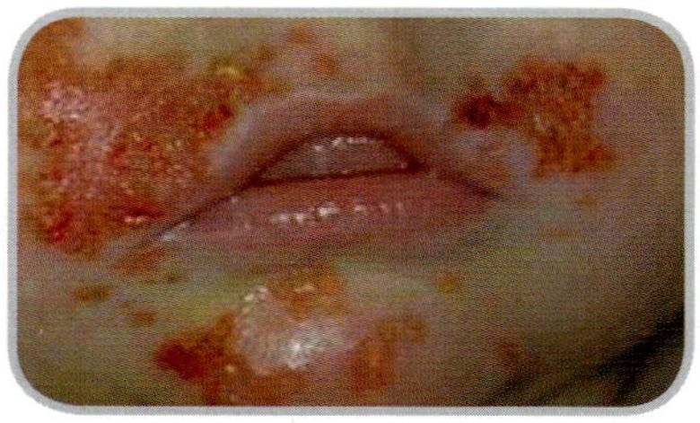

[농가진]

② 봉소염

- 국부적인 피부 감염성 질환
- 조직 깊이 침투하여 압박과 통증을 느끼게 하며 피부가 붉어지고 열도 동반

2) 바이어스성 피부질환 (Viral Dermatoses)

바이러스는 광학현미경으로 거의 볼 수 없는 작은 미생물로 살아 있는 세포내에서만 증식하는 특징이 있다. 바이러스는 핵산을 함유하고 있으며 복제에 의해 증식하고 영양분 생합성에 필요한 효소가 없다. 대부분의 바이러스 감염은 피부병변이 생기며, 감염은 사마귀나 전염성 연속종(Molluscum contagisum) 처럼 피부에 국한되기도 한다. 전신 감염으로 수두처럼 피부 병변이 거의 항상 나타나는 경우과 잘 나타나지 않는 경우가 있다.

① 대상포진(herpes zoster)

- 바이러스성의 피부질환
- 연령이 많은 노화된 피부에 발생빈도가 높다.
- 신경분포에 따라 몸의 일정부위에 지각이상, 가려움, 피부가 타는 듯한 느낌과 통증을 동반

- 증상이 심해지면 구진성 발진이나 작은 물집이 벌겋게 모인 듯 한 수포 그리고 부종의 증상으로 발전
- 겉보기와 달리 심한 통증으로 고생한다.

② **단순포진** (herpes simplex)

- 바이러스 질환
- 발열을 동반
- 연약한 점막성 피부인 입술이나 코 등에 급성적으로 수포가 잘 생기며 흉터 없이 치유
- 이 포진은 군집되어 나타나며 일주일 정도 치유하면 없어진다.

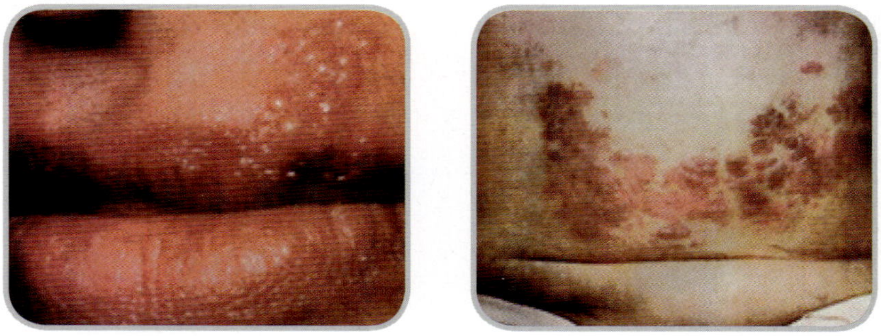

[단순포진과 대상포진]

③ **사마귀** (warts)

- 인체에 발생되는 사마귀는 여러 종류가 있다.
- 심상성 사마귀 : 흔히 외상을 잘 받는 어린이의 손등이나 손가락에 발생
- 족저 사마귀 : 발바닥에 발생
- 첨규 사마귀 : 성기나 항문주위에 발생
- 편평 사마귀
  - · 얼굴에 주로 발생 그 외에도 정강이, 팔, 손등
  - · 10대와 20대의 청소년기에 흔히 발생
  - · 수가 100개 이상으로 증가하는 경우가 많다.
  - · 피부색 또는 황갈색의 표면이 납작하고 둥근형태의 융기된 구진
  - · 각각의 크기는 직경 1~5mm까지 다양하다.
  - · 외상을 받거나 긁힌 자국을 따라 선상으로 길게 퍼져 나가 배열되기도 한다.

- 원인
  - · 피부를 통한 바이러스균의 감염
  - · 세포면역이 결핍된 환자에게 발생률이 높아진다.
- 바이러스균에 의해 피부에 과각질화 현상이 생긴다.
- 치표는 전기 소각법, 냉동요법, 이산화탄소 레이저를 이용한 치료법을 쓰고 있지만 피부에서 자연적으로 사라지기도 한다.

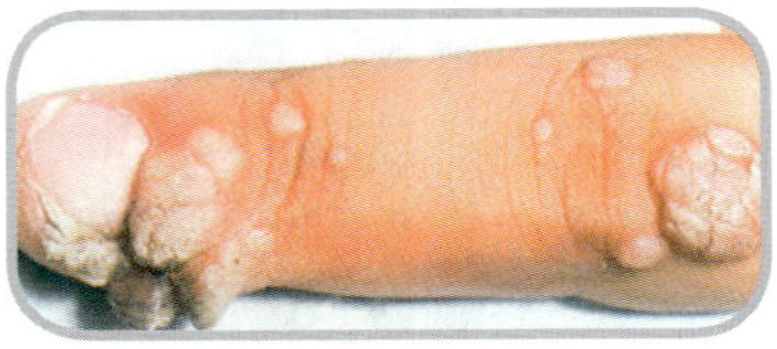

[사마귀]

3) 진균성 피부질환 (Dermatomycoses)

진균이란 보통 곰팡이이고 하며 지구상에 분포하고 있는 진균은 약 10만종에 이른다. 이 중 약 200여종 만이 병원성이 있는 것으로 알려져 있다. 피부 진균증은 진균에 의해서 발생하는 피부질환을 총칭하며 전신감염으로 생명에 지장을 줄 만큼 심각한 심재성 진균증과 피부표피에만 국한되어 문제를 일으키는 표제성 진균증이 있다.

① **족부백선** (tinea pedis)

- 백선중의 33~40% 가량 차지
- 20~40대에 많이 발생
- 환자에게서 떨어진 인설을 통하여 감염
- 발가락 사이의 습기가 많은 곳에 피부가 짓무르고 균열이 생기며 마르면 인설이 보인다.
- 발바닥과 발 옆에 소수포가 생기며 긁으면 가피와 미란으로 된다.
- 발바닥 전체에 걸쳐 각질이 두꺼워져 긁으면 고운 가루가 생긴다.

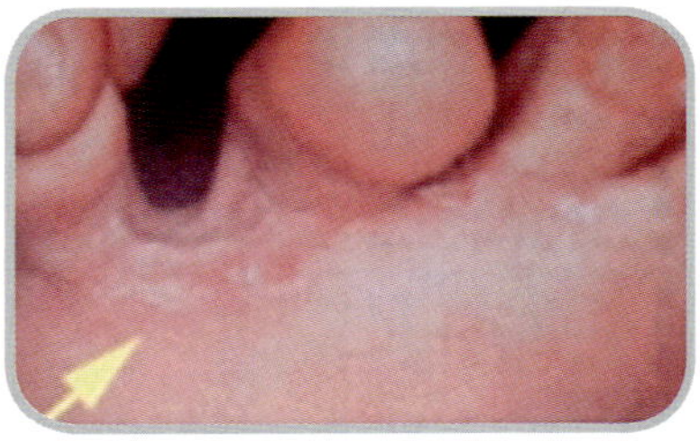

[족부백선]

② **두부백선**

- 학교를 다니는 아동에게 잘 발생
- 피부의 각질층을 침범하여 균이 증식하는 각질층 감염기, 모낭을 향해 균이 번식하는 모낭감염기, 모소피 속으로 침범하는 모발 감염기, 모발이 빠지면서 치유되는 치유기로 나타난다.
- 염증 동반

[두부백선]

- 비듬이 발생
- 농포성으로 발전할 수 있다.
- 방치하면 영구탈모가 될 수 있다.

③ **완선** (변연형습진)

- 온도 및 습도가 높은 여름에 통풍이 안 되는 부위에 피부 곰팡이가 감염되는 것이다.
- 살이 많이 쪄서 살이 겹치는 부위 등에 잘 생기며 적색에서 밤색을 띠고 가렵다.
- 여름에 심해지고 겨울이면 완화된다.
- 통풍을 잘 시키고 자주 씻으며 면내의를 입어서 땀의 흡수를 돕는다.

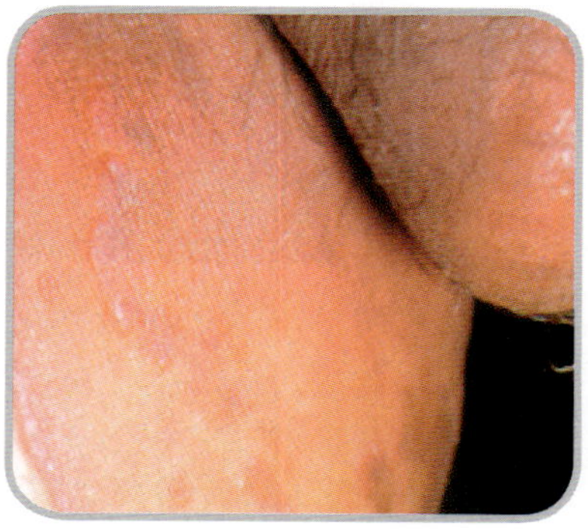

[완 선]

④ **칸디다증**

- 피부, 조갑, 점막 및 내장에 내인성 감염질환
- 습기를 제거하고 늘 건조하고 청결하게 해주며 자극을 피한다.

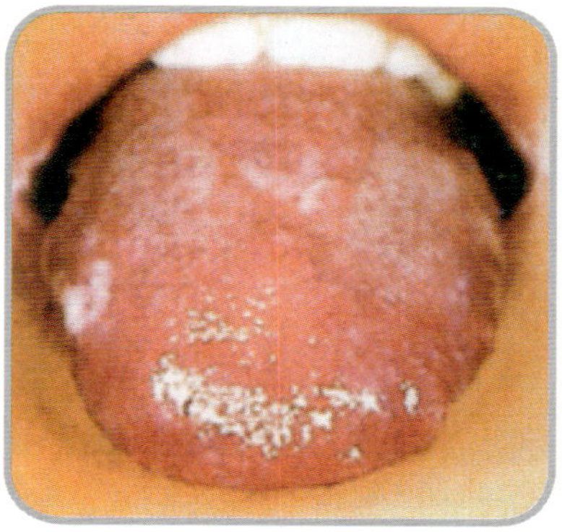

[칸디다증]

⑤ **무좀**

- 곰팡이 균에 의하여 발생하는데 더운 온도에서 발생빈도가 높다.
- 무좀균은 주로 발과 손에서 번식한다.
- 피부의 색이 밝게 변하며 살이 연해져서 수포와 피부의 균열을 만들므로 피부의 껍질이 벗겨진다.
- 가려움증이 동반하고 발열이 있으며 통증이 따르기도 한다.

8. 색소성 질환

1) 청색 모반

- 피부 진피 깊이 있는 청색 모반은 조직을 떼 내어 보면 표피 바로 밑부터 진피 깊은 곳까지 석탄이 덮여 있듯이 새까맣게 색소가 깊은 반점이다.
- 피부표면의 정상 피부색 때문에 빛의 산란 현상으로 겉에서 볼 때는 푸르스름하게 보여 청색모반이라고 한다.

2) 오타씨 모반

- 오타씨 점은 동양인 중에서 특히 한국인에게 매우 흔한 질환
- 흔히 악성기미로 불리며 대개 사춘기 이후 광대뼈 부위에 기미가 낀 듯이 조금씩 나타나서 점점 눈 밑과 콧등에 까지 퍼지는 색소성 질환 중의 하나
- 피부 깊은 층에 모반세포가 존재하므로 얼마 전까지도 피부 깊은 층까지 흉터 없이 도달할 수 있는 레이저가 없어 피부 질환 중에 치료가 불가능 했던 질환

9. 안건부위의 질환

1) 비립종

- 표피의 유핵층에 자리잡고 형성되는 동그란 모래알 크기의 각질세포
- 직경 1~4mm의 백색구진의 형태
- 얼굴 중에는 눈 아래 부분에 잘 발생하며 구멍이 없다.
- 중년여성에게서 잘 생기며 한관종과 비슷하게 보이므로 잘 감별해야 한다.
- 신진대사의 저조가 원인
- 안면 상반부에 위치한 피지선의 개출구인 모공과 땀구멍에 주로 생성
- 양파처럼 층층을 이루는 단면을 지니고 있다.
- 필링이나 후리마돌의 사용 시 피부손상 후에 2차적으로 생기므로 모낭주위의 염증유발에

신경을 써야한다.

- 피부 상피층에 생겨 제거가 용이한데 탄산가스 레이저로 쉽게 제거가 가능하며 흉터가 남지 않는다.

2) 안검 황색종 (한관종)

- 주로 30~40대 여성들의 눈 가장자리 부위에 우선적으로 잘 생기는 보기 흉한 대표적인 피부질환
- 심하면 광대뼈 부위까지 확산되어 퍼진다.
- 나이가 많아질수록 수가 많아지기도 하고 형태도 커진다.
- 일종의 피부 양성조양으로 한선관의 개출구에서 이상이 생겨 피지분비가 막혀서 생성
- 일반적으로 물 사마귀라고도 명명한다.
- 죽은 각질과 지방분으로 만들어졌으며 노란 회색의 색깔을 지녔다.
- 단단한 것에서 아주 연한 것까지 있으며 모래알의 크기로부터 작은 콩 크기까지 있다.
- 자연적인 치유가 드물며 어떤 약이나 연고에 의해서도 쉽게 낫지 않는다.
- 가려움증이나 통증의 증상이 없으므로 치료에 소홀하기 쉽다.
- 오랫동안 방치하여 둘 경우 분리된 각각의 병변이 서로 융합하여 큰 덩어리를 이루기도 한다.
- 치료방법
  · 전기분해법
  · 액체 질소를 이용한 냉동요법
  · 탄산가스 레이저

3) 소양증

- 피부를 긁거나 문지르고 싶은 충동에 생기는 가려움 증
- 외부에 다양한 자극에 의해 피부 신경에서 인지되는 감각으로 각종 피부염이나 알레르기, 내부질환 등에 의해 발생

10. 결합조직, 피하지방조직의 질환

1) 섬유종

- 일명 쥐젖이라고 한다

① 연한 섬유종

- 진피의 유두층에 자리잡고 있다.
- 색소의 침착으로 인하여 피부색보다 진한 색을 갖고 있고 주름이 있는 것도 있다.
- 혈관이나 신경관이 없으므로 제거가 간단하다.

② 단단한 섬유종

- 세포가 적은 진피 내 망상층의 결합조직 안에 생긴다.
- 외관상 단단하고 매끄러울 뿐 만 아니라 점차 커지기도 한다.
- 비교적 비만한 여성들에 잘 생기며 자잘하게 퍼져나가기도 한다.

2) 지방종

- 피하조직의 지방조직에 형성되는 양성종양
- 유전이 원인으로 목과 겨드랑이에 잘 형성

3) 해족증 (켈로이드 keloid)

- 유전이나 결합조직의 증대 및 경직 혹은 상처의 휴유증에 의하여 생긴다.
- 소인에 의해 발생
- 호발부위가 한정되어 있다.
- 손상 받은 부위보다 시간이 지남에 따라 더 넓어지며 갈색으로 변하고 단단해지고 소양감, 압통이 따른다.
- 가장 많이 발생하는 부위는 흉부, 경부, 귀이며 안면에도 간혹 발생한다.

4) 화염성 모반

- 진피위 유두층에 놓여 있으며 혈관의 확장으로 인하여 생성되는 것

- 출생 때부터 갖고 태어난다.
- 적색부터 암적색의 색깔을 띤다.
- 피부의 작은 부위에서 큰 부위까지 다양하게 자리 잡을 수 있다.
- 색이 진할수록 혈관종의 두께가 두꺼운 것이다.
- 화염성 모반의 치료는 병의 정도에 따라 치료기간이 다양하다.

5) 매상 혈관종 (hemangioma)

- 결합조직의 약화에 의하여 피부조직이 늘어는 것
- 모세혈관 확장피부가 변형된 것
- 코와 뺨 부위에 붉은 혈색이 나타났다 사라지는 양상이 몇 번 반복되어 모세혈관의 흐름이 막히고 붉은 혈색이 자리잡게 되는 것
- 차 종류와 커피, 알코올, 자극적인 음식 및 여성호르몬의 장애, 냉온의 극심한 온도차이가 원인이 된다.
- 피부의 혈액순환을 자극하는 것을 가능한 피해야 한다.

6) 섬망성 혈관종

- 진피의 유두층에 자리 잡는 것으로서 간 기능 질환에 의하여 생성
- 아무런 이유 없이 젊은 여성에게 생기는 경우도 흔하다.
- 거미줄 모양의 피부 위로 약간 돌출된 작은 빨간 점
- 부분적인 혈관의 확장에 의해서도 생긴다.
- 얼굴은 물론 가슴, 손 등에서도 생길 수 있다.

11. 한선의 피부질환

1) 주사

- 지루성 피부에 생기는 피부질환의 형태
- 원인은 불분명
- 유전적 내분비장애, 소화기능의 이상, 비타민류의 결핍, 정신적 스트레스와 모낭에 생기는 진드기 등이 원인으로 추측
- 40~50대의 연령층에 생긴다.
- 면포의 형성 없이 바로 구진과 농포가 형성
- 혈액의 흐름이 원만하지 않아 충혈이 오며 피부조직이 확장되고 모세혈관이 파손된 상태
- 구진과 농포가 코를 중심으로 양 볼에 나비모양으로 나타나는 것이 명확한 주사의 증상
- 눈꺼풀에 생기는 염증이나(결막염, 각막염) 남성에게서만 볼 수 있는 코 옆의 혹 등이 동반현상으로 나타날 수 있다.
- 더운 음료, 알코올은 혈관을 팽창시켜 지나칠 경우 모세혈관이 파열되기도 한다.
- 한 냉이나 과도한 햇빛에 노출하는 것은 피해야 한다.
- 모세혈관이 심하게 확장된 경우에는 전기 응고법이나 이산화탄소 레이저를 이용한 치료법이 있다.

5장

피부와 광선

I. 태양광선의 작용

태양광선은 인간을 비롯하여 모든 생물의 신진대사를 가능하게 하는 에너지의 원천으로 지구상의 생물을 존재하게 하고 생명계를 유지하는 데 꼭 필요한 것이다.

- 태양광선은 광합성을 통해 인간에게 영양분을 공급한다.
- 프로비타민 D를 비타민D로 전환, 활성화시킨다.
- 여드름이나 건선, 백반증 치료에 이용되는 등 유익한 역할을 한다.
- 태양광선은 파장의 길이에 따라 생물학적으로 미치는 영향이 상이하다.
- 파장이 짧을수록 에너지가 강하며 생화학적 반응능력이 높다.
- 태양광선은 지역에 따라 차이가 있으나 자외선이 약 6%, 적외선이 약 60%, 가시광선이 약 34%를 차지한다.
- 인간의 피부에 관계하는 광선의 파장은 290~800nm이다.

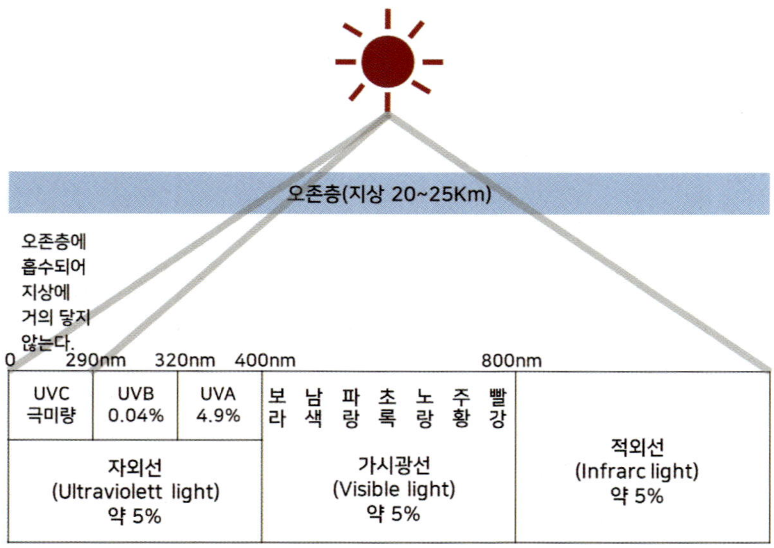

[태양광선의 종류]

1. 파장에 따라 분류

태양은 파장이 다른 전자파들을 방출하는데 파장의 길이에 따라 생물학적으로 미치는 영향이 상이하다. 전자파의 에너지는 파장의 길이에 반비례한다. 즉 파장이 짧을수록 에너지가 강하여 생화학적 반응능력이 높다.

① **자외선** (Ultraviolet light)

- 400nm 이하의 단파장
- 에너지가 매우 크므로 물질에 흡수되지 않는다.
- 피부에 광 생물학적 반응을 유발하는 중요한 광선
- 화학작용이 강하므로 화학선이라고도 한다.
- 화학작용에 의해 신체 조직이 변형되어 암을 유발하기도 한다.
- 자외선은 대부분 대기 중의 산소, 오존, 수증기, 분진 등에 의해 흡수되거나 산란되기 때문에 극히 적은 부분만이 지상에 도달한다.
- 자외선은 살균력을 가지고 있어 대장균, 디프테리아균, 이질균 등을 죽일 때 사용된다.
- 구루병(비타민 D2결핍증)을 방지하는 작용도 있는데, 이는 체내에서 에르고스테롤(프로비타민 D2)이 자외선에 의해 비타민D2로 변하기 때문이다.

② **적외선** (Infrared light)

- 800~1,000,000nm의 장파장
- 피부의 혈행을 좋게 하는 작용
- 물질을 구성하는 분자에 흡수되기 쉬워 분자의 운동을 돕는다.
- 열이 동반되어 열선이라고도 한다.
- 강한 열작용을 가지고 있다.
- 열작용은 각종 질병의 원인이 되는 세균을 없애는 데 도움이 되고, 모세혈관을 확장시켜 혈액순환과 세포조직 생성에 도움을 준다.
- 세포를 구성하는 수분과 단백질 분자에 닿으면 세포를 1분에 2,000번씩 미세하게 흔들어 줌으로써 세포조직을 활성화하여 노화방지, 신진대사 촉진, 만성피로 등 각종 성인병 예방에 효과가 있다.

③ **가시광선** (Visible light)

- 400~800nm의 중파장이다.
- 눈으로 볼 수 있는 광선이다.
- 광 생물학적 반응에 크게 관여하지 않고 눈의 망막을 자극하는 광선이다.

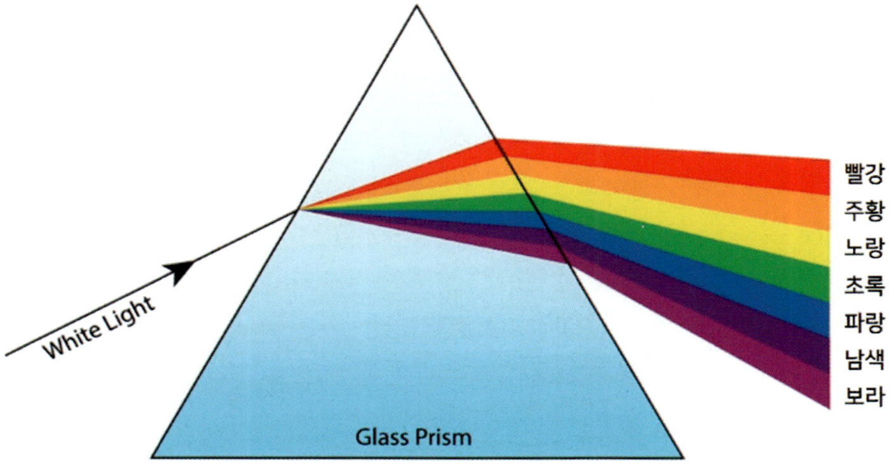

[프리즘에 비추어 본 가시광선]

2. 태양광선의 투과력을 좌우하는 요소

- 지리적 위치(위도, 고도, 지형등)
- 오존량과 대기의 여과능력(먼지, 스모그, 습도 등)
- 대양의 위치 등의 환경여건

3. 태양광선이 실제로 피부에 미치는 반응을 좌우하는 요소

- 광선의 강도와 지속시간에 따른 광선의 양
- 광선의 파장
- 개개인의 개별적인 피부민감도

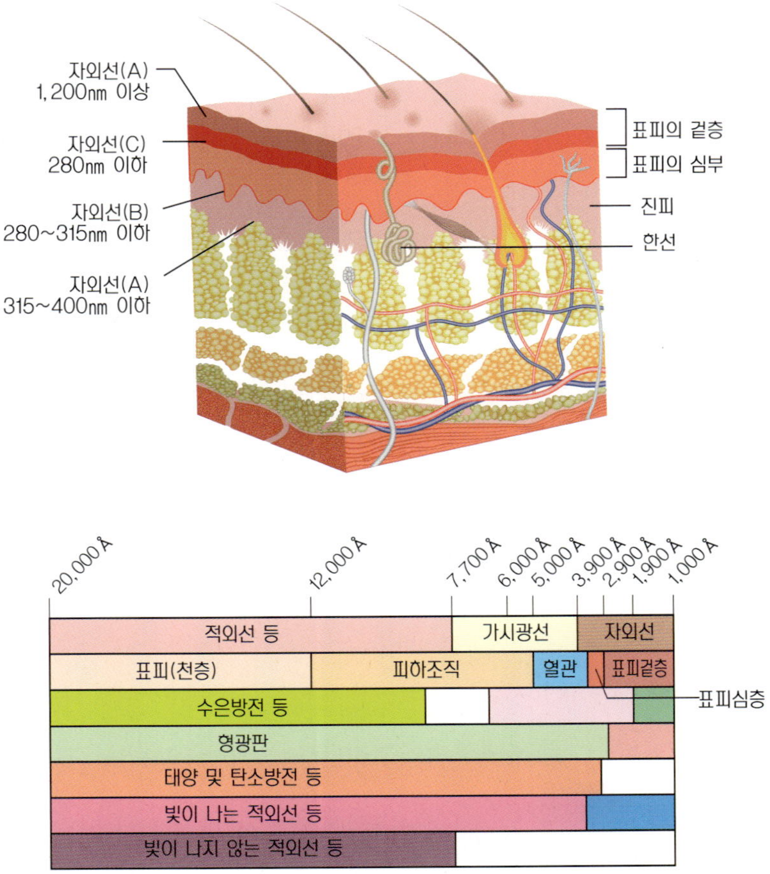
자외선(A)
1,200nm 이상
자외선(C)
280nm 이하
자외선(B)
280~315nm 이하
자외선(A)
315~400nm 이하
표피의 겉층
표피의 심부
진피
한선
20,000 Å
12,000 Å
7,700 Å
6,000 Å
5,000 Å
3,900 Å
2,900 Å
1,900 Å
1,000 Å
적외선 등
가시광선
자외선
표피(천층)
피하조직
혈관
표피겉층
표피심층
수은방전 등
형광판
태양 및 탄소방전 등
빛이 나는 적외선 등
빛이 나지 않는 적외선 등

[광선의 피부 침투]

II. 자외선 (Ultraviolt light)

자외선은 열이 없는 차가운 광선으로 피부에 화학작용을 일으키며 특히 살균력이 강하여 화학선이라 하고 짧은 파장의 광선이다.

- 태양에서 발산되는 전자파장
- 살균력이 강하여 화학선이라고 하며 분자의 흥분을 유도한다.
- 피부에 가장 강한 자극을 주는 빛으로써 파장은 200~400㎚ 범위이다.
- 가시광선의 보라색 광선 영역에 해당된다.
- 자외선은 전체 태양광선의 방사량의 약 6%정도를 차지한다.
- 열은 발산하지 않는다.
- 피부노화, 광노화현상, 일광현상, 백내장, 면역기능저하, 피부암까지 발생 시킬 수 있는 인체에 치명적인 광선이다.
- 자외선의 강도는 고도, 지형, 날씨, 계절, 하루의 시간 등에 따라 많은 차이가 있다.

1. 자외선이 갖는 특징

- 일명 화학선이라 불릴 만큼 강력한 화학작용 및 살균작용을 갖는다.
- 유일하게 인체 내에서 합성되는 비타민 D의 합성을 위해 꼭 필요하며, 만약 비타민 D가 결핍될 경우 구루병이 발생한다.
- 자외선은 의학적으로 이용되기도 하는데, 예를 들어 백반증 등 저색소침착증을 치료하는 데 자외선이 사용되기도 한다.
- 적당한 양의 자외선은 피부를 건강하고 윤기 있으며 탄력 있게 보이도록 하는 미용적 효과를 갖는다.

2. 파장에 따른 자외선 분류

자외선은 파장에 따라 생물 혹은 피부에 미치는 영향이 다르며 파장이 긴 쪽에서 부터 장파(320~400nm), 중파(290~320nm), 단파(200~290nm)로 분류되며 각각 UV-A, UV-B, UV-C로 표시한다.

1) 자외선 A (UV-A)

- 자외선 A는 자외선 중 가장 긴 파장의 영역으로 320~400nm 범위의 장파장
- 자외선 A는 일명 생활 자외선이라고도 부르며 창문이나 커튼, 가벼운 옷 등을 투과할 수 있는 긴 빛의 영역
- 자외선A는 반응속도가 느리기 때문에 보통 무감각할 수 있으나 피부의 진피 층까지 침투하여 노화 현상에 관여하므로 피부에는 더욱 치명적
- 자외선 중 가장 많은 방사량을 가짐(4.9%)
- 멜라닌세포의 자극에 의한 색소 침착을 촉진하며 여름철에 피부가 검게 그을리는 선탠(suntan)반응이 흔하게 나타난다.
- 일상생활에서 가장 쉽게 접하는 생활광선

① 이로운 영향

- 광선에 대한 피부보호수단으로 직접적이고 즉각적으로 색소를 형성

② 해로운 영향

- 강한 조사의 경우 홍반반응을 일으킨다.
- 광독성, 광 알레르기성 반응을 유발한다.
- 피부조직을 약화시킴으로써 진피의 탄력섬유 변성으로 인한 일광탄력섬유증, 피부탄력성 감소, 피부위축현상, 주름형성 등을 야기 시킨다.
- 유리기생성으로 인한 광노화를 촉진시킨다.
- 백내장의 발병원인이 된다.

2) 자외선 B (UV-B)

- 일반적으로 자외선이라고 하면 290~320nm 범위의 중파장인 자외선
- 표피의 기저층까지 침투하며 일부는 진피층까지 도달하기도 한다.
- 자외선 B는 특히 여름철 낮 시간대에 투과량이 최고조에 한다.

- 피부의 표피층에 작용하여 피부의 세포분열을 촉진시켜서 피부각질화를 유발하는 데에도 관여한다.

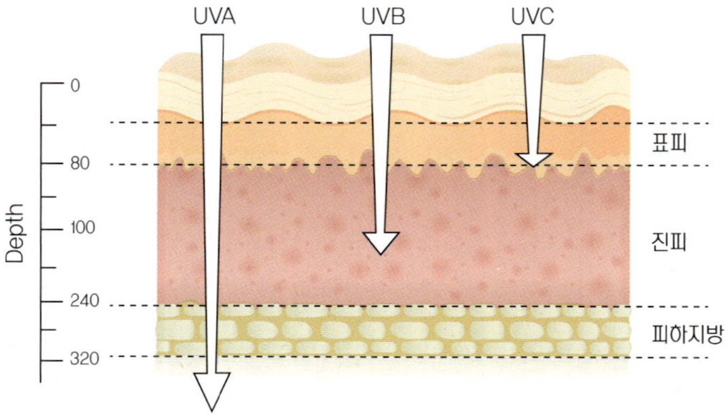

[피부에 대한 광의 투과성]

① 이로운 영향

- 비타민 D를 활성화하여 구루병을 예방하며 칼슘수치를 향상
- 광선에 대한 피부 보호작용으로 피부의 각화가 가속화된다.
- 광선에 대한 피부 보호작용으로 색소형성에 관여하며 자연 색소 침착을 일으킨다.
- 적당량의 경우 여드름 치유에 도움을 준다.
- 적당량의 경우 면역반응을 강화시켜 준다.
- 인간의 성취능력을 증진시킨다.

② 해로운 영향

- 자외선 B에 의하여 피부는 일광화상(sunburn)이나 색소침착(suntan) 현상이 발생할 수 있다.
- 급성적 피해로 피부홍반(UV erythema)을 형성하며 붉게 되거나 부풀어 오르고 수포가 발생하는 썬번(sunburn)현상을 일으킨다.
- 피부가 단기간 자외선B에 노출되면 피부의 수분이 손실되어 거칠어지며 장기간 노출되면 피부의 윤기나 탄력이 소실되어 잔주름이 생기는 등 피부가 노화된다.
- 많은 양의 경우 여드름의 염증을 악화시킨다.
- 안구를 자극하여 설염(snowblindness), 일시적 시력상실, 각결막염을 발생시킨다.
- UVB에 의해서 야기되는 홍반의 매개체는 프로스타글라딘이다.
- 피부지질에 영향을 미쳐 세포막을 손상시키며 단백질에 영향을 미쳐 생체촉매물질에 손상을 입히고 효소 활동을 감소시킨다.

- 만성적인 피해로 세포의 핵내부(DNA)를 변화, 손상시킬 수 있으며 상피종, 피부암의 유발원인이 된다.

3) 자외선 C (UV-C)

- 자외선 C는 200~290㎚의 단파장 영역, 가장 강한 자외선
- 피부에 노출될 경우 매우 치명적인 결과를 초래할 수 있는 빛의 영역이다.
- 대기의 성층권내 고도 25~30㎞에 위치한 오존층에 의해 자외선 C는 흡수되므로 실제로 지표상에는 도달하지 않으나 근래 들어 오존층의 파괴로 인하여 생태계를 위협
- 자외선 중 가장 에너지가 강하고 살균력이 있어 박테리아, 바이러스 및 fungi와 같은 단세포성 조직을 죽이는 데 효과적
- 자외선 C의 강한 살균력을 이용한 것이 인공 자외선 소독기

3. 자외선의 영향

1) 부정적 영향

- 기미나 주근깨, 잡티 등 피부 문제를 야기하기도 한다.
- 진피의 결합조직 내에 분포하는 교원섬유, 탄력섬유 및 기질을 만드는데 관여하는 섬유아세포(fibroblast)의 생성을 저하시켜 피부의 탄력을 떨어뜨리거나 잔주름을 만들기도 한다.
- 피부 알레르기나 노화에 결정적인 역할을 한다.

2) 긍정적인 영향

- 비타민 D_3의 형성
- 자외선은 박테리아, 바이러스, 진균류에 대한 살균효과가 있어 피부상처나 감염치료에 효과적
- 자외선에 전신을 노출하면 일반적으로 식욕이나 수면의 증진, 신경성이나 자극성의 감소에 이르는 강장효과

4. 자외선에 대한 피부보호기전

1) 표피의 각질형성

- 피부의 가장 외부에 있는 각질층이 두터워지는 것을 의미한다.
- 물리적 자극이나 자외선B가 지속적으로 또는 반복적으로 가해지면 표피 기저층에서 세포분열이 증가되며 각화과정이 가속화된다. 두터워진 각질은 피부로 침투되는 자외선 B를 흡수함으로써 자외선 차단효과를 제공하게 된다.

2) 땀 (sweat)

- 땀 속에 인체고유성분인 우로카닌산(urocanic acid)이 함유되어 있어 자외선 차단역할을 해준다.

3) 피부의 복구기전 (repair mechanism)

- 세포의 효소에 의한 복구체계(repair system)가 있다.
- 복구체계는 세포내의 DNA분자 중 자외선에 의해 손상된 부분이 효소적으로 제거되고 건강한 것이 새롭게 형성되는 것을 말한다.
- 이 기전은 자외선을 많이 받으며 피부에 있어서 자연적으로 일어는 복구현상이다.
- 장기간 자외선에 노출되거나 일광화상이 되었을 경우에는 DNA치명적으로 손상됨으로서 복구가 어렵게 된다.

4) 색소형성(pigmentation)

- 피부에 피해를 입히는 자외선 A나 자외선 B에 대항하여 가장 효과적으로 피부를 보호해주는 자연적 · 생리적 피부보호기전이다.
- 멜라닌은 스스로 자외선을 흡수하여 진피내로 침투되는 자외선을 방어
- 멜라닌색소의 주용 피부보호기능
  a. 자외선 A에 대해 피부를 보호(즉시 색소침착현상)
  b. 자외선 b에 대해 피부를 보호(간접 색소침착현상)
  c. 열조절기로서의 역할
  d. 접촉성 알레르기 반응을 감소

5. 자외선에 의한 피부반응

- 자외선은 인체의 피부에 많은 문제를 유발한다.
- 급성반응은 피부에 홍반반응을 비롯하여 일광화상이나 색소침착 등의 증상이 나타난다.
- 만성반응은 피부의 진피층까지 손상되어 광선에 의한 광노화를 비롯하여 피부암까지 유발할 수 있다.

1) 홍반반응 (Erythema)

- 태양광선이나 자외선을 받으며 피부가 붉어지는 현상
- 297nm 미만의 자외선(자외선 C,B)에서 100% 발생
- 초기증세는 태양광선에 노출된 부위가 붉은 반점모양이 되고 점차적으로 꼬리모양이나 나선모양으로 된다.
- 인체 중 자외선에 노출된 피부, 즉 얼굴, 목, 복부, 손 등에 흔히 생긴다.
- 홍반은 일시적으로 생겼다가 없어지기도 하는 즉시홍반과 1~2일 정도 지속되는 지연 홍반의 2가지로 분류된다.
- 홍반은 태양광선에 대한 노출을 자제하면 점차 회복되지만 광선에 대한 노출이 지속될 경우 색소침착이나 일광화상으로 진행될 수도 있다.
- 자외선이 직접 혈관 벽에 작용하여 생기거나, 각질형성세포에서 분비되는 히스타민, 프로스타글라딘 등이 혈관을 확장시키고 혈관 벽의 투과력을 증가시켜 발생된다.

2) 색소침착

- 피부에 색소가 과다하게 침착되어 피부가 검게 되는 현상
- 피부의 표피 기저층에 있는 멜라닌세포가 활성화되어 많은 양의 멜라닌이 생성된 것으로 피부에 조사된 강한 자외선으로부터 피부를 보호하기 위한 기전이다.
- 자외선은 피부의 색을 검게 하는 멜라닌의 생성량을 증가시키며, 증가된 멜라닌 색소는 자외선으로부터 피부를 보호하는 기능을 갖는다. 피부의 색소침착은 기전에 따라 즉시형 색소침착과 지연형 색소침착으로 구분된다.

① 즉시형 색소침착 (Immediate tanning, immediate pigment darkening)

- 피부가 자외선에 노출된 후 바로 색소가 침착되는 것
- 가시광선과 자외선 B에 의해서 유발되기도 하지만 대부분 자외선 A에 의해 발생

- 자외선 조사량이 적은 경우 보통 자외선 조사 후 30분 내에 소실되지만 자외선의 조사량이 많은 경우는 조사 후 1~2시간에 최고조에 달하고 하루에 걸쳐 서서히 감소하는 경향을 보인다.

② 지연형 색소침착 (Delayed tanning, Delayed pigment darkening)

- 지연형 색소침착은 주로 자외선 B에 의해 발생
- 자외선 조사 후 보통 2~3일 후에 증상이 나타타기 시작한다.

3) 일광화상

- 태양광선 중 자외선 B가 주로 유발
- 피부에서 멜라닌 색소의 생성량이 적어 자외선이 피부에 직접 침투하여 피부를 손상시킴으로써 나타나는 일종의 햇빛에 의한 피부화상 현상이다.
- 일광화상은 자외선에 노출된 후 보통 48시간 정도 경과한 후 피부가 빨개지면서 가렵고 물집이 잡히며 심한 경우에는 오한이나 발열, 구토 등 전신증상을 동반
- 보통 일광화상은 피부를 민감화시킨다.
- 기미, 주근깨, 검버섯, 잔주름, 홍반, 수포, 염증이 생기고 심한 경우 피부암의 발생 위험까지 있다.
- 과도한 자외선에 노출된 경우 냉수나 차가운 우유로 냉찜질을 하여 피부건조와 통증을 억제하는 것이 좋으며 세균감염 등의 합병증에 유의해야 한다.

◈ 일광과민의 원인

- 일반적으로 피부에 점이나 주근깨가 많이 있는 사람
- 간이 나쁜 사람
- 비타민 B군이 부족한 사람
- 폐경기의 여성이나 생리주기가 불규칙한 사람
- 항생제, 신경안정제, 이뇨제 등의 약이나 인공 조미료를 많이 먹는 경우의 사람에게서 일광과민 증상이 많이 나타난다.

4) 광노화

- 과다한 양의 광선이나 지속적으로 광선에 노출될 때 생기는 만성 피부반응의 하나

- 교원섬유의 퇴행 및 엘라스틴과 글라이코스아미노글아이칸(무코다당체 Glycosamino-glycan)의 감소로 탄력성이 저하되고 주름살이 형성되며 비정상적인 색소침착이 발생하는 현상
- 광노화는 광선에 노출된 초기에는 증상이 없다가 상당한 시간이 경화한 후 증상이 나타나기 시작한다.
- 광노화는 피부 각질화 촉진 및 박리 지연, 잔주름 형성, 피부색소 침착, 피부 거칠어짐 등을 유발한다.
- 진피층 내의 혈관들이 확장되고 표재성 모세 혈관망이 소멸되기도 한다.
- 광노화 유발 광선는 주로 UVA와 UVB이다.

5) 피부암

- 피부암의 발생 원인은 사람의 내적 요인과 외적 요인이 동시에 작용한다.
- 과다한 광선 조사나 장기간에 걸친 광선 조사 역시 피부암을 유발할 수 있는 하나의 요인으로 작용한다.

표 5-1. 자외선이 피부에 미치는 영향

자외선의 종류	급성반응	만성반응
UV-A 320~400nm	조사직후 즉시흑화	색소침착의 악화 진피 심부조직의 변성 (주름, 피부처짐)
UV-B 280~320	홍반(햇볕에 탐) 지연흑화 (햇볕에 탄 후 색소침착)	색소침착(기미, 주근깨) 진피 상층조직의 변성 표피조직의 비후 피부암의 발생
UV-C 280이하	대기권의 오존층에 의해 흡수	영향력이 거의 없음

6. 자외선 차단지수 (Sun protection factor=SPF)

SPF란 피부가 자외선으로부터 보호되는 정도 및 시간을 지수로 나타낸 것이다. 차단지수가 높을수록 자외선에 대한 차단능력이 높다는 뜻이며, UV-B를 차단하는 효과를 기준으로 생각하는 수치이다.

1) 자외선을 차단하는 성분

- 벤조페논(benzophenon), 파라아미노산 벤조인산유도체(PABA)
  - · 화학성분으로 피부를 자극할 수 있으며 부작용의 발생가능서이 높다.
- 안티라닐산메칠(methyl anthranilate)
  - · 주로 이용되는 것으로 부작용이 적고 가격이 적절하다.
- 파바(paba),
- 배양한 멜라닌 색소 등

2) 자외선이 피부에 닿을 때 반사를 통하여 피부를 보호하는 성분

- 탈크(talk)
- 이산화티탄(TiO2)
- 카올린
- 산화아연(Zno), 전분 나일론 성분 등

3) 자외선 차단제

- 유해한 자외선으로부터 피부를 보호하고자 사용하는 화장품
- 로션이나 크림형태, 파우더형태의 화장품에 자외선차단제가 첨가되어 생산된다.
- 일반적으로 선 스크린(sun screen), 선 블록(sun block)이라고 부른다.
- 자외선 차단제를 선택하거나 사용할 때는
  - a. 제품의 성분이 피부에 알레르기를 유발하지 않거나 자외선 방사시 독성이 적고 피부에 안전 할 것
  - b. 태양 광선화에서 분해되지 않을 것

c. 산소와 더불어 광산화 반응을 일으키지 않을 것
e. 다른 성분과 화학 반응을 일으키지 않을 것
f. 생체 성분과 결합하지 않을 것
g. 제품의 방수성여부 확인
h. 사용하고자 하는 시간과 지역 및 용도에 맞게 제품을 선택
i. 피부 유형에 맞게 제품을 선택
j. 색소침착이 잘 생기는 피부에는 SPF의 지수가 높은 것을, 민감한 피부에는 지수가 낮은 것을 사용
k. 피부병변이 발생한 부위에는 가급적 사용을 제한
l. 시간이 경과했을 경우에는 피부에 다시 덧바를 것
m. 자외선 차단제가 수영중이나 많은 땀에 의하여 제거가 되었을 때는 다시 덧바를 것
n. 일광에 노출되기 전에 바를 것

① 자외선 흡수제

- 자외선을 흡수하여 화학적 방법으로 열과 진동으로 변환시켜 피부침투를 막아 피부를 보호한다.
- 자외선 흡수제를 많이 배합하여 차단효과를 높인 경우에 접촉성 피부염 유발 가능성이 높아져 유의하는 것이 좋다.
- 성분

a. 옥틸디메칠 파바(odtyldimethyl PABA),
b. 옥틸메톡시 신나메이트(octylmethoxy cinnamate),
c. 벤조페논(benzophenone)유도체,
d. 캄퍼(camphor)유도체,
e. 디벤조일 메탄(dibenzoyl methane)유도체,
f. 갈릭산(galic acid)유도체,
g. 파라아미노벤조산(paraaminobenzoicacid)유도체,
h. 벤족사졸(benzoxazole)유도체 등이 있다.

② 자외선 산란제

- 분말상태의 안료를 이용하여 물리적인 방법으로 자외선을 산란시켜 피부침투를 막아 피부를 보호한다.
- 차단효과가 우수하고 피부염 등의 부작용이 적다.

- 많이 바르면 피부의 자연스러움을 막아 인조적 화장으로 보인다.
- 성분
  a. 이산화티탄(Titanium dioxide),
  b. 나이론 성분과 초미립자 산화아연(Iron oxide),
  c. 규산염(Silicate),
  d. 탈크(Talc),
  e. 전분 등

◈ 초미립자 산화아연과 이산화티탄

- 무기안료로서 광범위하게 자외선을 효과적으로 차단
- 무독성이며 무자극성이라 피부에 많이 이용

7. 자외선의 피부응용

1) 여드름피부의 자외선 복사

- 홍반형상으로 피부의 혈액순환이 촉진되며 피부의 상태를 호전시킨다.
- 탈피현상으로 면포의 제거와 피지의 유출을 돕는다.
- 자외선으로부터 피부의 소독효과를 가져 온다.

2) 건선

- 보통 자외선 복사로 회복된다.
- 피부세포의 DNA 합성률을 감소시켜 건성증식을 억제시키는 것이다.

3) 궤양

- 표피 상처의 살균에 효과적이다.

4) 동상

- 자외선 복사를 통하여 혈액공급을 자극하면 동상의 초기 치료에 매우 효과적이다.
- 겨울이 오기전의 자외선 복사는 예방의 효과가 있다.

8. 광과민성 피부질환

피부가 자외선에 의해 과민반응을 나타내므로 피부질환이 발생되는 것이다. 태양광선이 따가운 여름철에 자주 발생하며, 광선에 노출되는 부위인 팔, 다리, 얼굴, 목 등에 주로 나타난다.

1) 광 알레르기

- 광과민성 피부질환 중에서 가장 흔한 질환
- 외래물질과 광선에 면역계가 관여하는 것으로 감작상태에 있는 사람에게만 일어나는 반응
- 주로 UVA에 의해 발생
- 병변은 접촉성 피부질환과 유사하여 홍반, 습진과 유사한 작은 물집들이 나타나고 후에는 피부에 인설과 가피가 덮이고 피부가 두꺼워진다.

2) 광독성 피부염

- 광 알레르기와 달린 비면역반응
- 광 독성 물질에 노출 후 태양광선을 쬐면 노출된 지 2~6시간 후에 노출된 부위에 일광화상모양으로 피부반응이 나타난다.
- 색소침착을 남기며 물집이 생기기도 한다.
- 노출경험 없이도 피부반응이 유발되기도 한다.

3) 다형 광발진

- 일광(가시광선포함)에 노출된 지 수 시간 또는 수개월 후에 병변이 나타나 수일 또는 수개월 지속된다.
- 병변은 구진모양, 소수포, 담마진 모양, 다형삼출성 홍반모양, 출혈성 구진 또는 습진 등의 여러 가지 형태로 나타난다.

4) 일광 두드러기

- 일광에 노출된 지 수초 또는 수분 후에 소양증과 홍반, 팽진 등의 증상에서 두통, 현기증, 전신 쇠약감 증상까지 나타난다.

5) 첩포실험 (Patch test)

- 피부염 유발 항원을 찾아내고 예방하기 위해 사용되는 방법
- 피부염의 원인라고 추정되는 물질을 시험부위에 도포 후 24~72시간 후에 붓거나 소양감, 홍반 등과 같은 피부의 국소반응을 관찰하는 방법

6) 광 첩포 시험 (Photo test)

- 광 과민성 유발 물질로 추정되는 물질을 시험부위 두 곳에 도포 후 한 곳만 광 모사를 실시하고 일정시간 후 피부판정을 하는 것

III. 적외선

태양이 방출하는 빛을 프리즘으로 분산시켜 보았을 때 적색선의 끝보다 더 바깥쪽에 있는 전자기파를 적외선이라 한다.

- 적외선은 빛의 파장이 가시광선보다 더 긴 것으로 800~1,000,000㎚사이의 영역
- 근적외선(800~3,000㎚), 중적외선(3,000~30,000㎚), 원적외선(30,000~1,000,000㎚)으로 분류된다.
- 적외선은 전체 태양광선의 50% 가량을 차지한다.
- 적외선은 가시광선과는 달리 눈에는 보이지 않는 빛으로 열감을 느낄 수 있다.
- 사람의 몸에 적외선을 조사할 경우 체세포 내에 침투하여 열을 발산하는데 이열은 따뜻하고 신체에 유익한 기능을 가지므로 의학 및 피부미용에 많이 활용되고 있다.
- 복사되는 적외선 중 34%는 표피에서 반사되고 59%는 표피의 전 층에 흡수되며 약 6%는 표피의 심층에 침투한다.
- 적외선은 피부의 표면에 별다른 자극을 주지 않고 고열의 형태로서 피부 조직 깊숙이 이로운 영향을 주는 광선이다.
- 적외선은 복사 시에 적외선의 파장이 물질을 구성하는 분자(피부조직)에 흡수가 잘 되어 분자가 격렬하게 운동하는데 이 분자운동이 곧 열작용이라서 열선이라고도 불린다.
- 단파적외선 : 진피 침투
- 장파적외선 : 표피의 전 층에 침투

1. 적외선 램프의 사용부위

① **적외선 큰 등** (1500와트)

- 등 전체, 복부, 허벅지 등 넓은 부위

② **적외선 작은 등** (150~250와트)

- 얼굴, 어깨, 손, 발 등의 좁은 부위와 예민한 곳

2. 적외선 복사시의 생리적 영향

① **신진대사에 영향을 미친다.**

- 체온상승에 따른 신진대사의 증가로 산소와 영양분의 공급이 증가하며 노폐물의 배출도 늘어난다.
- 온도가 10℃ 상승함에 따라 신진 대사량이 2.5배 증가한다.

② **혈관을 확장시켜 순환에 영향을 미친다.**

- 혈관이 확장되어 혈액 순환을 촉진시키며 혈류의 증가를 돕는다.

③ **색소침착을 시킨다.**

- 과다한 적외선의 반복노출이나 감각이 예민한 사람에게서 적혈구의 파괴에 의한 색소 침착이 나타난다. 또한 국소부종 및 물집도 나타날 수 있다.

④ **피부의 신경말단에 영향을 미친다.**

⑤ **근조직에 영향을 미친다.**

- 체온 상승은 근육을 유연하게 한다.
- 피부의 열을 가하여 피부를 이완시킨다.

⑥ **조직파괴에 영향을 미친다.**

- 매우 강한 열로 조사할 경우 조직의 파괴도 초래할 수 있다.

⑦ **전신체의 체온상승에 영향을 미친다.**

- 넓은 부위를 조사 시에 체표혈관의 가열로 혈액이 가열되어 이동하면서 전신체의 체온이 상승한다.

⑧ 혈압강화에 영향을 미친다.

⑨ 한선 활동에 영향을 미친다.

- 가열된 혈액에 의해 체온조절 중추가 자극되어 한성의 활동이 증가하고 그에 따라 노폐물의 제거도 증가한다.

⑩ 식균 작용에 영향을 미친다.

- 열을 식균 작용을 증진시키게 되어 염증부위의 배농을 촉진시킨다.

⑪ 전신적 효과에 영향을 미친다.

⑫ 피부 세포 안의 화학적 변화를 활발히 촉진시킨다.

⑬ 외부로부터 피부에 공급되는 영향 성분이 깊이 흡수되도록 돕는다.

⑭ 병에 대한 저항력을 높여준다.

3. 적외선램프의 사용 시 유의사항

- 조사 중에는 적외선등과 인체에 적정한 간격을 두도록 한다.
- 조사시간은 20분을 넘지 않도록 한다.
- 얼굴의 조사 시는 아이마스크를 착용하여 눈을 보호한다.
- 조사부위가 마르지 않도록 한다.
- 램프의 파열로 인해 발생하는 유리조각이 위험할 수 있으니 유의한다.
- 열에 반응을 보이는 반지, 시계 등을 제거한다.

4. 적외선이 인체에 미치는 영향

- 피부에 해를 주지 않으며, 체온은 상승시키지 않고 피부에 열감을 제공한다.
- 인체의 혈관을 팽창시켜 혈액순환을 용이하게 한다. 특히 혈액순환 장애로 인한 체내 노폐물 축적, 지방 축적, 셀룰라이트(부분 비만)에 효과적이다.

- 피부 깊숙이 영양분을 침투시켜주므로 피부 관리에 효율적으로 이용된다.
- 피지선이나 한선의 기능을 활성화하여 피부 노폐물의 배출을 돕는다.
- 신체의 신진대사를 활발하게 한다.
- 근육을 이완시키는 기능을 갖는다.
- 신체에 면역력을 증가시켜 저항력을 키워준다.

6장
피부면역

I. 면역

면역(immunity)의 어원은 immunitas에서 유래된 것으로 자신 이외의 것을 체내에서 제거하는 방어 시스템이다. 인체는 끊임없이 박테리아, 바이러스, 유해한 화학물질과 같은 다양한 요인들에 노출되어 있다. 인체 내로 침입한 병원균은 세포, 조직, 기관의 기능을 파괴시키고 독성물질을 분비한다.

면역(immunity)은 병원체와 같은 특이한 이물질 또는 그들이 분비하는 독소에 대해 저항하는 것으로 특별한 이물질의 존재를 인식하고 그것들을 제거하는 작용을 말한다. 모든 바이러스, 세균, 원충성 기생충은 인체세포 내부에서 증식하며 미생물 감염을 제거하기 위해서 면역계통은 이들 미생물에 감염된 세포를 먼저 인식하여 파괴하지 않으면 안된다. 면역반응의 첫째는 병원체 또는 다른 이물질을 인식하는 것이며, 둘째는 그것에 대한 반응을 일으켜 그것을 제거하려고 하는 것이다.

1. 항원 (Antigen)

면역반응을 일으키는 외부물질로 신체에 침입하여 항체를 생산할 수 있는 분자량이 큰 단백질이나 다당류

2. 항체 (Antibody)

항원과 반응한 결과로 림프구에 의해 생성된 단백질로서 혈액속의 면역글로불린(Ig: immunoglobulin)을 말하며 종류는 A, D, E, G, M등이 있다. 이들은 신체에 들어온 이물질을 파괴하고 제거한다.

3. 체내 면역체계에서 주로 사용한 세포와 기관

① **백혈구**

- 혈중의 혈구로 아메바 운동을 하며 식작용에 의해 병원성 미생물을 처치한다.

② **림프절**

- 림프액이 혈액순환으로 되돌아가기 이전에 림프관을 따라 흐르는데 이때 림프절은 여과기로서의 역할을 한다.

③ **혈장세포** (plasma cell)

- 혈장세포는 림프조직내의 림프구에서 파생되며 항체를 생산하여 항원을 비활성화시키는 세포이다.

④ **대식세포** (macrophage)

- 대식세포는 체조직에 분산되어 있다
- 인체 내로 들어온 이물질이나 체내에서 생성된 세포의 잔해를 처리한다. 이를 식균작용이라고 한다.

⑤ **골수**

- 골수는 림프구를 생산해 내므로 림프기관으로 분류된다.
- 골수는 림프절 및 비장과는 달리 림프구가 항체를 형성하도록 활성화시키지 않으며 다른 면역반응에도 관여하지 않는다.

⑥ **흉선**

- 흉선은 흉부의 상부에 위치하며 연령에 따라 크기가 다양하다.
- 출생 시에는 비교적 큰 편이고 사춘기까지 계속 자라나 성년기 이후에는 퇴축하여 지방조직으로 대치된다.
- 골수에서 생성된 미성숙 T세포는 흉선에서 성숙된다.

⑦ **비장**

- 비장은 림프기관 중 가장 크고 위와 횡격막사이의 복강 왼쪽에 위치하며 혈액으로 가득차 있다.
- 비장의 대식세포는 이 물질뿐 아니라 노쇠한 적혈구를 탐식한다.

II. 면역계의 방어기전

면역기전의 체계는 외부와 접촉이 빈번한 피부 및 신체의 각 기관에서는 가장 단순한 형태의 방어 작용이 이루어지고 있는 1차 방어선과 모든 균들에 구분 없이 직접적, 즉각적으로 작용하여 화학물질과 특정 백혈구를 사용하여 공격하는 자연면역계(선천면역계, 비특이성 방어)와 특정 균에 대해서만 작용, 방어물질을 준비하는데 일정 시간 필요한 획득면역계(후천면역계, 특이성방어)로 나누어지는 2차방어선이 있다.

1. 1차 방어선

- 외부의 침입에 대한 1차 방어선 역할을 하는 것은 표피이다.
- 피부에 상처가 나고 세균이 침입하면 혈액이 몰려들어 세균을 가두어 버리고 혈액 중의 소금성분으로 살균을 하게 된다.
- 피부의 케라틴 단백질은 박테리아 효소에 대한 저항성을 발휘하며, 땀샘, 지방 샘에서 분비되는 지방산은 박테리아에게는 독성을 발휘하는 성분이다.
- 호흡기관에서는 점액을 분비하여 몸속으로 침입하려는 미생물들을 모아 섬모운동을 통하여 수송을 하고, 위에서 분비되는 위산을 비롯한 몸속의 갖가지 분비액들에는 항박테리아 효소인 리소자임(lysozyme)이란 물질이 있어 박테리아 세포벽의 화학결합을 끊는 역할을 한다.

2. 2차 방어선 - 비 특이적 방어와 특이적 방어

- 2차 방어에는 비 특이적 방어와 특이적 방어의 두 종류가 있다.
- 비특이적 방어는 직접적이고 즉각적이며 화학물질과 특정한 백혈구들이 사용되는데 이러한 방어물질들은 항상 대기 상태에 있어 언제라도 작용할 수 있다.
- 특이적 방어는 좀 더 복잡하고 방어물질들이 준비되는 데 일정한 시간이 필요하다.
- 비 특이적 방어와 특이적 방어는 모두 화학적 양상과 세포적 양상을 갖는다.

1) 비 특이적 화학 방어

- 비 특이적 화학방어는 침입을 당한 세포가 침입자를 죽이거나 침입 속도를 저지하는 화학물질을 분비하는 것을 말한다. 이러한 화학적 방어에는 주로 4가지 주요 물질이 사용된다.

① 히스타민

- 생체조직에 널리 분포되어 있다.
- 부패균이나 장내세균에 의하여 단백질 속의 히스티딘에서 탈 카르복시에 의하여 생긴다.
- 조직 내에서는 조직단백질과 결합하여 비활성 상태에 있다.
- 피부에 염증이 생기고 감염이 되면 빨갛게 부풀어 오르는 것을 볼 수 있는데 히스타민은 이러한 현상을 일으키는 물질이다. 이 물질은 외부의 침입을 받은 장소로 가는 혈액량을 늘리고 그 부위의 모세혈관의 투과성을 높여 다른 여러 방어물질들이 빠른 속도로 그곳에 도달하도록 한다.

② 키닌

- 키닌은 히스타민과 같이 혈액 순환을 활발하게 하고 모세혈관의 투과성을 촉진시키며, 식세포인 백혈구를 유인한다.
- 신경말단에 작용하여 통증을 유발함으로써 상처가 완치될 때까지 똑같은 상처를 내지 못하도록 심리적인 영향을 준다.

③ 보체 (complement)

- 보체는 면역계의 여러 물질들과 직접 혹은 간접적인 보완 작용을 하는 약 20가지의 혈장 단백질이다.
- 보체는 세균의 표면을 둘러싼 후 식세포 막에 있는 C3b 수용체라는 특정한 인식 부위와 결합하여 식세포로 하여금 세균을 분해하게 한다. 이러한 과정을 옵소닌작용

(opsonization)이라 하며 이러한 인식 부위는 면역계의 다른 작용에도 중요한 역할을 한다.

- 보체는 직접 침입자를 죽일 수도 있는데 세균의 지질막에 구멍을 뚫어 물이 흘러 들어가 세포가 터지도록 한다.

④ **인터페론**

- 인터페론은 바이러스의 침입을 받은 세포에서 분비되는 것으로 바이러스의 침입에 대하여 저항하도록 생체내의 세포들을 자극하는 물질이다.

3. 비 특이적 세포 방어

- 비 특이적 세포 방어는 백혈구가 침입자들을 공격하는 것을 말한다.
- 백혈구는 적혈구와 마찬가지로 적색골수의 간세포에서 생산되며 5가지 종류의 백혈구가 면역반응에 관여한다. 그 중의 3가지는 식세포로서 침입자를 삼킨 후 분해하는데, 산성백혈구, 중성백혈구, 단핵구가 그것이다. 네번째는 염증반응에 중요한 염기성백혈구이고, 다섯번째는 림프구로서 그 중 한 가지는 비특이적 방어에 관여하고 나머지는 특이적 세포적 방어에 사용된다.

① **식세포**

- 식세포는 상처 입은 세포들이 분비하는 키닌 및 보체 등의 화학물질에 의해 감염된 장소로 유도되지만 때로는 침입 박테리아들이 직접 유도 물질을 분비하기도 한다.
- 식세포 작용에 의해 삼켜진 물질들은 액포 속에 들어가고 액포는 소화효소를 지니고 있는 리소자임과 결합하여 침입자들을 분해한다. 많은 식세포들이 이러한 싸움에서 죽는데 그 잔해가 고름이라는 물질이 된다.
- 산성백혈구는 약한 식세포 작용을 하는 세포이며 화학적 방어물질이 침입자를 에워싸고 있는 장소에 모여든다. 또한 기생충을 공격하여 죽이는 성질도 가지고 있으며, 특히 약하고 연한 몸을 가지고 있는 유충들을 공격한다. 이들은 유충의 표면에 결합한 뒤 독성 입자들을 표피에 축적시키는데 그 입자 속에 들어 있는 화학물질이 유충의 체벽을 망가뜨려 죽인다.

② **중성백혈구** (neutrophil)

- 골수에서 하루에 1000억개 정도 생성되는 식세포 구성원으로 침입된 부위에 제일 먼저 도착하여 적극적이고 강력하게 싸우는 백혈구이다.

- 단 며칠밖에 살지 못하고 침입자와의 싸움에서 대다수가 죽는 일종의 소모성 백혈구인데, 다른 백혈구와 마찬가지로 침입 부위에서 방출되는 화학물질에 의해 유인된다.

③ **단핵구** (monocyte)

- 중성백혈구에 뒤이어 도착해 침입자와 싸우게 되는 백혈구로서 상처부위에 도착하면 커다란 대식세포(macrophage)로 자란다. 주로 침입 세포와 세포 조각을 제거하는 일을 하며, 특성 방어, 특히 일차 면역반응에도 대단히 중요하다.

④ **자연킬러세포** (Natural killer cell)

- 자연킬러세포는 림프구군에서 유래된 세포로 림프구가 특성 방어를 할 수 있는 부수적 기능을 갖고 있는 데 반해 이것은 단지 비특성 방어만 수행할 수 있다.
- 몸 내부를 돌아다니면서 모든 종류의 세포와 접촉하는데 암세포나 바이러스를 보유하고 있는 세포들을 만나면 즉시 공격하여 죽인다.
- NK세포는 자신의 병든 세포만을 공격하며 이들의 작용에 문제가 생기면 암의 발달과 확산으로 연결된다.

III. 면역의 종류

면역반응은 면역의 특이성에 따라 비 특이성과 특이성의 두 종류로 분류되고 얻어지는 방법에 따라 타고난 면역과 획득면역으로 구분된다. 비 특이성 면역반응(nonspecific immune response)은 타고 면역반응으로 식세포에 의한 면역계이며 특정한 이물질에 노출되지 않고 특정물질에 대한 인식 없이 이물질에 대해서 비 선택적으로 반응하게 된다. 반면에 특이성 면역반응(specific immuneresponse)은 획득면역으로 림프구에 의한 면역계이며 특정한 이물질에 먼저 노출된 수 계속적인 노출로 특정 이물질이 인식되어져 반응하게 된다.

표 6-1. 면역계의 분류

면역계의 분류	획득방법	방어체계	방어인자
비 특이성 면역방응	자연면역	외부의 화학적 해부학적 장벽	피부, 점막, 한선, 피지선, 누선, 리소자임, 기침, 위산, 정상세균층
		염증반응	식세포, NK세포로 구성된 면역계
특이성 면역반응	획득면역	체액성 면역	림프구(B림프구)로 구성된 면역계
		세포성면역	림프구(T림프구)로 구성된 면역계

1. 자연면역 (Natural immunity)

우리의 육체는 일생을 통해 건강을 보호받고 스스로 회복시키도록 고안되어 있다. 그것은 자연적으로 인체의 자연 방어 체제를 태어날 때부터 설정해 놓았기 때문이다.

1) 신체적 방어벽

- 신체를 둘러싸고 있는 피부는 세균의 침입이나 쇼크 또는 상해로부터 인체내부를 보호하기 위한 기능을 우선으로 한다.
- 피부는 여러 가지 장치를 통하여 스스로를 보호한다.
- 호흡기에서는 섬모가 기침과 재채기 반사를 통하여 강력하게 세균을 분사시킨다.

2) 화학적 방어벽

- 인체 내로 침투한 세균들은 다시 몸속에서 입과 코, 목구멍, 위의 산성내부점액질 등의 화학적인 장벽을 만나게 된다. 만일 외부 망어막이 파손된다면 인체는 파손된 곳을 복구하기 위하여 중독된 인체체계를 해독시키고 감염에 대항하기 위하여 면역시스템을 가동하게 된다.

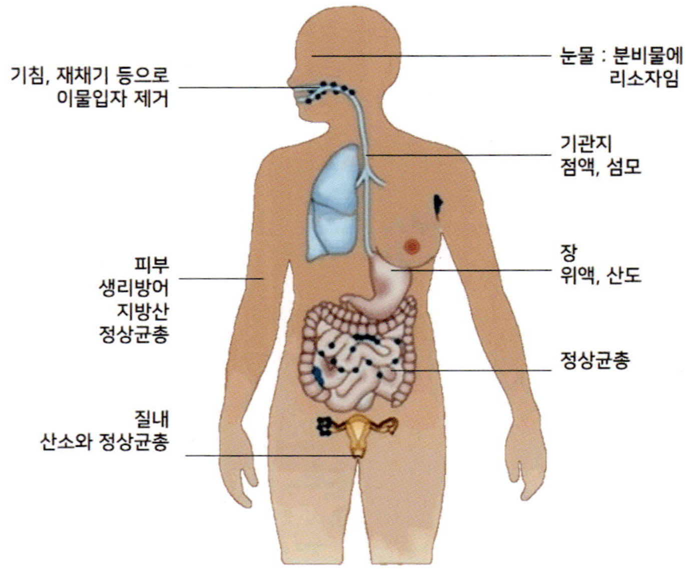

[신체적, 화학적 반응]

3) 염증 반응(Inflammatory reaponse)

- 미생물들은 효과적인 장벽의 작용에도 불구하고 이 장벽들을 통과하므로 칫솔질, 면도 긁힘에 의한 피부나 점막의 손상에도 피부와 점막을 뚫고 들어오는데 이런 손상에 대한 반응으로 염증이 유발된다.
- 염증반응의 국소현상은 침입한 이물질을 파괴하기 위해서, 조직의 재생을 위해 손상 받은 부위로 식세포들이 몰려와서 생기는 일련의 복잡한 과정이다.
- 세균감염시의 염증반응

  ※ 세균의 침입 → 혈류량증가 →혈관에서 조직 내로 체액이 이동 → 부종이 형성
- 세균이 침범된 조직으로 호중구와 호산구가 이동되며 식장용과 조직재생이 이루어진다.
- 발적, 부종, 열감, 통증 등의 현상이 나타난다.

① 혈관확장과 단백질에 대한 투과성 증가

- 미생물의 침입 즉시 화학물질은 그 부위의 미세순환을 담당하는 대부분의 혈관을 확장시키고, 모세혈관의 단백질 투과성을 증가시킨다. 투과성의 증가로 단백질이 혈관으로 이동한다.
- 혈관변화의 중요성
  - · 염증부위의 증가된 혈류는 식세포의 운반과 면역반응을 위해 필수적인 혈장단백질의 운반을 증가시켜준다.
  - · 단백질에 대한 모세혈관의 투과성 증가는 정상적으로 모세 혈관 막을 통과할 수 없었던 혈장단백질을 염증부위로 이동되도록 도와준다.

② 화학주성

- 염증시작 후 30~60분 이내에 모세혈관 내피세포와 순환하고 있는 호중구 사이에 상호작용이 일어난다.
- 혈액속의 호중구는 혈관 벽에 붙기 시작하고 그 후 아메바운동으로 곧 염증부위 조직으로 이동한다.
- 호중구는 염증을 일으키는 세균이 침입하면 수가 증가하고 감염 받은 부위의 조직에서 어떤 화학물질이 유리되어 액중의 호중구가 끌려가는 현상인 화학주성과 호중구가 세균을 향하여 모세혈관 벽을 서서히 빠져나오는 세균에 접근하고 아메바운동으로 세균을 탐식한다.
- 호중구 뒤이어 호산구가 염증부위조직으로 이동하여 제2의 방어선을 형성한다.

4) 식작용

- 식세포가 인체 내로 들어온 이물질이나 체내에서 생성된 세포들의 잔해를 처리하는 것이다.
- 식작용의 기전
  - · 식세포가 세균이 있는 곳으로 화학주성에 의해 끌려오게 되면 식세포는 세균과 접촉되고 접촉된 세포막이 함몰되어 포식소체(Phagosome)라고 하는 소포를 형성한다.
  - · 세포질내의 소화기관인 용해소체는 포식소체와 융합이 되어 세균을 파괴시키며 여러가지 단백질 분해 효소 및 산화효소들에 의해서 잔해물이 처리되어 식작용이 끝난다.

● 림프계

- 인체의 각 기관에 영양을 공급하고 노폐물을 몸 밖으로 운반하는 것은 혈액의 일이다. 혈관과 비슷하게 생겼으나 더 가늘고 투명한 관이 근육 속으로 뻗어 있는데 이를 림프관이라고 한다.
- 림프관은 몸의 800곳에 있는 림프 절이란 거점을 중심으로 관이 퍼져 있다.
- 림프관의 중심이 림프절, 즉 목 겨드랑이, 사타구니, 하복부 등에 집중적으로 분포한다.
- 림프관과 림프절에 흐르는 연한 황색, 또는 우유 색을 띠는 연한 액체가 림프액이다.
- 모세혈관에서 세포조직으로 새나온 혈장의 일부가 모세혈관으로 되돌아가지 않고 림프관으로 들어간 것이다.
- 림프절에서는 또 골수에서 만들어진 백혈구의 일종인 림프구가 몰려 있다.
- 림프구의 총 숫자는 수천 억에서 일조개에 이른다.
- 림프절은 눈에 잘 띄지 않을 정도로 작은 것에서부터 콩알 크기만한 것까지 있는데 염증을 일으키게 되면 1~2cm 정도까지 커지고 염증이 몇 번 되풀이되면 크기가 작아지지 않는다.

● 림프절

- 림프절은 온몸을 그물망처럼 잇고 있으면서 외부의 세균과 바이러스에 대응하는 면역 기능을 한다.
- 림프구는 한번 싸워본 세균에 대해서는 완벽하게 기억하는 능력을 갖고 있다.
- 새로 만들어진 림프구에게도 학습되어서 같은 세균이나 유해물질이 침입해 오면 즉각 퇴치 작업을 들어갈 수 있게 해준다.
- 림프관은 온몸에 퍼져 있기 때문에 면역방어막을 구축하는데 유리한 반면 암세포 등을 옮겨 갈 수 있는 통로 역할을 해주는 문제점도 있지만 림프절에서 암세포를 걸러주기 때문에 무조건 암이 전이되는 것은 아니다.
- 림프절에서 생기는 병중에 대표적일 것이 림프절 결핵인데, 목에 있는 림프절에 생기지만 겨드랑이나 사타구니에도 생길 수 있다.
- 나이가 많은 사람보다는 젊은 사람이나 여성이 남성보다 두 배쯤 많다.
- 림프절에 생긴 염증이 림프절염이다.
- 림프절에 생긴 악성종양인 림프종은 흔히 암이라고 하는데 치료가 매우 힘들다.

2. 획득면역 (Acquired immunity)

침입자가 면역체계에 들어오게 되면 인체는 방어 시스템을 가동하고 전에 겪었던 것을 기억하여 특정 유기물에 대해서는 면역을 갖게 된다. 그러므로 절적한 때의 예방접종은 인공면역을 갖게 해준다.

① 우리 몸은 3차 방어벽까지 구성해 놓고 있는 데 자연면역을 격파하고 침입하는 이물을 공격하는 것이 바로 T세포와 B세포 등의 임파구이다. 이 3차 방어벽을 획득면역이라 하는데 이는 후천적으로 주어지는 면역이기 때문이다.

② 획득면역은 사람과 같이 고등동물에게만 존재하는 면역시스템이다.

③ 획득면역은 기억력에 의해 면역계가 움직이는 것으로 특정한 항원(기억하고 있는 한가지 항원)만을 처리하는 능력을 가지고 있다. 즉 모든 이물을 대상으로 반응하는 것이 아니라 특정 한 가지 항원에 대해서만 작용하는 성질이 있다. 이것을 "특이적 방어 기구"라고 표현한다.

④ 후천적면역(획득면역)을 얻는 방법으로는 백신을 이용하는 방법이 일반적인데 홍역, 천연두(마마), 일본뇌염 등의 독성을 약화시킨 뒤 항원을 체내에 투입하면 이를 T세포나 B세포가 기억하였다가 이후에 들어오는 바이러스나 세균을 퇴치하게 되는 것이다.

3. 면역반응

인체는 외부의 세균침입에 대한 면역작용을 3가지 방어수단에 기인하여 세균과 대항하게 된다.

1) 식세포 면역반응

- 백혈구의 이물질 식균 작용
- 이 물질이 침입한 부위로 이동하여 식균 활동을 한다.

2) 체액성 면역반응

- B림프구는 형질세포(Plasma)가 되어 특히 항체를 생산하는데 혈류 속으로 운반되어 항원을 무력하게 만든다.

3) 세포성 면역반응

- T림프구 표면의 항원 수용기에 항원이 결합될 때 시작해서 T림프구가 항원에 대한 정보를 림프절로 전달하면 그 곳에서 다른 T림프구를 자극하고, 어떤 T림프구는 림프절 내에 남아서 항원을 기억하는 감작림프구의 역할을 한다.
- 감자 림프구는 항원과 접촉하게 되면 저분자 단백질로 염증과 면역반응에 영향을 미쳐 이물이나 독소의 제거 및 파괴를 쉽게 하는 림포카인(Lymphokine)이라는 화학 중개 물질을 방출한다.
- 림포카인은 순환하면서 림프구와 대식세포를 도와 이미 침입해 있는 항원을 제거한다.
- 세포독성(Cytotoxic)T세포, 보조(Helper)T세포, 억제(Suppressor)T세포 등은 항원파괴와 제거역할을 한다.

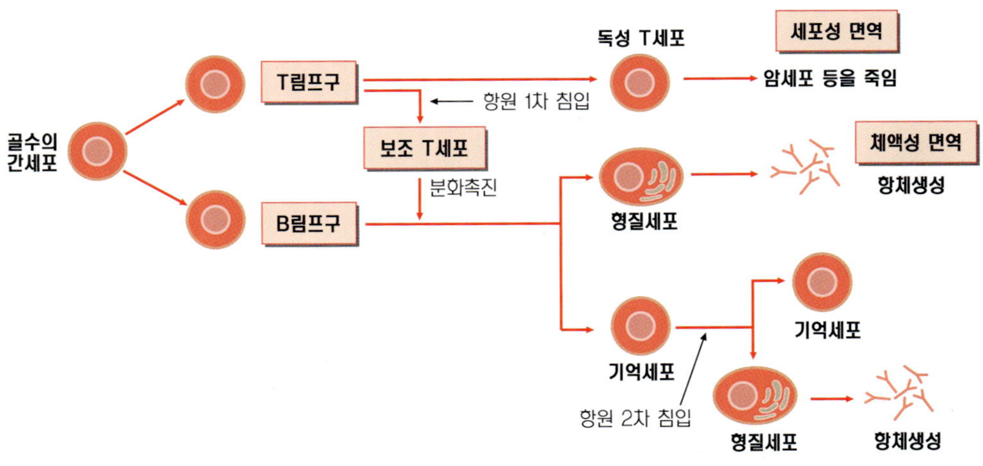

[면역반응]

4. 과민면역반응

어떤 항원에 대한 면역응답을 일으킨 특정개체에 똑같은 항원이 들어오면 비 정상적으로 강한 면역응답이 일어나 조직손상 또는 장애를 일으키며 심한 경우 치명적일 수 있다. 이를 과민반응(hypersensitivity) 또는 알레르기(Allergy)반응이라고 한다.

과민반응은 반응기전에 따라 5종류로 구분할 수 있는데 제1, 2, 3형이 항체매개에 의한 조직손상으로 체액성 면역반응이며 즉시형 과민면역반응이다. 이에 반해 제4형은 주로 T림프구 및 대식세포에 의해 중개되는 세포매개성 면역반응으로 지연성 과민면역반응이다.

1) 제 1형 아나필락시스 과민반응 (Anaphyalctic reaction)

- 가장 빨리 나타나는 즉시 반응 형으로 노출 후 2~30분에 증상이 나타난다.
- 비만세포와 부착된 IgE 항체가 항원과 반응하여 자극되면 비만세포의 탈과립으로 히스타민, 세로토닌, 류코트리자네, LTB4, 헤파린 등 혈관확장과 단백의 유출을 유도하는 많은 화학 매개물질들이 유리되어 아나필락시스 과민반응이 일어난다.

※ 예) 페니실린 쇽, 담마진, 맥관부종, 아토피피부염

2) 제 2형 세포독성 반응 (Cytotoxic reaction)

- 세포독성항체(IgG, IgM)가 세포의 특이 항원과 작용하여 보체성분의 활성을 유도하여 세포를 파괴하는 반응이다.

※ 예) 용혈성 빈혈, 수포성 유천포창

3) 제3형 : 면역복합체 반응 (Immune complex mediated reaction)

- 항원과 항체분자는 서로 결합하여 복합체를 형성한다. 형성된 복합체는 혈관내벽에 유착되며, 항원-항체반응에 따른 보체활성은 다핵 백혈구에 의해 조직파괴와 염증 반응을 일으킨다.

※ 예) 결절성 홍반, 혈관염

4) 제4형 지연형 과민반응 (Delayed type hypersensitivity)

- 세포매개성 반응으로 생체가 항원에 감작되면 이 항원에 특이적인 T림프구는 분화증식해 감작 T림프구가 된다. 이후 동일항원이 침입하면 감작 T림프구는 항원과 반응해 생물활성을 갖는 여러 림포카인을 방출해 대식세포와 다핵 백혈구를 국소로 유주시켜 조직장애를 일으킨다.

※ 예) 접촉성 피부염

5) 제 5형 자극성 과민반응 (Stimilatory hypersensitivity)

- 세포표면 항원에 대한 특이항체와 부착 후에 호르몬 유사물질의 분비를 일으키는 면역 반응이다.

※ 예) 갑상선 계통의 질환, 천포창

6) 알러젠(Allergen)의 반응부위

- 피부 : 두드러기, 부종, 습진, 자반, 피부염
- 호흡기 : 천식
- 소화기 : 급성(복통, 설사, 구토, 위통, 혈변), 만성(만성설사, 혈변, 젖당 불내증일 때는 변의 pH는 6.0정도로 낮다.)
- 순환기 : 후두의 부종과 기관지천식으로 기침, 호흡곤란, 쇼크
- 신경계 : 두통, 행동이상, 피로, 다한, 편두통
- 비뇨기 : 혈뇨, 호산구성 방광염, 신출혈, 야뇨증, 네프로제증후군
- 운동기 : 관절통
- 혈액 : 철결핍성 빈혈, 혈소판 감소증, 저단백증
- 눈 : 알러지성 결막염

IV. 면역기관으로서의 피부의 역할

피부는 해부학적으로 외부와 경계부에 위치하여 화학물질을 비롯하여 박테리아 등의 미생물 그리고 한냉, 열, 자외선, 기계적 자극 등의 물리적 인자에 대해 효율적인 장벽역할을 하고 있다.

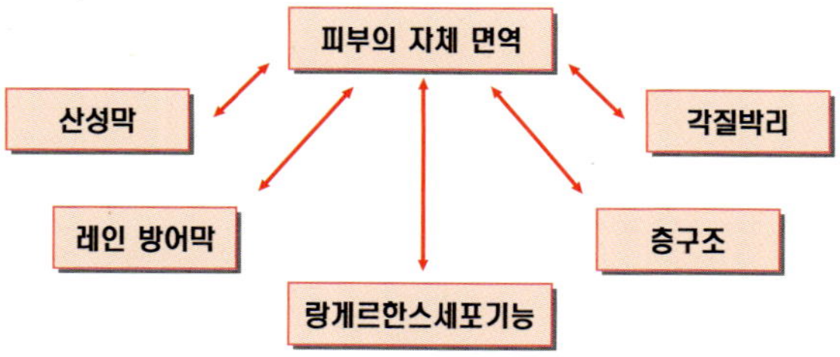

[피부의 면역작용]

1. 피부의 면역작용

- 피부는 여러 층으로 이루어져 있어 외부의 이 물질이 뚫고 침입을 하기에 매우 어려운 구조를 갖고 있다.
- 표면이 건조한 편이라 미생물의 안착이 용이하지 않다.
- 피지선에서 분비되는 피지는 자연적으로 피부의 미생물에 의해 분해되어 지방산이 됨으로 약산성인 산성 막의 형태로 미생물이 살아남는 것을 매우 어렵게 만든다.
- 피부 겉 표면에 붙어 있는 미생물이 있다 하여도 각질이 떨어져 나가는 작용에 의하여 피부로부터 각질과 함께 떨어져 나간다.
- 피부 표피 내에 있는 랑게르한스세포는 항원인식 기증을 림프구로 전달해서 세포성 면역을 유발시킨다.

2. 피부 면역반응 세포

- 피부 면역반응에 관여하는 세포는 다른 림프기관과는 달리 능동적이고 독특한 면역기능을 수행하는 구별된 세포들이 존재한다.

① 랑게르한스 세포 (Langerhan's Cell)

- 표피세포의 2~8%를 차지하는 이세포는 골수로부터 유래하는 것으로 밝혀져 있다.
- 미세구조상 세포질 내 랑게르한스 과립 혹은 Birbeck과립이라는 독특한 입자를 가지고 있다.
- 항원전달능력이 있으며 대식세포처럼 동종 및 항원 특이성 T림프구활성을 유도하고 표피유도성 T림프구생성에 필수적인 세포성면역에 관여한다.
- 접촉성 감작, 피부종양에 대해 중요한 면역학적 역할을 한다.

② 각질형성세포 (Keratinocyte)

- 다양한 세포간 신호전달 물질인 싸이토카인(Cytokine)을 생산하여 피부염증 반응을 총지휘한다.

③ 비만세포 (mast cell)

- 진피 내 세포로서 외부로 부터의 자극물질과의 접촉 부위 즉 피부표면, 기도 및 위장관의 점막, 임파관 주위, 장점 막 등에 존재하여 초기 피부염증 반응에 관여한다.

④ 림프구 및 면역세포

- 사람의 피부에는 T림프구가 존재하는데 정상적 표피에는 전체피부에 존재하는 T림프구의 약 2%가 분포하고 진피의 소혈관부위에는 약 90%가 밀집되어 있으며 교원조직 내에 약 8%가 산발적으로 펴져있다.
- B림프구는 정상피부에 발견되지 않으며 이외에 면역세포로서 식세포 및 대식세포들 이 있다.

7장

피부와 노화

I. 노화의 원인

1. 노화의 정의

노화의 과정은 정신적 생리기능과 함께 우리 몸의 눈. 뇌, 심장 등 구성기관 모두에서 나이를 먹으면서 일어나고 있으며 피부도 마찬가지여서 나이에 따라 어쩔 수 없이 노화해 간다.

1) 노화를 빨리 진행시키는 문제점

- 스트레스 및 각종질환
- 화학제가 들어간 인스턴트 음식 및 잘못된 식습관
- 더러워진 물과 공해
- 무방비 상태의 자외선의 지표도달

2) 피부노화의 징조

- 피부의 주름증가
- 피부의 이완
- 피부의 광택, 윤기, 매끄러움 저하
- 피부의 탱탱함 저하
- 살결이 거칠어지고 피부의 주름이 흐트러진다.
- 색소 침착반(노인성 색소반, 검버섯)이 증가하고 사람에 따라 부분적인 탈색소반(노인성 백반)이 생긴다.
- 피부가 황색을 띤다
- 두발이 감소하고 탄력이 없어진다.

- 대머리가 된다.
- 백발이 증가한다.
- 눈썹이나 귀털이 길어진다.
- 손톱이 거칠어지고 희고 탁해지며 만곡이 강해진다.

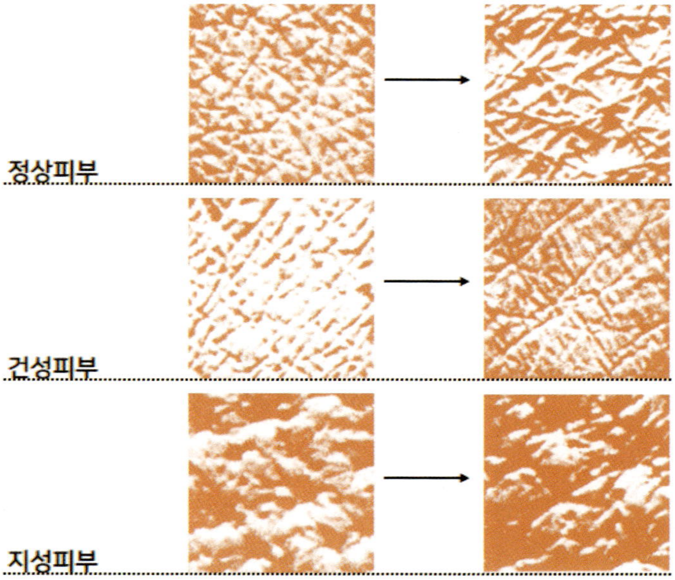

[노화로 인한 피부의 변화]

2. 노화의 원인설

1) 신경피로설

- 신경세포의 피로는 중추신경의 기능을 저하시키며 내분비계에도 영향을 준다.
- 스트레스에 의한 신경의 피로가 높아지면 생체의 노화가 가속된다.

① 스트레스

- 캐나다의 생리학자 셀리에 의해 도입된 이론
- 스트레스에 의한 몸의 피해를 덜기 위한 생체보호 반응

- 뇌하수체 전엽, 부신피질계의 내분비계가 주된 역할을 수행
- 스트레스의 결과로 나타나는 부신피질의 비대, 장기의 위축, 위장의 출혈성 궤양증세를 스트레스의 일반적 증후군
- 스트레스는 정신적인 면에도 영향을 주며 정서적으로 심한 타격, 지속적인 혼란에 의해 호르몬 분비의 균형이 깨져 건강이 나빠지며 노화가 촉진된다.

② 신경세포 소모설

- 연령이 증대함에 따라 세포분열에 의해 증가되거나 대체되지 않는 약 140억 개의 중추신경세포는 그 수가 감소하고 그 기능이 저하되어 노화가 촉진된다는 설
- 신경계의 기능 저하원인의 하나로 신경세포 중에서 퇴행성 색소인 리포후스찬을 들 수 있으며 이것은 나이가 들면서 그 양과 부위가 증대된다.
- 이 색소침착세포는 모세혈관의 투과성이 약화된 신경조직의 영양장애가 색소침착의 원인이며, 이것이 노화의 직접적인 요인이 된다.

2) 혈행 장애설

- 생체의 노화는 순환계의 변화가 깊은 관계가 있다는 학설
- 나이가 들면서 모세혈관은 위축되어 혈행이 원활하지 못하면 각 조직에 O_2, CO_2의 가스교환, 영양물, 노폐물의 순환이 잘 이루어지지 않으므로 인체의 퇴행, 즉 노화가 촉진된다는 설

3) 독소설

- 신진대사의 결과로 생긴 체내의 유해물질이 해독 또는 배출되지 않고 축적되어 결국은 인체에 유해 작용을 끼치므로 노화현상 또는 죽음에 이르게 된다는 설
- 나이가 들면서 체내에 독소 배출작업이 원만하기 못하여 체내에 지속적으로 축적되어 세포, 조직의 기능을 감소시킨다는 이론

4) 노화 유전설 (DNA 프로그램설)

- 노화의 과정이 유전자에 의해서 정해진 프로그램으로 조절 된다는 이론
- 생물에는 각각의 종자(species)에 의한 일정한 수명이 있는데, 인체를 구성하는 10조 개 이상의 세포는 각각 분화, 분열을 반복하지만 분열에는 한계가 있으며 인체도 한계가 있

어 이에 따른 자연스러운 노화현상이 나타난다고 본다.

- 노화나 죽음도 DNA 어딘가에 짜 넣어진 프로그램에 따라 생로병사가 일어난다고 생각하는 것

5) 수명 에러설

- 노화나 수명은 유전정보에 따라 결정되는 것이 아니고 세포분열을 반복하는 동안에 DNA가 과오를 일으켜 노화와 죽음의 원인이 되고 있다는 설

6) DNA 손상설

- 유전자 본체인 DNA분자가 기계적인 힘에 의해 절단되는 성질이 있어 노화가 촉진된다고 보는 설

7) DNA 복제이론

- DNA 복제 시에 DNA 손상으로 오류가 생기며 이러한 오류는 결국 세포의 기능적 장애와 노화를 일으킨다는 DNA 복제이론

8) 오류변이이론

- DNA의 정보가 DNA로 전달되는 과정 또는 단백질 합성되는 단계에서의 오류가 비정상적인 단백질을 만들며 이들의 세포내 축적이 기능저하를 일으킨다는 오류변이 이론

9) 연결고리 이론

- 세포내외의 단백질 연결고리 증가로 노화가 온다는 연결고리 이론

10) 조정인자 혹은 내분비물 이론

- 흉선, 뇌하수체, 시상하부, 갑상선 등과 같은 조정인자에서 분비되는 호르몬 등의 장애가 세포의 노화에 관여한다는 이론

11) 면역학이론

– 면역세포가 조정인자로 작용하여 암이나 자가 면역 질환과 같은 노화에 동인되는 병인을 수반한다는 이론

12) 섬유질 이론

– 주로 교원질로 구성된 결체조직의 섬유화가 노화를 일으킨다는 섬유질 이론

13) 비순환 세포이론

– 순화세포가 비 순환 세포로 변화하는 것이 조직의 노화와 연관된다는 이론

14) 프리 라디칼 이론 (Feer Radical Theory)

– 생체의 세포 내에서 산소의 불완전 환원으로 인하여 여러 종류의 산소 라디칼들이 생성되면서 단백질의 노화를 촉진시킨다는 이론

– 산소 라디칼은 정상에너지 대사과정에서는 물론 그 외의 여러 기전에 의해 끊임없이 생성되며 동시에 각종 효소 및 비 효소 항산화 물질에 의해 제거되어 정상생체에서는 소거가 균형을 이루고 있다.

– 어떠한 특수 상황에서 생성이 급격히 증가하거나 산소 라디칼을 제거하는 방어능력이 저하되며 생체는 산소 라디칼에 의해 손상을 받게 되는데 이러한 경우를 옥시데이티브스트레스라고 한다.

– 옥시데이티브 스트레스와 같은 상황이 초래될 경우 질병이 유발되는데 염증 시 백혈구에 의해 조직파괴, 심근 및 뇌 조직 파괴 등 세포기능이 저하되어 노화가 발생하는 것이다.

– 활성산소가 존재하면 멜라닌 생성이 급격하게 존재하여 피부에 색소 침착을 줄 뿐만 아니라 교원섬유의 손상과 주름의 발생 원인이 되기도 한다. 그러므로 활성 산소를 유해산소라고 명명하기도 한다.

– 인체에 손상을 입히는 활성산소

· 수퍼옥사이드(O_2-)

· 과산화수소(hydrogen peroxide : H_2O_2)

· 하이드록시 라디칼(hydroxy radcal : $^{\bullet}$OH)

· 싱글렛 옥시젠(singlet oxygen : $^1O_2$)

- 인체 내의 활성산소 경로를 보면 수퍼옥사이드가 만들어지고 다음으로 수퍼옥사이드에서 과산화수소가 생성되며 이 과산화수소로부터 하이드록시 라디칼과 싱글렛 옥시젠이 만들어진다.

● **활성산소**

활성산소는 세포와 조직에 해를 끼쳐 노화의 시간을 촉진시킨다.

- 수퍼 옥사이드는 산소에 마이너스 전자를 갖고 있기 때문에 불완전한 자신의 안정을 찾기 위하여 주변에 있는 플러스 전하를 띠고 있는 물질을 무조건적으로 결합하려고 한다.
- 과산화수소는 물 분자와 같은 완전한 화학구조를 갖기 위하여 자신의 하나 더 있는 산소원자를 없애려고 세포 중의 지질성분과 반응하여 과산화지질을 만들고자 한다.
- 하이드록시 라디칼 역시 마찬가지로 자신의 안정을 위하여 물 분자를 만들어 수소원자를 가진 물질로부터 수소원자를 빼앗으려고 결합하고자 한다.
- 싱글렛 옥시젠은 자신의 높은 에너지를 버리고 안정된 산소가 되려고 한다.

인체에서는 자체 발생되는 활성산소를 무조건 방치하지 않고 제거하고자 노력한다.

또한 활성산소를 제거해주는 물질을 항산화제라고 한다.

활성산소는 불포화지질을 과산화 지질로 바꾸며 세포에 손상을 준다. 피부의 지질에는 많은 양의 불포화지질이 있는데 이것이 자외선이나 활성산소에 의하여 거칠어져 주름등의 피부노화원인이 된다.

※ **노화기전으로 산성라디칼 설이 가장 유력하다고 보는 견해**

- 각 동물의 최대의 잠재 수명과 체중 당 대사율 사이에는 반비례 관계
- 산소를 많이 소비하는 생물일수록 수명이 짧은데 이는 곧 산소 소비가 많으면 결국 산소라디칼 생성이 많아지고 이로 인해 조직 손상이 많이 초래된다는 것
- 산소라디칼을 제거하는 효소나 항산화제에 의해서 수명이 연장된다는 현상으로 받아 들여지고 있다.
- 산소라디칼의 방어에서 가장 중심적인 역할을 하는 효소

  ⇒ SOD(수퍼옥사이드 디스뮤타제 superoxide dismutase)
- SOD활성과 최대 잠재 수명과는 정비례관계

  ⇒ 산소 라디칼의 방어능력이 클수록 오래 산다는 얘기가 된다.

3. 노화의 형태

1) 생리적 노화

- 피부는 연령과 함께 노화됨에 따라 세포분열의 능력이 현저히 저하된다.
  ※ 피부는 나이에 꼭 정비례해서 노화하지는 않는다.
- 25세를 전후하여 나이가 들어감에 따라 인체를 구성하는 모든 기관의 기능이 저하
- 순환계, 신경계, 내분비계, 호흡기계, 근육 등의 기능이 대부분 저하
- 모발의 감소
- 안구조절기능 장애
- 피부의 구조와 생리적 기능에 변화
- 탄력성 저하, 주름 및 노인반점 발생등의 다양한 노화현상이 나타남
- 유아기에서 100일정도 유지되는 세포의 생명력이 노화되면 약 46일 정도로 감소
- 나이에 따른 자연조화는 신체의 기능저하와 위축성 변화이다.
- 자연 노화에 따른 질환
  - ⓐ 노인성 색소반(검버섯)
  - ⓑ 노인성 백반
  - ⓒ 노인성 혈관종
  - ⓓ 유괴종
  - ⓔ 노인성 신경 섬유종(C형 모반)
  - ⓕ 노인성 면포
  - ⓖ 노인성 지선 증식증
  - ⓗ 일광 각화증
  - ⓘ 악성 흑자
  - ⓙ 피부암(유극세포암, 기저세포암)

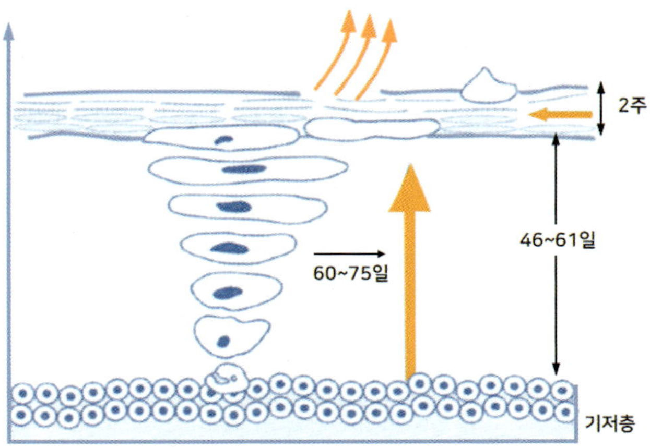

[피부의 신진 대사]

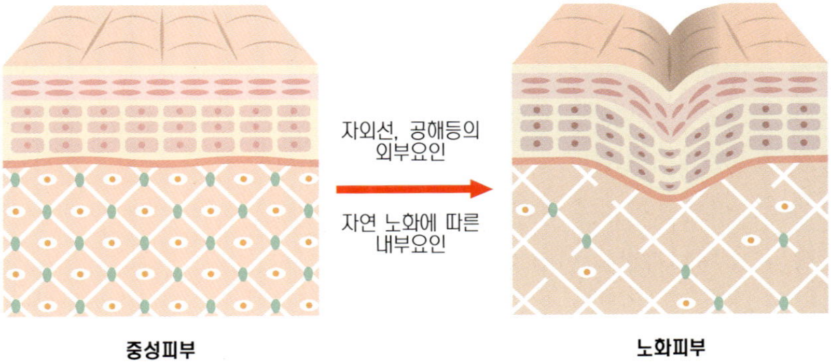

[노화로 인한 피부의 변화]

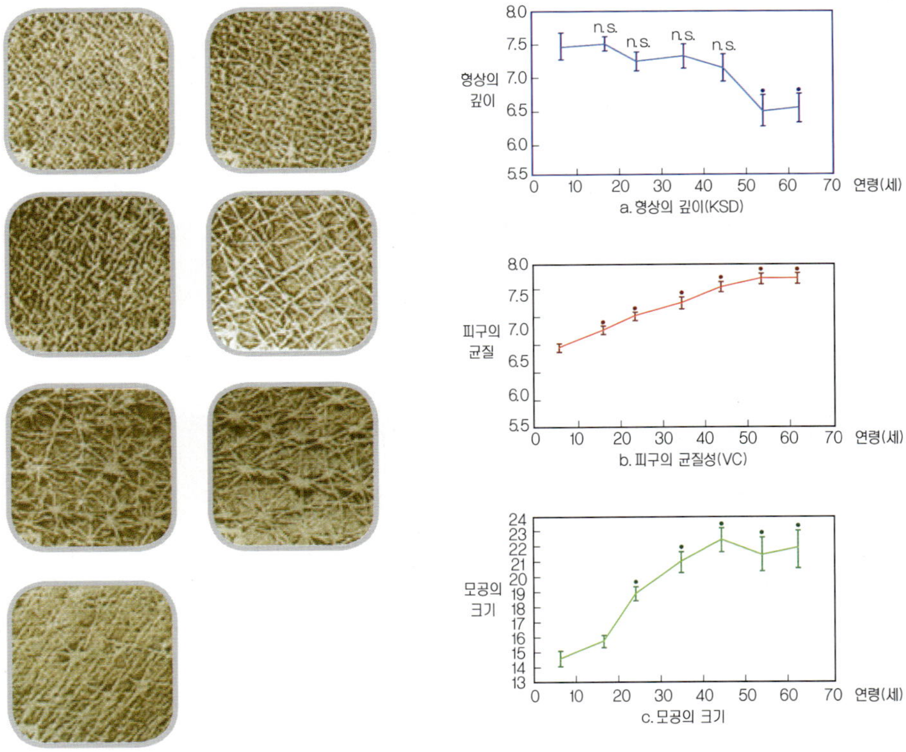

[뺨 부위 피부 표면형태의 나이에 따른 변화]

2) 환경적 변화 (광노화)

– 주변환경이나 생활여건 등의 외적 영향을 받아 일어나는 노화

- 일광, 추위, 더위 , 바람, 공해, 스모그, 흡연 등
- 나이가 들어감에 따라 생리적 노화 즉 내적노화를 촉진시키거나 추가적 변화를 초래
- 가장 중요한 요인은 일광으로 지속적인 자외선 조사는 표피에서 진피에 이르기까지 피부 조직학적 변화를 일으킨다.
- 외적요인들의 유해요인은 유리기 생성과 면역력 저하로 구별
- 환경노화는 그 진행과정이 연령과 관계없으며 생리적노화와 나타나는 형상이 다르다.

표 7-1. 생리적 노화와 광노화표피 변화의 차이

	생리적(자연)노화피부	광노화피부
표피의 두께	얇다	두껍다
표피세포	균일한 세포 세포가 규칙적으로 배열 극성이 보존 통상적으로 위축 멜라노좀이 균일하게 분산	부정형의 세포 세포가 무질서하게 배열 극성이 소실 종종비데 다양한 멜라노좀이 결여 또는 비대
각질층	통상적 세포층 각질세포의 크기 균일	세포층이 보다 많아짐 형태, 염색성, 각질세포의 크기다양
멜라노사이트	세포감소 균일한 세포 멜라노좀 생산이 불안전	세포증가 다양한 세포 멜라노좀 생산 증가
탄성섬유조직	증가하지만 거의 정상	매우증가
콜라겐	섬유속이 굵고 무배향	섬유속과 섬유 급격히 감소
망상진피	얇아짐	비후성, 탄성섬유증상 있음
섬유세포	감소, 불활성	증가, 활성 증대 증가
비만세포	감소	감소
염증성세포	염증성 세포 없음	혼합된 염증성 세포 침윤
모세혈관	중간정도로 감소 정상혈관 모세혈관 확장증 없음	명백히 감소 이상혈관 모세혈관 확장 증상 있음
임파관	중간정도로 감소	대부분 소실
랑겔한스세포	세포수 약간 감소 정상세포	세포수 명백히 감소 다양한 세포

4. 피부조기노화의 원인

① 피부 관리를 전혀 하지 않고 방치한 경우

② 잘못된 피부의 관리

③ 세포의 단백질을 훼손시키는 심한 일광이나 바람 – 경수의 사용 – 오염된 공기로 인하여

④ 내부 질환이나 기타 건강이 나쁠 때

⑤ 스트레스로 인한 심리적 불안, 불만이 누적 될 때

⑥ 심한운동의 부족으로 인하여

※ 운동부족은 혈액순환의 정체현상이란 결과를 가져와 세포 증식활동의 저하를 초래

⑦ 의약품의 장기복용

⑧ 영양부족으로 인하여

※ 편중된 식사방법으로 영양의 부조화를 초래

⑨ 술, 담배 등으로 인하여

⑩ 세균 및 화장품으로 인한 부작용

※ 화장품의 오용과 남용의 결과

⑪ 자율신경 실조

⑫ 항염성 크림의 과다사용

⑬ 단기간의 심한 체중 감소로 피하지방층의 급격한 함몰을 의미하며 근육조지의 빈약화로 탄력을 저하시켜 주름을 형성하므로 피부 노화의 원인이 된다.

II. 피부노화 현상

1. 노화의 결과

- 피지선과 한선의 역할이 감소하여 세포의 보습 량이 떨어진다.
- 진피와 피하조직이 탄력성이 줄어들어 근육 층이 늘어진다.
- 세포내의 수분이 메말라져 각질의 형성이 빨라지며 거칠어지고 주름이 형성된다.
- 신체의 신진대사 활동의 저하로 인하여 피부의 혈액순환이 나빠진다.

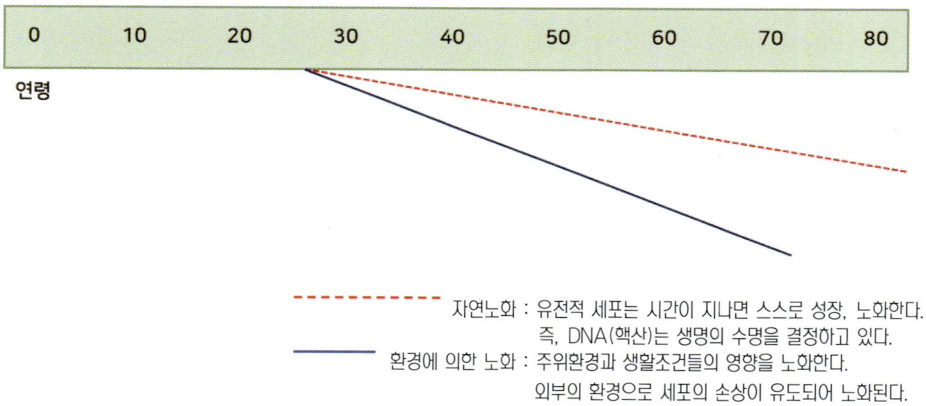

[자연적인 피부의 노화와 환경에 따른 피부의 노화비교도]

1) 내인성원인 (생리적, 자연노화)

① 표피의 노화

- 표피는 90%이상이 각질세포로 이루어져 있으며 자연스러운 각화에 의하여 28주기로 표피로부터 떨어져 나간다.

- 노화가 시작된 피부의 기저층에서는 세포분열의 능력이 저하된다. 세포의 교체 주기가 길어지면 각질층은 두꺼워진다.
- 표피가 얇아진다.
- 표피세포가 위축된 채 균일해지며 규칙적으로 배열된다.
- 정상적인 각질층의 세포로서 크기가 균일하다.
- 멜라노좀이 균일하게 분산된다.
- 멜라닌 세포 수가 감소하여 모양은 균일하다.
- 멜라노좀 생산이 불완전하다.
- 멜라닌 세포의 수가 감소하면서 자외선에 대한 방어기능이 떨어진다.
- 멜리닌 생성세포의 능력이 저하되어 그 부위에 흰머리가 발생한다. 모낭의 수 역시 재생력이 떨어져 전체 머리숱이 감소한다.
- 랑게르한스 세포의 수가 약가 감소한다.
- 정상의 랑게르한스 세포를 갖는다.
- 세포의 증식활동이 저하되고 신진대사가 위축되므로 영양교환에 어려움이 생기면서 손상시에 회복이 늦어지며 면역기능이 떨어진다.
- 히스타민의 분비가 감소하면서 알레르기 반응은 줄어든다.
- 피부의 물리적인 자극에 대한 저항력이 많이 감소한다. 피부의 두께가 얇아지는 결과가 온다. 즉 각질세포의 크기는 커지지만 두께가 얇아지는 것이다.
- 피부의 감각기능이 감소한다.

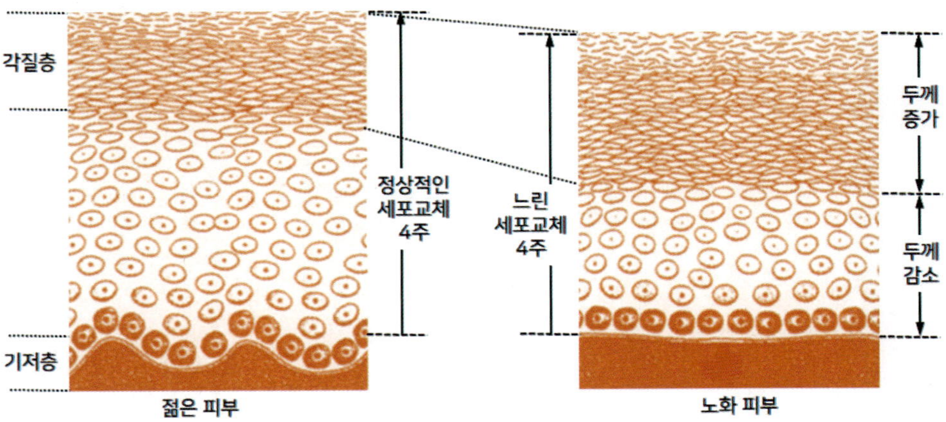

[피부의 노화]

② 진피의 노화

- 교원섬유(Collagen)는 젊은 피부에 있어서는 탄력섬유(Elastin)와 더블어 피부의 탄력유지에 기여하고 있으나 연령이 증가함에 따라 교원섬유는 파괴되고 탄력섬유 역시 신축성이 떨어지게 된다.
- 콜라겐의 섬유 속이 굵어진다.
- 탄력섬유의 수가 정상적으로 증가하고 세포가 규칙적인 배열을 하게 된다.
- 진피는 탄력과 수분이 떨어져 피부는 늘어지고 주름이 형성된다.
- 무코다당류 역시 감소하여 활성화되지 못해 수분보유력이 감소한다.
- 진피의 두께는 감소한다. 교원섬유는 1년에 1%감소하고 두꺼워지면서 가교가 증가 되며 탄력섬유 역시 가교가 증가되어 결과적으로 팽창력과 수축력이 떨어진다.
- 진피 중에 유두층부터 변화가 시작된다. 우선적으로 형태가 변화가 시작되어 세포의 증식력이 떨어진다.
- 망상층이 얇아진다.
- 모세혈관의 확산증상이 없어지며 정상적인 혈관을 갖게된다.
- 림프관이 약간 감소한다.
- 혈관이 약해지면 수축력이 감소한다.
- 피하지방세포가 감소한다.
- 피하지방층의 감소와 혈관의 분포가 감소되면서 피부의 온도가 낮아진다.
- 피하지방이 부위에 따라 증가 및 감소를 하며 울퉁불퉁 구름형태의 셀루라이트 피부가 나타난다.
- 노화로 인해 한선의 수가 감소하여 열 자극에 대한 방어기능이 저하된다.
- 안드로겐의 분비 감소로 피지분비량이 감소하여 피부의 건조가 빨라진다.
- 손톱자체(조체)의 두께가 얇아지고 어두운 색상으로 변하며 세로선이 나타나면 손발톱의 성장속도가 둔화된다.

2) 외인성 원인 (환경적 노화중 광노화)

- 광노화
  - · 자외선에 만성적으로 노출되는 경우에 생기는 노화
  - · 매일 햇볕에 노출되는 직업을 지닌 어부나 농부 등에게는 목, 얼굴, 손의 노화 상태로 인한 색이 변이 검고 뻣뻣한 감촉의 깊은 주름이 생기며 이 상태가 더욱 심화되면 피부암이 발생하게 된다.

① 표피의 노화

- 표피가 두꺼워진다.
- 케라티노싸이트의 세포모양이 불규칙해진다.
- 암이 생기기 전의 증상과 유사하게 세포가 무질서한 배열상태를 보인다.
- 케라티노싸이트가 비대해진다.
- 죽은 세포인 각질층의 두께가 훨씬 두꺼워진다.
- 각질층의 두께와 크기가 일정하지 않다.
- 멜라노사이트 세포가 이상 항진된다.
- 멜라노좀의 생산이 증가하고 다양한 형태가 생긴다.
- 주로 노출되는 피부에 발생하며 멜라닌이 색소침착으로 들어와 피부색이 황색으로 변화한다.
- 노인성 반점과 주근깨 등의 색소침착이 일어난다.
- 랑게르한스 세포 수가 명백하게 감소한다.
- 랑게르한스 세포의 크기가 일정하지 않다.

② 진피의 변화

- 탄력섬유 조직의 이상 증식이 급격하게 이루어진다.
- 탄력섬유 조직의 형태가 불규칙적인 모습을 보인다.
- 콜라겐이 급격히 감소한다.
- 유두층에 있는 콜라겐이 형태변화를 한다.
- 망상층의 진피가 함몰한다.
- 섬유아세포가 증가한다.
- 피하조직 상단과 진피층 하단에 있는 지방세포가 증가한다.
- 모세혈관이 감소하며 부분적인 확장증이 일어나면서 멍이 잘 든다.
- 비상적인 혈관이 확장된다.
- 림프관이 소실된다.
- 면역계에 이상이 온다.
- 광선에 의해 각화현상이 뚜렷해지면서 피부암의 발생확률이 매우 높아진다.
- 과도한 자외선의 장기간에 의한 방사로 인해 피지선의 활동이 증가하면서 여드름을 동반한다.

● **노화인자 :** 내부인자(나이), 외부인자(자외선, 산화, 건조)

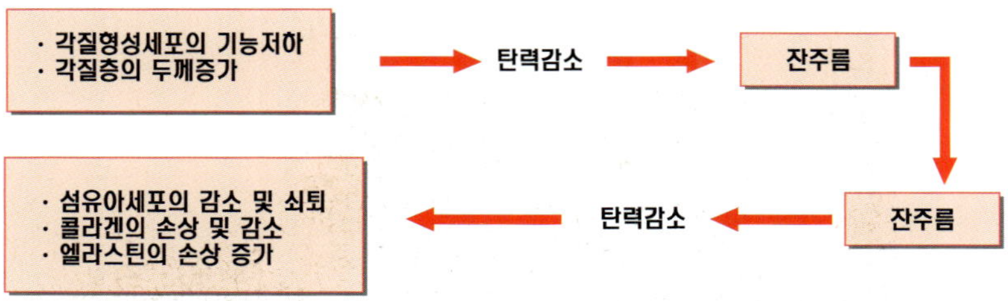

◈ **피부의 유해요인**

- 자외선 → 콜라겐 손상 → 탄력감소
- 피부건조 → 온도의 변화, 습도저하, 바람, 경수의 사용 → 각질 세포층 내의 수분부족, 투명감 감소 → 피부가 거칠어짐
- 산화 → 공해물질, 유해한 활성산소 → 피지성분산화 → 과산화지질생성 → 세포손상 → 피부노화촉진

3) 피부노화의 결과

① 진피 내의 무코다당류(히아루론산)의 감소

② 피지 생성의 감소, 피부가 지쳐보인다.

③ 수분손실의 증가
- 피부 당김이 심해지고 주름이 형성된다.

④ 각질세포의 응집력 강화
- 표피가 거칠고 비듬이 일어나 보인다.

⑤ 표피세포의 교체율 감소
- 기저세포의 세포생성 감소

⑥ 멜라닌 세포수의 감소
- 자외선에 대한 방어력이 감소한다.
- 피부의 색소침착현상이 일어난다.

⑦ 콜라겐의 감소

⑧ 엘라스틴의 변질(피부의 탄력이 감소되어 주름이 심해 보인다.)

⑨ 피부내의 지방결핍

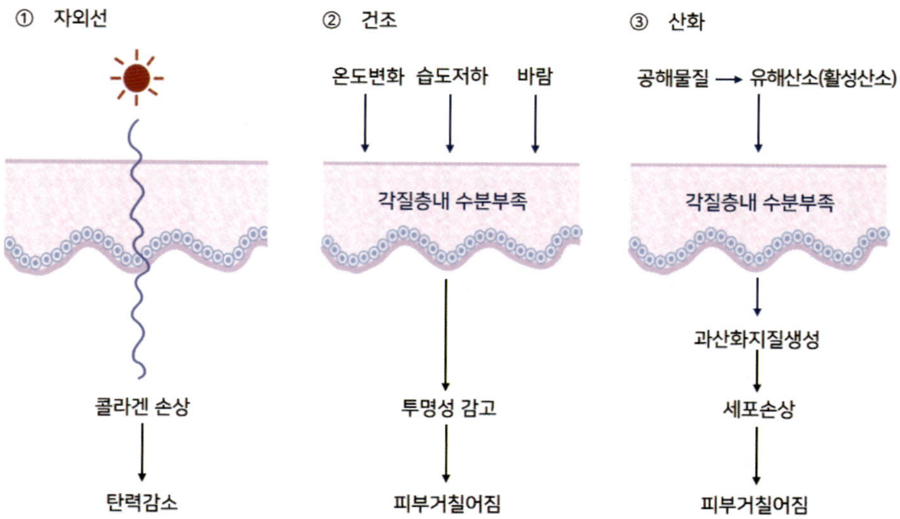

2. 주름

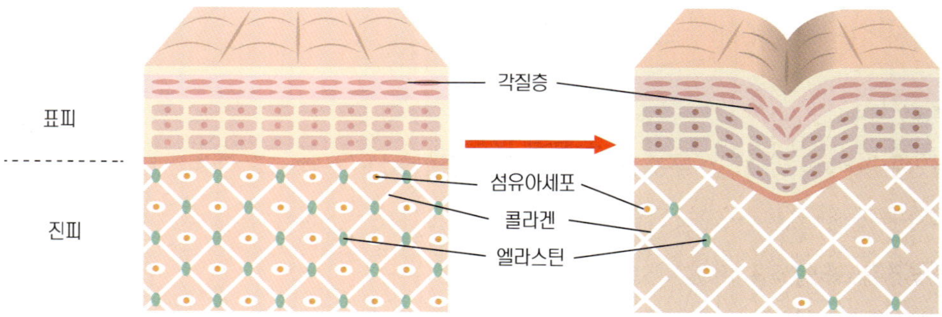

[주름생성의 과정]

1) 생성원인

- 20대 후반부터 서서히 눈 밑에 주름이 생기기 시작하여 50~60대에는 입주위, 귀뒤, 목 부위에 주름이 생성

- 각질층의 수분저하로 인한 수분 함유량의 감소
- 각질층의 비후
- 표피세포 교체율의 감소와 위축
- 진피의 무코다당류와 콜라겐, 엘라스틴의 질적, 양적 변질
- 피지생성의 감소
- 외적으로부터 가해지는 물리적 화학적 스트레스

2) 주름의 방향

- 전신 피부의 할선 방향과 주름이 생기는 방향은 대체로 일치한다.
- 피부는 근육방향으로 운동하므로 주름은 할선방향과 평행하게 발생하고 근육방향과는 직각 방향으로 나타난다.

3. 손질법

- 항상 피부를 돌보아야 한다는 마음가짐이 필요하다.
- 유분과 수분이 많이 함유되어 있는 화장품을 선택하여 홈 케어에 큰 비중을 둔다.
- 마사지를 꾸준히 하여 피부의 혈액순환을 돕고 표피의 신진대사를 활성화 시킨다.
- 영양주입을 목적으로 비타민A, E가 함유된 화장품으로 피부 관리를 행한다.
- NMF를 보급한다. 리포좀이나 영양 에센스류의 화장품을 사용한다. 양질의 수분부족 현상은 곧 각화현상을 유도하는 것이므로 근본적으로 수분결합 능력을 보충해 주어야 한다.
- 이미 생긴 주름의 어느 정도는 콜라겐의 외부 주입식 주사요법으로 제거가 가능하다.
- 피부를 외부환경(특히 자외선)으로부터 보호한다.
- 균형 있는 식생활을 한다.
- 스트레스를 피한다.
- 적당한 운동을 한다.
- 폐경기의 호르몬 변화에 따른 정신적 만족감을 준다.
- 피부 관리실에서의 전문적 관리를 받는다.

◈ 피부의 이완

- 대략 40세 전후로 신체에 나타난다.
- 자연적인 중력에 의하여 무게가 있는 곳으로 피부가 이완되는 것
- 피부의 이완은 턱, 눈꺼풀, 볼, 복부와 허벅지 등의 살이 있는 곳에서 눈에 띈다.
- 이완의 원인 : 진피를 이루고 있는 콜라겐의 감소와 엘라스틴의 변질 그리고 피하지방 조직의 감소
- 피하지방의 감소는 외부로부터 물리적 자극에 대한 저항력을 저하, 저지력의 감소 및 궁극적으로 피부를 지지하는 근육력의 저하를 야기 시킨다.

8장

화장품학

I. 화장품의 개요

1. 화장품의 정의

화장품을 뜻하는 코스메틱(cosmetics)은 그리스어 '코스메티코스(kosmetikos)'에서 유래한 말로 가장 가깝게 발음되는 것이 프랑스어 '코스메띠끄(cosmetique)'이고 이 말이 영어권으로 넘어가 '코스메틱(cosmetics)'이 되었다.

화장품이란 원래 향취 발산을 목적으로 한 향료 제품과 피부 청결 및 보호, 수렴, 미화를 주 목적으로 하는 화장품을 통틀어서 향장품이라 하였다. 그러나 최근 향장품 사용 증가와 제조기술이 점점 발달하면서 향료 제품과 향장품의 뚜렷한 구분 없이 화장품으로 불리고 있다.

화장품법은 2000년 7월 1일에 약사법에서 독립하여 전문화된 화장품 법을 갖추게 되었고, 이후 수차례의 개정을 통해 현재에 이르고 있다.

1) 화장품의 구분

① 화장품

"화장품"이란 인체를 청결 · 미화하여 매력을 더하고 용모를 밝게 변화시키거나 피부 · 모발의 건강을 유지 또는 증진하기 위하여 인체에 바르고 문지르거나 뿌리는 등 이와 유사한 방법으로 사용되는 물품으로서 인체에 대한 작용이 경미한 것을 말한다. 다만, 「약사법」 제2조 제4호의 의약품에 해당하는 물품은 제외한다. (화장품법 2조1항)

② 의약품

의약품은 일반인이 아닌 질병을 가진 환자에게 진단 및 치료 목적으로 사용되는 것을 말한다.

③ 의약외품

의약외품은 일반이 사용하는 물품 중에서 약리적 효과의 작용이 있으나 부작용이 허용되지 않는 물품을 말하며 여드름 치료제, 제한제, 육모제, 염모제, 제모제 등이 해당된다.

표 8-1. 화장품 의약외품, 의약품의 비교

	화장품	의약외품	의약품
대상	정상인	정산인, 환자	환자
목적	청결, 미화	미화 위생, 미화	(질병의)진단 및 치료
기간	장기간	장기간/단기간	단기간
범위	전신	특정 부위	특정 부위
부작용 유무	인정하지 않음	인정하지 않음	인정함
사용효능	제한	효능 효과의 범위 일정	제한 없음

2) 기능성 화장품

화장품과 의약품의 중간적인 성격을 갖는 제품으로 효능과 효과가 강조된 전문적인 기능을 가진 화장품을 말한다.

- 피부에 멜라닌 색소가 침착하는 것을 방지하여 기미 · 주근깨 등의 생성을 억제함으로써 피부의 미백에 도움을 주는 기능을 가진 화장품
- 피부에 탄력을 주어 피부의 주름을 완화 또는 개선하는 기능을 가진 화장품
- 피부를 곱게 태워주거나 자외선으로부터 피부를 보호하는데 도움을 주는 제품
- 모발의 색상 변화 · 제거 또는 영양공급에 도움을 주는 제품
- 피부나 모발의 기능 약화로 인한 건조함, 갈라짐, 빠짐, 각질화 등을 방지하거나 개선하는 데에 도움을 주는 제품

3) 화장품의 3대 기능

- 보호 기능 : 피부 수분증발 억제
- 보습 기능 : 피부 유 · 수분 공급
- 활성 기능 : 피부 영양공급

4) 화장품의 조건

① 안전성

모든 사람을 대상으로 장기간 지속적으로 사용하는 물품이므로 피부 자극, 알레르기, 독성 등 인체에 대한 부작용이 없어야 한다.

② 안정성

화장품 사용 중에 화장품 변색, 변취, 변질되거나 분리되는 일이 없어야 하며, 미생물의 오염도 없어야 한다.

③ 사용성

화장품을 피부에 도포 시 발림성, 친화성, 지속성, 흡수성, 퍼짐성이 좋아야 하며, 사용방법이 간편하고 용기의 사용이 편리하여야 한다.

④ 유효성

사용 목적에 적합한 기능을 충분히 나타낼 수 있는 원료 및 제형을 사용하여 목적하는 효과를 나타내야 한다.(피부 보습, 노화 지연, 자외선 차단, 미백 · 청결, 색채효과 등)

2. 화장품의 분류

화장품은 사용 목적 또는 구성성분, 제품의 사용 부위 및 제형 등에 따라 여러 가지로 분류된다. 사용 목적에 따라 기초화장품, 메이크업 화장품, 모발화장품, 방향 화장품 및 바디 화장품으로 나눌 수 있다.

표 8-2. 화장품의 분류

분류		종류
기초화장품	세안	페이셜 스크럽, 클렌징 크림, 클렌징로션, 클렌징 워터, 클렌징 젤
	피부 정돈	화장수, 팩, 마사지크림
	피부보호	로션, 크림, 에센스, 화장품
메이크업 화장품	베이스메이크업	메이크업베이스, 파운데이션, 파우더
	포인트메이크업	립스틱, 블러셔, 아이라이너, 마스카라, 아이섀도
모발화장품	세발용	샴푸, 린스
	정발용	헤어오일, 헤어로션, 헤어크림, 헤어스프레이, 헤어무스, 헤어젤, 헤어리퀴드
	트리트먼트용	헤어트리트먼트, 헤어팩, 헤어블로우, 헤어코트
	양모용	헤어토닉
바디화장품	세정	폼클렌저, 바디클레저, 액체비누, 외음부 세정제
네일화장품	네일보호, 색채	베이스 코트,네일폴리시, 탑코트, 네일폴리시리무버
방향화장품	향취	퍼퓸, 오데퍼퓸, 오데토일렛, 오데코롱, 샤워코롱

II. 화장품의 원료와 제형

1. 화장품의 원료

화장품은 여러 성분의 배합에 따라 제품의 종류와 기능, 제형의 변화가 다양하게 나타나며, 화장품의 배합은 수성원료와 유성원료, 두 성질의 원료를 결합시켜 주는 계면활성제를 중심을 구성된다. 이들 원료는 과학기술의 발전과 다양해진 소비자의 요구와 화장품 기능의 다양화에 따라 천연물, 합성물, 생물공학을 이용한 새로운 화장품 성분들이 개발되면서 사용되는 원료도 다양화되고 있다. 또한, 화장품의 특정 효능을 부여하고 안정적으로 만들고 유지하기 위한 다양한 원료들이 첨가되어 화장품이 제조되고 있다.

1) 화장품원료의 조건

- 피부에 대한 안정성이 높아야 한다.
- 사용 목적에 따른 기능이 우수하여야 한다.
- 산화 등에 대한 안정성이 우수해야 한다.
- 불쾌한 냄새가 적고 품질이 일정해야 한다.

2) 화장품원료의 분류

(1) 수성원료

물에 녹는 성분으로 화장품 제조 시 제품의 용매 역할을 한다.

① 정제수

- 화장수, 크림, 로션 등의 기초물질로 사용

- 물에 포함된 불순물이 피부트러블을 일으킬 수 있으므로 깨끗한 정제수 사용

② **에탄올** (Ethanol)

- 무색이며 특유한 냄새를 가지고 있고 물과 잘 혼합되는 성질
- 화장품에 사용되는 에탄올은 변성제(프로필렌글리콜, 부탄올)을 첨가하여 만든 변성 에탄올(specially-denatured, SD-alcohol) SD-에탄올 40을 사용
- 효과 : 청량감, 수렴효과, 소독작용
- 용도 : 화장수, 헤어토닉, 향수 등에 많이 사용

③ **글리세린** (Glycerin)

- 보습제의 대표적 원료로 무색 · 무취의 액체
- 물과 에탄올에 용해되며 수분 흡수력이 우수
- 크림이나 유액등 유화 제품의 원료로 수분 증발을 억제하고 점도를 유지

(2) 유성원료

① **식물성 오일**

식물의 꽃, 잎, 열매, 껍질 및 뿌리 등에서 추출하여 피부에 자극은 없지만 피부 흡수가 늦고 부패하기 쉽다.

a. 올리브 오일 (Olive Oil)

- 올리브 열매를 냉동 압착하여 추출한 오일
- 식물유 중에서 비교적 흡수가 좋고 에탄올에 잘 녹음
- 마사지 오일, 선탠오일, 에몰리언트 크림 등에 사용

b. 피마자 오일 (Castor Oil)

- 피마자(아주까리)의 종자에서 추출
- 친수성이 높고 점성이 크며 광택이 우수
- 염료의 분산성이 높아서 립스틱의 오일 베이스로 주고 사용

c. 아보카도 오일 (Avocado Oil)

- 아보카도 열매껍질을 압착하여 추출
- 지방산의 구성은 올레인산(77%)과 리놀레인산(11%)
- 비타민 A, B2, D, E가 함유되어 있어 건성 피부에 특히 효과적
- 크림, 유액제품 및 마사지 오일, 유화용 오일 등에 사용

d. 아몬드 오일 (Almond Oil)

- 아몬드의 핵에서 추출한 오일로 화장품에 사용되는 것은 Sweet Almond Oil
- 민감한 피부와 유아 피부에 유연 효과
- 크림, 로션의 에몰리언트제, 마사지 오일 등에 사용

e. 마카다미아 너트 오일 (Macadamia Nut Oil)

- 마카다미아의 열매를 압착해서 얻은 오일
- 지방산 조성이 인체의 피지와 유사하여 피부 친화성이 우수
- 사용감과 산화 안정성이 우수
- 크림, 로션 등의 유액 제품이나 립스틱 등에 사용

f. 맥아 오일

- 밀 배아에서 추출하고 비타민 E를 함유
- 항산화 작용, 기초, 메이크업, 모발화장품에 광범위하게 사용

② 동물성 오일

동물의 피하조직이나 장기에서 추출하며 피부 친화성이 좋고 흡수가 빠르며, 정제한 것을 사용한다. 식물성 오일에 비해 냄새와 색 등 변질이 쉬운 단점을 가지고 있어서 특수한 효과를 내기 위해 사용한다.

a. 밍크 오일

- 밍크의 피하지방에서 추출하며, 촉감이 가볍고 피부 친화성이 좋음
- 유분감이 없으며 건조 피부, 거친 피부에 사용되고 특히 겨울철 피부보호에 좋음
- 유아용 오일, 선탠오일, 각종 크림, 모발 제품에 사용

b. 난황 오일

- 계란노른자에서 용매 추출하여 얻은 오일
- 레시틴 스테롤, 비타민 A을 함유
- 피부 탄력을 부여하여 민감성 피부용 유화제로 사용

c. 스쿠알란 오일 (Squalane Oil)

- 심해 상어 간유에서 추출한 오일
- 산화가 쉽게 되어 수소를 첨가하여 탄화수소 전환한 스쿠알란(C30H62)을 사용
- 인체 피지와 유사한 구성으로 피부에 대한 친화성이 높고 안전하며 화학적으로 불활성오일
- 크림,밀크 로션 등 기초화장품에 널리 사용

③ 광물성 오일

광물성 오일은 대개 석유에서 얻어지는 오일로 정제가 쉽고 무색, 무취에 가깝고 잘 변질되지 않는 특징이 있다. 또한, 화학적으로 안정하고 유화하기 쉬워 광범위하게 사용되고 있으나 피부 부작용을 유발할 가능성을 가지고 있다. 그러므로 단독으로 광물성 오일을 사용하지 않고 다른 유성원료와 함께 사용된다.

a. 유동 파라핀 (Liquid paraffin)

- 미네랄 오일(mimeral Oil)이라고 부르며, 석유 원유를 250~300℃에서 분별 증류하여 고형 파라핀을 제거한 오일
- 피부표면에서 수분의 증발을 억제하고 사용 감촉을 부드럽게 해주어 크림이나 유액 제품 등에 다양하게 사용
- 마사지크림으로 활용되며 메이크업 제거가 용하기 때문에 클렌징 크림에 많이 사용

b. 바세린 (Vaseline)

- 페트로라튬(petrilatum)이라고도 하며, 석유 원류를 진공 증류하여 얻어지는 물질
- 고형 파라핀과 액상 유동 파라핀이 콜로이드 상태로 혼합되어 있는 혼합물
- 크림이나 립스틱 등에 사용

④ 합성오일 (Synthetic Oil)

화학적으로 합성한 오일로 다른 오일에 비해 쉽게 변질되지 않으며 사용감이 좋다.

a. 실리콘 오일 (Silcone Oil)

- 실록산 결합(–Si–O–Si)을 가진 유기규소 화합물의 총칭
- 무색, 투명 냄새가 거의 없으며 퍼짐성이 우수
- 피부 유연성과 매끄러움, 광택을 부여
- 색조 화장품의 내수성과 모발 제품의 자연스러운 광택을 부여

(4) 왁스 (Wax)

왁스는 기초화장품과 메이크업 화장품에 널리 사용되며 립스틱과 같이 제품을 고형화하거나 광택을 부여하고 사용감을 향상하기 위해 사용되고 있다.

- 왁스(Wax)
  - 식물성 왁스
    - 열대 식물의 잎이나 열매에서 추출
    - 카르나우바 왁스, 칸델리라 왁스, 호호바 오일 등
  - 동물성 왁스
    - 벌집과 양모 등에서 추출
    - 밀랍, 라놀린

[왁스의 분류]

① **식물성 왁스**

a. 카르나우바 왁스

- 카르나우바 야자나무의 잎에서 추출
- 식물성 왁스 중 녹는 온도가 가장 높음(80∽86℃)
- 크림, 립스틱, 탈모제 등에 사용

b. 칸델리라 왁스

- 칸데릴라 식물의 줄기에서 얻어지며 녹는 온도가 68~72℃
- 립스틱에 주로 사용 ☞ 립스틱의 부서짐을 예방하고 광택을 내는 효과

② **동물성 왁스**

a. 밀랍 (Bees wax)

- 꿀벌의 벌집에서 꿀을 채취한 후 벌집을 열탕에 넣어 분리한 왁스
- 친유성 제품의 보조 유화제로 사용
- 크림의 사용감이나 립스틱의 경도 조절용으로

b. 라놀린 (Lanolin)

- 양털에서 추출하며 피부의 수분 증발 억제
- 보습력을 지닌 피부 유연제로 정제도가 낮을 경우 여드름 유발
- 피부에 대한 친화성, 부착성, 흡수성이 우수

(5) 고급 지방산

지방산은 동물성 오일의 주성분이며 일반적으로 R-COOH 등으로 표시되는 화합물로 천연의 오일과 밀랍 등에 에스테르류로서 함유되어 있다.

① **라우린산**

- 야자유, 팜유 비누와 분해에서 얻은 혼합지방산을 분리하여 얻음
- 수용성이 크고 거품이 풍부하게 생기므로 화장비누, 클렌징 폼 등의 세안류에 사용

② **미르스트산**

- 팜유를 분해하여 얻은 혼합지방산을 분리하여 얻음
- 거품량은 적으나 거품이 조밀하며 기포성도 우수한 편이므로 클렌징 폼 등에 라우린산과 적절한 비율로 혼합하여 사용

③ 팔미트산

- 팜유 등을 비누화하여 고압하에서 가수분해하여 얻음
- 스테아르산과 함께 알칼리로 비누화하여 보조 유화제로 사용
- 크림류의 사용감을 개선할 목적으로 사용

④ 스테아르산

- 우지나 팜유를 팜유화하거나 가수분해하여 얻음
- 고급지방산 중 화장품에 가장 널리 사용되는 원료
- 알칼리로 중화하여 보조유화제 또는 안료의 분산력이 우수하므로 안료의 분산제로 사용

(6) 고급알코올

천연유지에서 얻거나 왁스, 고급지방산 또는 석유 등에서 합성하여 얻을 수 있다. R-OH의 구조로 탄소 6개 이상의 1가 알코올을 총칭한다. 화장품의 점도를 조절하고 유화를 안정화시키기 위한 유화보조제로 첨가하여 사용하고 있다.

① 세틸알코올

- 세탄올이라고 하며 백색 띠며 크림류 등의 유화 제품의 경조를 주며 유화의 안정화를 위하여 사용

② 스테아릴알코올

- 유화 제품에 세틸알코올과 혼합하여 사용
- 유화 안정화, 점도 조정제로 사용

③ 이소스테아릴 알코올

- 스테아릴알코올의 액체로 열 안정성과 산화 안정성이 우수하여 유성원료로 사용
- 다른 오일과 사용성이 좋으며 에틸 알코올에 용해하고, 유화 제품의 보조 유화제로 사용

(7) 계면활성제

계면이란 서로 다른 물질들이 맞닿은 경계면을 말하며, 계면활성제(surfactant)는 한 분자 내에 물을 좋아하는 친수성기(Hydrophilic group)와 기름을 좋아하는 친유성(Lipophilic group)기를 함께 갖는 물질로서 계면에 흡착하여 계면장력 등 계면의 성질을 현저히 바꾸어 주는 물질이다.

[계면활성제의 분자구조]

화장품에 사용되는 계면활성제는 크림이나 로션과 같이 물과 기름을 혼합하기 위한 유화제, 향과 에탄올 등 물에 용해되지 않는 물질을 용해시키기 위하여 사용되는 가용화제, 안료를 분산시키기 위하여 사용되는 분산제, 세정을 목적으로 하는 세정제로 주로 사용된다.

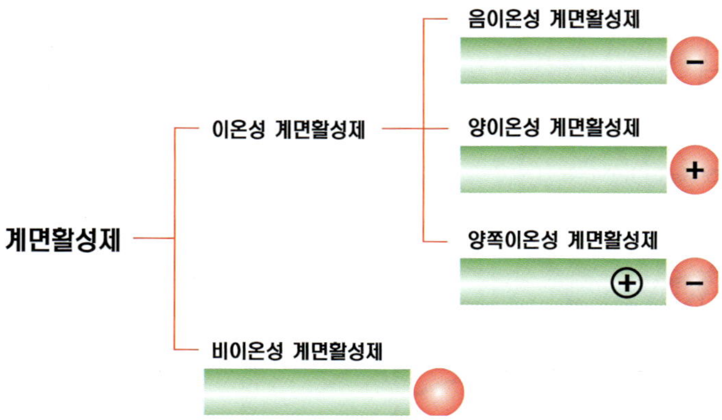

[계면활성에 분류]

① **음이온성 계면활성제** (Anionic surfactants)

- 피부 자극이 강하며 세정작용 및 기포 형성작용이 우수하여 세정제품에 주로 이용
- 용도: 비누, 샴푸, 클렌징 폼 등에 주로 사용

② **양이온성 계면활성제** (Cationic surfactants)

- 살균 및 소독작용이 우수하여 정전기 방지 효과
- 용도: 헤어 린스, 헤어트리트먼트 등에 주로 사용

③ **양쪽성** (Amphoteric surfactants)

- 한 분자 내에 양이온과 음이온을 동시에 가짐
- 알칼리에서는 음이온, 산성에서는 양이온의 특성을 지님
- 피부 안전성이 좋고 세정력, 살균력, 유연 효과

– 용도: 저자극 클렌저, 베이비 샴푸 등

④ **비이온성 계면활성제** (Nonionic surfactants)

– 피부에 대한 자극이나 독성이 적음

– 유화력, 습윤력, 가용화력, 분산력 등이 우수

– 용도: 화장수의 가용화제, 크림의 유화제, 클렌징 크림의 세정제 등

(8) 보습제

보습제는 피부의 건조를 막아주고 수분을 보충하여 피부의 촉촉함과 유연함을 유지하게 만드는 물질이다. 피부의 보습은 세포 재생능력을 향상시켜 피부 탄력을 높이고 주름을 억제하여 피부 노화를 지연시킨다. 화장품에 사용되는 보습제는 흡습력이 있는 폴리올류, 천연보습인자 성분 및 수분을 함유할 수 있는 고분자 물질 등이 사용된다.

① **보습제가 갖추어야 할 조건**

– 적절한 보습 능력이 있을 것

– 보습력이 환경의 변화(온도, 습도 등)에 쉽게 영향을 받지 않을 것

– 피부 친화성이 좋을 것

– 다른 성분과의 혼용성이 좋을 것

– 응고점이 낮을 것

– 휘발성이 없을 것

② **보습제의 종류**

a. 천연보습인자 (NMF)

– 각질층에 존재하는 수용성 성분

– 피부의 수분 증발을 억제하고 건조함을 막아주는 기능

– 구성성분 : 아미노산, 젖산, 요소, 지방산, 폴리펩타이드, 히알루론산, 솔비톨, 콜라겐, 엘라스틴

b. 고분자보습제 (유도체)

– 히알루론산 ; 고분자 물질로서 보습제로 널리 사용

– 콘드로이친 황산염 : 진피의 기질 속에 많이 함유되어 있어 피부의 보습력을 나타내기도 하는 뮤코다당류

– 콜라겐 : 우수한 보습 능력과 물 결합력이 탁월한 원료로 피부 관리제품에도 많이 활용되는 성분이나 물에 녹지 않고 분자량이 커서 피부 깊숙이 침투가 용이하지 않아 효소에 의

해 가수분해하여 피부흡수율을 높인 가수분해 콜라겐을 이용하여 화장품 제조에 사용

c. 폴리올 (다가 알코올)

- 글리세린(Glycerine), 프로필렌글리콜, 1,3 부틸렌글리콜 등 알코올이 사용되며 글리세린은 보습제의 가장 주된 성분으로 피부보호 및 각질층에 수분을 공급하는 기능

(9) 방부제 (Preservatives)

방부제란 세균의 성장을 억제하거나 방지하기 위해서 첨가하는 물질로 화장품의 변질을 방지하고 순도를 유지하기 위해 첨가되며 인체에 해가 없어야 하며 첨가제로 인해 품질 손상에 주의해야 한다. 화장품에 사용되는 방부제의 종류는 대상 제품과 그 속에 혼입될 수 있는 미생물의 종류에 따라서 결정된다.

① 방부제의 종류

a. 파라벤류 (Parabens)

- 피부에 대한 자극이 적어 화장품에 사용되고 있는 대표적인 방부제
- 넓은 범위의 미생물 억제에 유효하며 메틸파라벤과 부틸파라벤을 2:1의 비율로 섞어 사용하여 피부 자극은 낮추고 방부효과는 크게 높임

b. 이미다졸리디닐 우레아 (imidazolidinyl urea)

- 무색무취의 백색 분말로 넓은 pH 영역에서 효과적
- 독성이 적어 기초화장품이나 순한 세정제에 많이 사용
- 진균 작용이 없으며 단독으로 사용하지 않고 파라벤류에 대한 보조 방부제로 사용

c. 페녹시에탄올 (Phenoxyethaanol)

- 무색 담황색의 투명한 액체로 미생물의 세포벽을 파괴하거나 세포막의 성질을 변화시켜 번식을 억제
- 파라벤류와 혼합하여 사용하면 효과적
- 메이크업 제품에 주로 이용

② 방부제 조건

- pH 변화에 대한 항균력 유지
- 여러 종류의 미생물에 효과적
- 일반적인 화장품 성분에 용해성 우수
- 안정성이 높고 피부 자극이 없어야 함
- 화장품에 작용하여 향, 색, 성분 등에 영향이 없어야 함

– 용기의 금속이나 고무 부분에 손장을 없어야 함

(10) 색소

색소는 색을 내기 위해 첨가하는 물질로 화장품에 배합되어 시각적 효과를 부여한다. 주로 메이크업 제품에 다량 배합되어 적당히 피복하거나 색채를 부여하여 건강하고 매력적인 용모를 만든다.

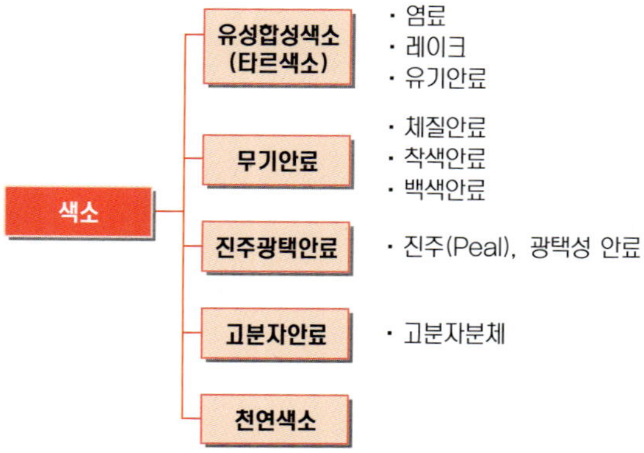

[화장품용 색재 분류]

① 유기합성 색소

a. 염료 (Dyes)

– 물 또는 오일, 알코올 등의 용제에 녹으며 착색

– 빛을 반사, 차단하는 능력 우수

– 화장품 자체에 시각적인 색상을 부여

– 화장품의 용기 또는 포장 및 첨부문서에 기재하야 하는 사항

b. 레이크 (Lakes)

– 무기 안료의 색조가 선명하지 못한 것을 보완한 안료

– 수용성 염료를 금속 침전물로 부착시킨 불용성 물질

– 내산성, 내알칼리성이 약함

c. 유기 안료 (Organic pigments)

– 물이나 오일 등 용매에 녹지 않는 유기합성 색소로 대부분 분말형태

– 무기 안료에 비해 빛깔이 선명하고 착색력이 우수

– 내광성 및 내열성이 떨어지나 레이크에 비하면 우수한 편

– 유기용제 녹아 색이 번짐

② **무기 안료** (Inorganic pigments)

a. 백색 안료 (White pigments)

- 생산량이 가장 적음
- 파우더류의 원료로 사용되는 물질
- 이산화티탄, 산화아연

b. 체질 안료 (Extender pigments)

- 자체가 색을 내는 것이 아니라 색조를 조절하고 퍼짐성이나 피부 부착력 같은 사용성을 향상시키며 광택성 등을 조절
- 탈크, 카오린, 마이카

c. 착색 안료 (Coloring pigments)

- 메이크업 화장품 중 볼연지, 립스틱, 마스카라 등의 포인트 화장품의 다양한 색채를 표현
- 산화철류, 산화크롬, 군청, 감청

표 8-3. 염료와 안료의 비교

염료	안료
물이나 오일에 잘 녹는다.	물이나 오일에 녹지 않는다.
화장품에 시각적인 색상효과를 부여하기 위해 사용	빛을 반사 및 차단하는 능력이 우수

③ **천연색소**

- 동물, 식물 및 미생물에 의해 얻어지는 색소
- 안정성이 높으며 색조가 선명하고 약리효과를 가짐
- 합성색소보다 착색력, 내광성, 내열성, 내약품성 등이 약해 많이 사용하지 않음

④ **진주광택안료**

- 립스틱, 눈 화장품 등 메이크업 화장품에 진주광택 또는 메탈감을 부여하기 위해 사용
- 규칙적으로 빛을 평형하게 다량 반사하여 진주광택을 내는 색채
- 물고기 비늘을 많이 사용했으나 최근에 운모티탄을 주로 사용

(11) 산화방지제

화장품을 장시간 사용하거나 뚜껑을 열어두면 공기 중의 산소와 결합하여 산패가 된다. 화

장품의 산패는 악취가 나거나 피부에 자극을 주고, 사용감이 현저히 떨어지는 등 제품의 품질을 저하시킨다. 산화방지제는 화장품을 품질을 유지하고, 안정성을 확보하기 위해서 사용되며, 이를 위해서는 적당한 산화방지제의 종류와 및 함량을 선택해야 한다. 또한 산화를 촉진시킬 수 있는 불순물을 제거하여 고로 정제된 원료를 선택하고, 적절한 제조방법과 주의가 필요하다.

① **토코페릴아세테이트** (Tocopheryl acetate)
- 대표적인 산화방지제 중의 하나로 비타민E 유도체
- 피부노화방지와 혈행 촉진 등의 기능

② **부틸하이드록시톨루엔** (Butyl hydroxy toluene, BHT)
- 물에는 녹지 않으나 유지와 유기용매에 녹음
- 내열성과 내광성이 우수
- BHA와 혼합 사용 시 안정도를 증가

③ **부틸하이드록시아니솔** (Butyl hydroxy anisole, BHA)
- 물에는 녹지 않으나 유지와 유기용매에 녹음
- 유지에 대한 강한 산화 방지 효과
- 내열성을 좋으나 내광성은 약함
- BHT와 혼합 사용 시 안정도를 증가

(12) 금속이온봉쇄제

화장품에 금속이온이 포함되어 있으면 변취 또는 변색의 원인이 되고 사용감을 떨어드린다. 금속이온봉쇄제는 이와 같은 금속이온이 활동하지 못하도록 첨가는 물질로 EDAT와 Sodium citrate가 대표적이다.

① **에칠렌디아민 테트라아세트산** (Ethylenediamine tetraacetic acid, EDAT)
- 금속이온에 의한 침전을 방지하기 위해 화장수와 유화 제품에 사용
- 물에는 용해되지만, 에탄올에는 용해되지 않음

② Sodium citrate
- 금속이온에 의한 침전을 방지하고 산화 방지를 위해 사용
- pH의 완충제로 사용

(13) 폴리머 (Polymer)

폴리머는 점증제, 피막 형성제, 보습제, 계면활성제 등으로 사용되는 수용성 고분자 물질을 말한다.

① 점증제

– 화장품의 점성을 증가시키는 고분자물질

a. 무기점증제

– 점토 광물로서 마그네슘 실리케이트

b. 유기점증제

– 천연고분자

· 잔탄검, 펙틴, 전분, 카라기난, 알긴산 등이 있는데 잔탄검이 대표적

· 잔탄검은 포도당을 발효시켜 얻은 미생물 유래의 검

· 단점 : 온도에 대한 변화는 적지만 미생물에 오염되기 쉬움

– 반합성고분자

· 카르보시메틸셀룰로오스가 대표적

· 유화 안정성을 지닌 투명한 점성용액을 형성

– 합성고분자

· 카르복시비닐폴리머와 폴리비닐피롤리돈

· 카르복시비닐폴리머 : 점성이 높은 투명한 겔을 형성하며 미생물에 대한 오염이 천연검에 비해 적어서 가장 많이 사용

② 피막형성제

– 폴리비닐알코올(PVA: polyvinyl alcohol) : 주로 팩에 이용되며, 피막을 형성

– 폴리비닐피롤리돈(PVP : polyvinylpyrrolidone) : 피막 형성 기능과 부착성을 가지고 있어 샴푸나 헤어 세팅제 등에 사용

– 니트로셀롤로오스(Nitro cellulose) : 단단한 피막을 형성하는 성질이 있어 네일폴리시에 사용

(14) 향료 (Fragrance)

향료는 화장품에 좋은 향을 부여하거나 좋지 못한 냄새를 중화하기 위해 첨가는 물질이다, 향은 향수 자체의 향이 주목적인 제품도 있지만, 기초 화장품, 모발 화장품 및 메이크업 화장품 등의 제품의 부가가치를 높이고 원료의 특수한 냄새를 마스킹하는 목적으로 사용된다.

① 천연향료

식물의 꽃이나 잎, 과일의 껍질에서 추출한 식물성 향료와 사향노루, 향유고래 등 동물에서 추출한 동물성 향료를 말한다.

a. 식물성 향료

- 피부 자극과 독성이 있어 알레르기가 생길 수 있으나 가격이 싸고 종류가 많음
- 식물의 꽃, 과실, 종자, 목재, 줄기, 껍질 등에서 추출한 향료

b. 동물성 향료

- 알코올로 향의 원료를 추출하며 생산량이 적어 값이 비싸고 사용량이 적음
- 피부 자극과 독성이 없어 피부에 안전
- 사향 : 사향노루의 냄새 주머니를 건조한 것으로 무스콘(Muscon)이라는 향료 원료 사용
- 시벳 : 사향 고양이의 분비물을 모아 제조한 것으로 사향과 비슷한 향
- 용연향 : 향유고래의 배설물로 제조된 향으로 주원료는 엠브레인(Ambrein)
- 카스토르 : 비버(Beaver)의 분비물로 제조된 향

② 합성향료

합성향료는 정유, 석유, 콜타르, 유지를 베이스로 화학적 합성에 의해 만들어지는 향료로 베이스원료나 합성 방법에 따라 벤젠계, 인조 사향계, 테르펜계로 나눈다.

a. 벤젠(Benzene)계 합성향료

- 방향성이 강하고 콜타르나 석유 화학계의 원료로부터 화학합성이 되며 합성이 곤란한 것은 단리향료를 원료로 하다.
- 쿠말린(coumalin) : 크레졸에서 합성한 마른 잎의 향긋한 향기
- 바닐라(vanillin) : 바닐라 방향과 비슷하며 식품향료로 사용
- 페닐에틸알코올(phenylethyl alcohol) : 스틸렌(stillen)에서 합성한 장미향의 향료로 로즈계 조합에 주로 사용
- 헬리오트로핀 : 천연에서 존재하지 않지만 헬리오트로핀의 꽃향기와 비슷한 향을 내며 화정유 조합에 주로 사용

b. 인조사향계 합성향료

- 천연사향의 원료인 무스콘과 유사한 무스크향을 가지는 향료로 합성
- 고급비누나 화장품 조합에 사용
- 시클로펜타카노이드, 에틸렌브라시레이트 등

c. 타르펜(Tarpene)계 합성향료

- 이소프렌(C5H8)을 구성단위로 하는 중합체로 이루어지는 탄화수소 및 그 유도체의 총칭
- 게라니올(geraniol), 시트로넬롤(Citronellol) : 장미와 유사한 향이며 조합향료의 하나
- 시트랄(citral) : 레몬과 같은 상쾌한 향으로 이오논의 제조원료로 사용
- 보르네올(borneol) : 훈향(薰香), 방충용의 용도로 사용되며 값이 저렴하여 비누향료로 많이 사용
- 멘톨(menthol) : 박하유의 주요 원료로 추잉껌, 치약의 청량감을 향상

2. 화장품의 제조기술

화장품을 제품으로 제조하기 위해서는 수성원료, 다양한 유성원료와 색소, 다양한 기능성 원료를 혼합한다. 서로 다른 성상의 원료들이 적절히 혼합하여 알맞은 사용감과 제품에 필요한 유효성을 얻기 위해서는 계면활성제의 작용이 필수적이며 이에 필요한 화장품 제조기술은 가용화, 분산, 유화이다.

가용화	분산	유화
물에 소량의 유성 성분을 투명하게 용해시키는 기술	미세한 고체 입자를 물이나 오일에 균일하게 혼합시는 기술	수성성분과 유성 성분을 균일하게 혼합시키는 기수

[화장품의 제조기술]

1) 가용화 (Solubilization)

- 잘 녹지 않는 비교적 소량의 물질을 계면활성제로 수용액 중에 투명하게 용해시키는 것
- 유용성 비타민이나 호르몬 등을 가용화하여 수용성으로 바꾸거나 페놀류 등 살균제와 혼용하여 효과를 증가시키는 방법, 에멀션 중합을 촉진하는 방법 등이 널리 응용
- 종류: 화장수, 에센스, 향수, 헤어 토닉, 헤어 리퀴드 등

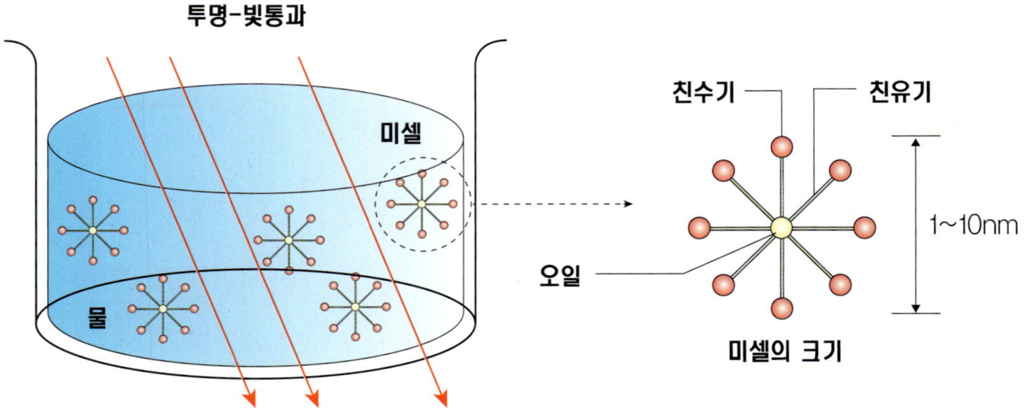

[가용화 기법]

2) 분산 (Dispersion)

- 물 또는 오일에 미세한 고체 입자가 계면활성제에 의해 균일하게 혼합되어 있는 상태
- 계면활성제는 고체 입자의 표면에 흡착되어 원료끼리 뭉쳐지거나 뭉치는 것을 방지해주는 역할
- 종류: 립스틱, 마스카라, 파운데이션, 네일 폴리시

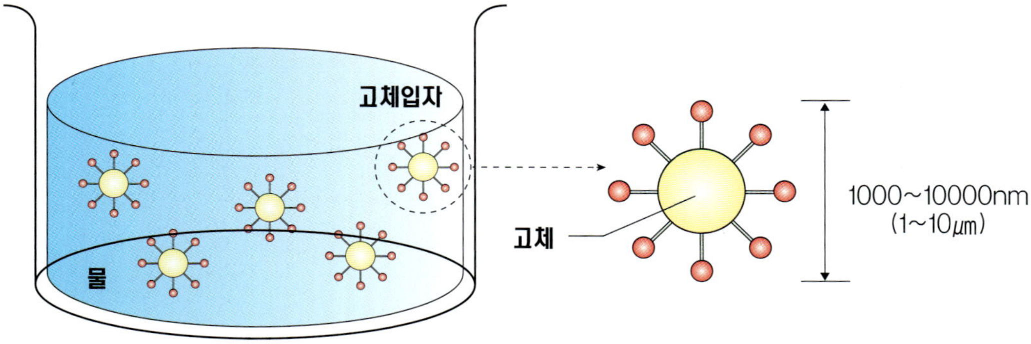

[분산기법]

3) 유화 (Emulsion)

- 성질이 달라 혼합되지 않는 두 물질을 미세하고 균일하게 혼합한 형태
- 물에 오일 성분이 계면활성제에 의해 우윳빛으로 불투명하게 섞인 상태(백탁화)
- 오일이 물에 입상 형태로 분산되어 있거나, 물이 오일에 분산된 상태

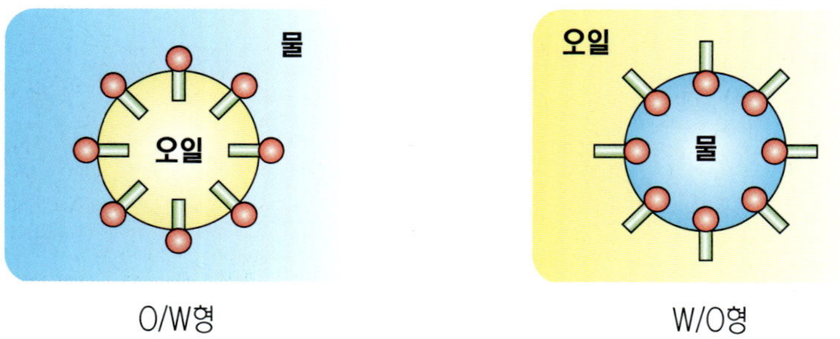

[유화의 형태]

① **수중유형** (Oil in Water, O/W)
- 물(외상) 오일(내상) 성분이 섞여 있는 형태
- 약65~90%의 물로 구성되어 있어 물에 쉽게 희석
- 높은 수분을 가지고 있는 우유 빛의 흐르는 액체
- 유동성을 낮추기 위해서는 증점제가 사용됨
- 모이스처라이징 로션, 클렌징 로션, 썬탠 로션 등

② **유중수형** (Water in Oil, W/O)
- 오일에 물이 섞여 있는 형태
- O/W형 에멀젼보다 유분이 많음
- 피부로부터 수분 손실방지를 도움
- 피부에서 불순물 제거에 유용
- 물과 혼합되지 않으며 대개 끈적한 크림형태
- 나이트용 화장품, 클렌징크림, 헤어크림 등

③ **다상 에멀전** (Multiupe Emulsion)
- O/W 유화가 다시 오일에 분산된 O/W/O형
- W/O 유화가 다시 물에 분산된 W/O/W형
- 피부에 도포 시 유효성분을 지속적으로 전달
- 다양한 종류의 유효성 첨가물을 유화 입자 내에 포함
- 보습크림, 영양크림 등에 사용

III. 기초 화장품

기초 화장품은 피부를 청결하고 건강하게 유지해 주기 위해 사용하는 제품으로 피부의 기본적인 기능을 저하하지 않으면서 피부의 기능을 항상 시켜 건강하고 아름다운 상태를 유지하는 데 목적이 있다.

1. 기초 화장품의 기능

- 세정작용 : 피부의 청결
- 정돈작용 : 수분의 밸런스 유지
- 보호작용 : 피부의 건조를 예방하고 피부를 보호(자외선, 추위, 세균 등)
- 영양공급 및 신진대사 활성화 작용

2. 기초 화장품의 종류

1) 세안용 화장품

피부의 노폐물 및 화장품의 잔여물 제거

① 클렌징 크림

- 광물성 오일이 40~50% 함유
- 피부표면에 묻은 기름때를 닦아내는 데 효과적

– 피지 분비량이 많을 때, 짙은 메이크업을 했을 때 적합

② 클렌징 로션

– 식물성 오일 함유되어 있어 이중 세안이 불필요함

– 사용감이 산뜻하고 사용 후 부드러운 느낌

– 세정력이 클렌징 크림보다 떨어지므로 옅은 화장을 지울 때 적합

③ 클렌징 폼

– 비누의 우수한 세정력과 클렌징 크림의 피부보호 기능을 가짐

– 유성 성분과 보습제를 함유하고 있어 사용 후 피부 당김이 적음

– 피부에 자극이 적어 민감하고 약한 피부에 좋음

④ 클렌징 젤

– 유성 타입 : 유성 성분이 많아 짙은 화장을 깨끗하게 지워줌

– 수성 타입 : 유성 타입보다 비해 세정력은 떨어지나 사용 후 피부가 촉촉하고 매끄러워 옅은 화장지울 때 적합

⑤ 클렌징 오일

– 피부 침투성이 좋아 짙은 화장을 깨끗하게 지움

– 비누 없이 물에 쉽게 유화되고 건성, 노화, 민감한 피부에 사용

⑥ 클렌징 워터

– 가벼운 메이크업을 지우거나 화장 전에 피부를 청결히 닦아 낼 목적으로 사용

2) 피부 정돈 화장품

(1) 화장수

① 주요기능

– 수분공급 : 보습효과, 피부를 부드럽고 촉촉한 상태로 유지

– pH 조절 : 피부표면의 pH를 약산성으로 유지

– 피부 정돈 : 피지나 땀 분비 정돈

– 세정 : 가벼운 화장이나 피부 오염제거, 피부 청결 유지

② 종류

a. 유연 화장수

- 보습제, 유연제 함유
- 각질층에 수분을 공급하여 피부를 유연하고 부드럽게 유지

b. 수렴 화장수

- 각질층의 보습 외에 수렴작용, 피지 분비 억제작용
- 알코올이 배합되어 피부에 청량감을 주고 소독작용
- 비타민 B6과 같이 피지 억제성분 배합

c. 세정용 화장수

- 가벼운 화장이나 피부 오염을 제거하고 피부를 청결하게 유지하기 위해 사용
- 오염제거와 피부를 청결하게 사용하기 위해 계면활성제, 보습제, 에탄올을 많이 배합

(2) 팩 (Pack)

피부에 도포하고 일정시간 방치한 다음 건조 후 떼어내거나 물로 닦아내는 화장품으로 팩 또는 마스크라고 한다.

① 팩의 목적과 효과

- 피부에 영양분과 수분을 공급
- 신진대사와 혈액순환을 촉진
- 피부의 탄력성을 강화시켜 잔주름 완화와 예방의 효과
- 피부를 진정시키고 연화시킴
- 수분 증발을 억제시켜 피부를 유연하고 촉촉하게 함

② 마스크의 종류

a. 필 오프 타입 (Peel-off type)

- 피부에 도포한 후 얼굴의 피막을 떼어내는 팩
- 피막을 떼어낼 때 자극적일 수 있어 예민한 피부에 주의
- 피부의 노폐물 및 노화된 각질 제거 등에 효과
- 액체, 젤의 형태

b. 워시 오프 타입 (Wash-off type)

- 팩을 제거할 때 물로 씻어 내거나, 해면으로 닦아내는 팩
- 제거 시 피부에 자극을 주지 않고 가볍게 제거
- 보습효과가 뛰어남
- 크림, 거품, 클레이, 분말 등의 형태

c. 티슈 오프 타입 (Tissue-off type)

- 팩을 제거할 때 티슈로 가볍게 닦아내는 팩
- 피부에 흡수가 되어도 관계없는 팩 타입
- 건성 피부, 노화 피부에 효과적
- 크림이나 젤의 형태

③ 형태에 따른 분류

a. 파우더 타입 (Powder Type)

- 분말 타입으로 정제수, 화장수와 함께 혼합하여 사용하는 팩
- 파우더는 피부의 수분과 지방을 흡수하는 작용을 함
- 도포 후 수분의 증발을 막기 위해 스팀, 온습포 등을 이용

b. 크림 타입 (Cream Type)

- 사용감이 부드럽고 자극이 없어 피부 타입에 따라 다양하게 사용하는 팩
- 크림 형태로 영양공급, 보습작용 등의 효과가 있음
- 필요한 부위에 바르고 필요에 따라 호일, 랩, 적외선 램프를 사용

c. 젤 타입 (Gel Type)

- 진정작용과 보습작용이 있어 지성 피부, 여드름 피부에 효과
- 사용할 때 시원하고 청량감이 있어 예민한 피부에 효과
- 대부분 투명한 젤 형태

d. 왁스 타입 (Wax Type)

- 혈액순환의 촉진, 영양침투의 작용으로 노화 및 건성 피부에 효과
- 왁스 형태로 밀봉이 되는 팩
- 손, 발 관리에 주로 사용

④ 온도에 따른 분류

a. 웜 마스크 (Warm Mask)

- 따뜻한 팩으로 혈관을 확장시켜 혈액순환에 효과
- 피지선, 한선의 활동을 촉진하여 습윤작용을 함
- 석고 마스크, 파라핀 마스크 등이 있음

b. 콜드 마스크 (Cold Mask)

- 차가운 팩으로 신선함과 상쾌함을 줌

- 수렴작용의 효과
- 고무(모델링) 마스크, 콜라겐 벨벳 마스크 등이 있음

3) 피부보호용 화장품

(1) 로션 (Lotion)

- 화장수와 크림의 중간 형태의 점성을 갖는 제품
- 수분과 영양분 공급하여 피부의 균형을 유지 시켜 주는 수중유형의 에멀젼
- 피부의 항상성 기능유지, 회복 등의 기능을 공급하여 피부의 보습과 유연 기능을 부여
- 구성 : 60~80%의 수분과 30% 이하의 유분
- 기본원료 : 고급 탄화수고, 고급지방산, 고급알코올 등의 유성원료와 정제수, 보습제, 에탄올 등의 수성원료

(2) 크림 (Cream)

- 유동성이 거의 없는 반고형상으로 되어 있어 로션보다 안정적이고 유분과 수분, 보습 성분 등을 함유
- 세안 시 소실된 천연 보호막을 보충하여 피부를 촉촉하게 하고 피부를 보호
- 수분 밸런스를 일정하게 지키며 보습제, 유분 등을 공급하에 피부의 보습, 유연 기능 부여
- 혈행 촉진, 세정, 클렌징 등 기능
- 여러 가지 성분을 첨가하여 미백, 노화 방지, 자외선 방어 등 사용 목적에 따라 다양한 기능

① 수분 크림

- 수중유형(O/W형)으로 유분량 10~30%, 수분량 90~70%
- 피지 분비가 많은 봄, 여름, 지성 피부에 적합
- 가벼운 사용감, 청량감을 요구하는 피부에 사용 가능

② 유성 크림

- 유중수형(W/O형), 수중유형(O/W형)으로 나눠지고 일명 콜드크림이라 불림
- 마사지크림이나 세안용 크림이 속함
- 유연성이 뛰어나 피부를 보호하고 피지 분비량이 상대적으로 적은 건성 피부에 적합

③ 에몰리언트 크림

- 수중 유형(O/W형)으로 유분량이 30~50% 정도
- 유성크림보다 사용감이 가벼워 모든 피부에 적당
- 에센스, 영양크림, 핸드크림, 에몰리언트 크림, 베이비 크림 등

(3) 에센스 (Essence)

- 피부에 어떤 특정 효과를 주기 위해 기초 화장품에 여러 유효성분을 첨가한 화장품
- 미백, 주름 개선, 보습, 여드름 진정, 세포 활성 성분 등 기능성 유효성분 함유
- 피부를 보호하고 영양분과 수분을 공급하는 고농도의 성분을 함유하여 보습과 미백, 노화 방지 등에 우수한 효과의 기초 화장품

표 8-4. 에센스의 형태분류

형태	특징
스킨 타입	산뜻한 사용감 및 보습제 배합 가능 고분자 점증제의 사용으로 점도 조절 수용성 성분만 배합하여 유연 효과가 떨어짐
유화 타입	유성 성분이 다량 함유되어 보습 및 유연 효과가 우수 기존 로션 및 크림과의 차별성이 적음
오일 타입	동식물 유지를 사용하여 사용감이 떨어짐
젤 타입	사용성의 변화가 어렵고 유용성 성분을 다량 배합이 어려움

IV. 기능성 화장품

기능성 화장품을 나타내는 용어인 코스메슈티컬(Cosmeceutical)은 화장품(cosmetic)과 의약품(pharmaceutical)의 합성어로 피부 재생, 주름 개선, 미백효과 등 의학적으로 검증된 기능성 성분을 포함한 화장품 성분과 의약 성분이 합성된 제품을 의미한다. 이처럼 의약품과 화장품의 중간적 성격을 띠는 제품으로 화장품과는 달리 피부에 대한 효능이 강조되어 일반 화장품이 안정성을 강조한 제품에 비해 기능성 화장품은 안정성과 함께 약리적인 효능과 효과를 강조한 제품이다.

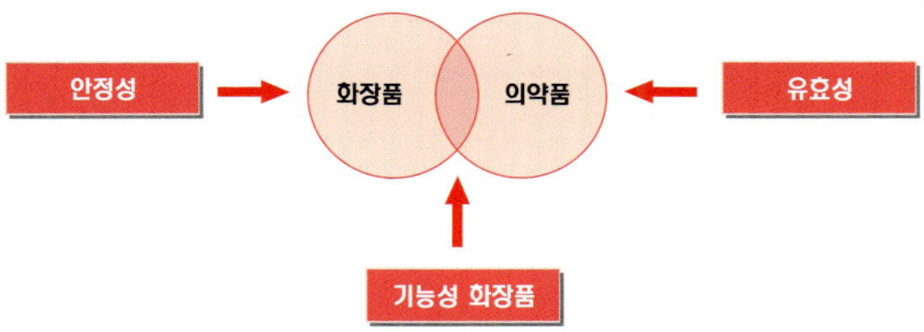

[기능성 화장품의 개념적 위취]

1. 기능성 화장품 (화장품법 제2조 제2항)

- 피부의 미백에 도움을 주는 제품
- 피부의 주름 개선에 도움을 주는 제품
- 피부를 곱게 태워주거나 자외선으로부터 피부를 보호하는 데에 도움을 주는 제품
- 모발의 색상 변화 · 제거 또는 영양공급에 도움을 주는 제품
- 피부나 모발의 기능 약화로 인한 건조함, 갈라짐, 빠짐, 각질화 등을 방지하거나 개선하는 데에 도움을 주는 제품

2. 기능화장품의 범위 (화장품법 시행규칙 제2조)

- 피부에 멜라닌 색소가 침착하는 것을 방지하여 기미 · 주근깨 등의 생성을 억제함으로써 피부의 미백에 도움을 주는 기능을 가진 화장품
- 피부에 침착된 멜라닌 색소의 색을 엷게 하여 피부의 미백에 도움을 주는 기능을 가진 화장품
- 피부에 탄력을 주어 피부의 주름을 완화 또는 개선하는 기능을 가진 화장품
- 강한 햇볕을 방지하여 피부를 곱게 태워주는 기능을 가진 화장품
- 자외선을 차단 또는 산란시켜 자외선으로부터 피부를 보호하는 기능을 가진 화장품
- 모발의 색상을 변화[탈염(脫染) · 탈색(脫色)을 포함한다]시키는 기능을 가진 화장품. 다만, 일시적으로 모발의 색상을 변화시키는 제품은 제외
- 체모를 제거하는 기능을 가진 화장품. 다만, 물리적으로 체모를 제거하는 제품은 제외
- 탈모 증상의 완화에 도움을 주는 화장품. 다만, 코팅 등 물리적으로 모발을 굵게 보이게 하는 제품은 제외
- 여드름성 피부를 완화하는 데 도움을 주는 화장품. 다만, 인체 세정용 제품류로 한정
- 피부 장벽(피부의 가장 바깥쪽에 존재하는 각질층의 표피를 말한다)의 기능을 회복하여 가려움 등의 개선에 도움을 주는 화장품
- 튼 살로 인한 붉은 선을 엷게 하는 데 도움을 주는 화장품

3. 기능성 화장품의 분류

1) 미백화장품

미백화장품은 미백 원료를 강화하여 피부가 희고 환하게 되도록 도움을 주는 화장품이다. 피부에 착색된 기미, 주근깨 등의 색소인 멜라닌을 다시 환원시키거나 색소가 발생하지 않게 만드는 성분을 첨가하여 제조한다. 멜라닌은 피부색을 결정하는 가장 중요한 요소로서 멜라노사이트 내에 멜라노솜에서 합성되어 주위의 케라티노사이트로 이행한다. 자외선의 조사를 받으면, 티로시나아제 활성이 증가하여 멜라닌 색소가 증가한다.

① 피부 미백을 위한 기전

- 멜라닌 세포의 작용을 억제
- 멜라닌 색소의 생성을 억제하도록 멜라닌 세포 신호 전달물질을 차단하거나, 티로시나아제 효소 작용을 억제
- 이미 생성된 멜라닌 색소를 환원
- 신진대사를 촉진하여 멜라닌의 배출 속도를 증가시키거나, 각질을 제거하여 멜라닌 색소의 탈락을 도움
- 자외선을 차단하여 멜리닌 색소 생성을 방지

② 미백화장품의 기능

- 피부에 멜라닌 색소 침착 방지
- 기미 · 주근깨 등의 생성억제
- 피부에 침착된 멜라닌 색소의 색을 엷게 하는 기능

③ 미백화장품 성분

- 알부틴, 코직산, 닥나무추출물 등 : 티로시나아제 효소 작용억제
- 비타민C 유도체 : 도파의 산화억제
- 하이드로퀴논 : 멜라닌 세포 사멸
- 옥틸 메틸파바, 이산화티탄 : 자외선 차단

표 8-5. 미백화장품의 작용기전에 따른 원료

작용기전	미백 기능성 원료
멜라노사이트 독성	하이드로퀴논
멜라닌 세포 신호 전달물질	사이토카인 조절물질
활성산소, 자유메디컬 제거	비타민E, SOD, 녹차추출물, 코엔자임(조효소)Q10
티로시나아제 생성억제	알부틱, 코직산, 감초추출물, 상백피 추출물, 닥나무 추출물, 글루코사민
멜라닌 색소 환원	비타민 C유도제, 토코페롤, 글루타치온
각질층 제거	AHA, 태반 추출물, 살리실산, 레조르신, 레틴산, 아젤라인산

2) 주름 개선 화장품

주름 개선 화장품은 피부의 재생능력을 강화하며 노화 방지에 효과가 있는 화장품이다. 주

름은 나이가 들수록 점차 깊어지고 그 수가 증가하는데, 피부가 얇아지고 건조해지며 콜라겐 가교결합이 증가하면서 탄력이 감소하여 미세 주름이 생성된다. 주름방지와 탄력유지에 효과적인 주름 개선 제품으로 꾸준히 손질해 주어야 하며 세심하게 신경을 써야 한다.

① 피부에 주름이 생성원인

- 피부 노화가 진행되면서 각화 주기가 길어져 각질층이 두꺼워지면서 주름이 발생
- 진피층의 콜라겐(Collagen)과 뮤코다당류(Mucopolysaccharides)의 감소로 수분이 손실되어 발생
- 햇빛에 의한 광 노화로 콜라겐과 엘라스틴을 감소시켜 주름이 발생

② 주름 개선 화장품의 기능

- 피부탄력 강화, 주름 완화 또는 개선
- 콜라겐 합성, 표피 신진대사, 섬유아세포 생성 촉진

③ 주름 개선 화장품의 성분

a. 레티놀 (Retinoic Acid)

- 비타민A 유도체 중에서 주름을 개선하는 원료로 많이 사용
- 각화 과정의 주기를 단축해 각질 세포를 박리시키고, 이에 따라 기저층에서 새로운 세포 형성을 촉진해 주름 억제 및 탄력을 줌
- 광노화에 의해 손상된 콜라겐을 회복하고 피부 세포의 분화와 증식에 미쳐 피부의 탄력을 유지
- 과도하게 사용할 경우 피부방어막의 손실로 따끔거리거나 모세혈관 확장, 홍반피부가 될 가능성

b. 아데노신 (Adenosine)

- 세포 내 성분이므로 피부 침투시 안정성과 지속력이 뛰어남
- 피부 섬유아세포의 DNA 합성을 촉진하고 단백질 합성을 증가시켜 헐거워진 피부 속을 채우고 피부의 재생을 증가시켜 노화로 인해 형성된 주름을 개선

c. 레티닐팔미테이트 (Retinyl Palmitate)

- 비타민A 유도체로 세포재생, 주름 개선, 피부탄력 증진, 콜라겐 합성 등 피부노화방지 성분
- 레티놀 종류의 하나로 안정적이며 각질을 연화시키고 피부에 탄력을 줌

d. @-하이드록시산 (AHA: @-hydroxy acids)

- 과 각화성 건조 피부에 사용되고 주름 개선 효과

- 글리콜산과 젖산이 주로 사용되는 대표적인 성분
- 각질층 간 접착기구에 작용하여 각질층을 얇게 하는 효과

표 8-6. 주름개선 화장품의 작용기전에 따른 원료

작용기전	주름개선 원료
콜라겐 합성증가 (세포재생 촉진)	비타민C, 비타민A(레티노이드), 펩타이드, 아데노신 등
과산화지질 생성억제 (항산화 작용)	비타민E(토코페롤), 플라보노이드, 폴리페놀, SOD, 코엔자임Q10, 알파 리포익산 등
항염증 작용	감초산 유도체 등

3) 자외선 차단제

자외선은 태양광선 중 200~400㎚대의 파장대를 말하며, 태양광선의 약 6.1% 정도를 차지한다. 이중 UVB(280~320㎚)는 약 0.5%이며, UVA(320~400㎚)는 약 5.6%이다. UVB는 지표 도달량은 적지만 세기가 강하며 피부 표피에서 산란, 반사되어 홍반이나 염증을 유발하고 피부 이상 각화를 발생시킨다. UVA는 파장이 길어 실내에 도달할 수 있으며 색소 침착(Suntan)과 콜라겐 손상에 의한 주름 발생을 일으킨다. 자외선 차단제는 유해 한 자외선의 침투를 막아 피부를 보호하기 위한 것으로 주로 여름철에 많이 사용한다.

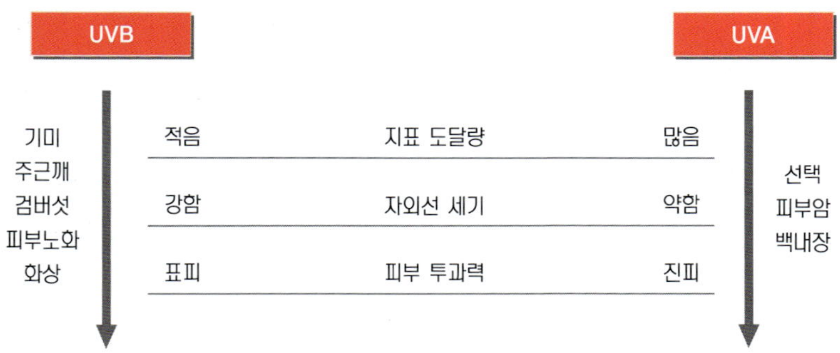

[자외선이 피부에 미치는 영향]

(1) 기능

- 강한 햇볕을 방지하여 피부를 곱게 태워주는 기능
- 자외선을 차단 또는 산란시켜 자외선으로부터 피부보호

(2) 자외선 흡수제의 조건

- 안정성이 높을 것, 독성이 없고 피부 장애를 일으키지 않아야 함
- 자외선 흡수 능력이 크고, 폭넓게 흡수해야 함
- 자외선이나 열에 의한 분해 등의 변화가 일어나지 않아야 함
- 화장품 기본원료와 상용성이 좋아야 함

(3) 자외선 차단 성분

① 화학적 차단 성분

- 화학적 액체 성분으로 자외선을 흡수
- 발림성은 좋으나 피부에 트러블을 유발
- PABA : 부작용이 증명되어 최근에 사용하지 않음
- 옥틸레톡시 신나메이트 : PABA를 대체한 최근에 사용하는 대표적인 성분

② 물리적 차단 성분

- 돌가루 성분으로 한 물리적 차단으로 자외선을 반사하는 파우더
- 1~2가지 단순한 성분과 자외선이 피부에 반사되어 가는 것이므로 자극이 덜하여 민감성 피부나 어린이용 피부에 많이 권장
- 주요성분 : 티타니움디옥사이드(titanium dioxide), 징크옥사이드(zinc oxide), 카올린, 벤토나이트, 탈크 등

③ 자외선 산란제

- 자외선을 산란, 반사시켜 피부 내부로 침투되지 못하도록 작용하는 물리적 자외선 차단제
- 차단효과가 우수하고 접촉성 피부염과 같은 부작용이 없으며, 피부 안정성이 높아 민감한 피부나 어린아이에게 사용이 적합
- 피부에 바르면 뿌옇게 백탁 현상을 나타내는 것이 단점
- 투웨이 케이크, 파우더를 비롯한 메이크업 제품이나 로션 형태로 함유

a. 징크옥사이드 (Zinc Oxide, 산화아연)

- 피부에 바르는 즉시 보호막을 형성해 자외선을 반사 시키는 대표적인 성분
- 피부에 자극이 적기 때문에 민감한 피부, 문제성 피부의 손상을 예방
- UVA에 차단력이 우수한 성분
- 소염효과 및 피지 조절 효과

b. 티타늄디옥사이드 (Titanium Dioxide, 이산화티타늄)

- 자외선 산란제의 썬스크린 성분으로 FDA 인정 화학물질 중의 하나
- 다른 성분의 썬스크린제와 혼합 사용할 시 피부 자극이나 알레르기 유발 위험은 거의 없고 UVA 차단력이 우수한 선크림에 많이 함유
- 제품의 변색을 막아주며 투명성을 감소시켜 커버력 있는 베이스 제품에 많이 사용

④ 자외선 흡수제

- 피부표면에 발랐을 때 자외선을 흡수하여 화학적으로 열에너지로 전환시켜 피부 내에 침투하지 못하도록 방출시키는 화학적 자외선 차단제
- 발림성이 좋고 백탁 현상이 없지만, 피부 자극이 강하기 때문에 민감한 피부에 사용할 때는 주의

a. 옥틸 메톡시신나메이트 (Octyl Methoxycinnamate)

- UVB를 차단하는 자외선 차단 원료
- 주로 UVA 차단이 우수한 티타늄디옥사이드와 함께 함유됨
- 2~7.5% 정도 배합
- 오일에는 녹으며 물에는 강함

b. 옥틸살리실레이트 (Octyl Salicylate)

- UVB를 차단하고 노화 방지 및 피부염을 예방

c. 아보벤존 (부틸메톡시벤조일메탄, butyl methoxydibenzoylmethane)

- 자외선 차단제 제품에 사용되는 모든 성분의 UVA 광선을 흡수하는 지용성 성분

표 8-7. 자외선 차단 화장품 작용기전에 따른 원료

작용기전	자외선 차단 원료	차단 자외선의 종류
자외선 흡수제 (화학적 작용)	신나메이트	UVB
	살리실레이트	UVB
	안트라닐레이트	UVA, UVB
	옥틸트리아존	UVB
	부틸메톡시디벤조일메탄	UVA, UVB
자외선 산란제 (물리적 작용)	티타늄옥사이드	UVA, UVB
	징크옥사이드	UVA, UVB

V. 메이크업 화장품

얼굴 등 신체에 도포하여 색채감을 부여함으로써 결점을 보완, 수정하여 매력적인 자기표현을 연출하기 위해 사용하는 제품이다.

1. 메이크업 화장품의 사용목적

- 미적 역할 : 피부색 보정, 피부표면 감촉 수정, 광택, 투명감 부여, 커버력, 용모 수정, 화장 지속성
- 보호 역할 : 피부보호 기능, 자외선, 먼지, 공해, 주위환경으로부터 보호, 트리트먼트 기능
- 심리적 역할 : 마음의 만족감, 안정감

표 8-8. 메이크업 화장품의 종류와 기능

구분	종류	기능
베이스 메이크업	메이크업베이스	피부 톤을 조절
	파운데이션	피부의 결점을 커버하고, 광택과 투명감을 부여 피부의 톤 조절 및 피부보호
	파우더	땀과 피지를 억제하고 화장의 지속력을 높임
포인트 메이크업	아이브로우	눈썹 모양을 수정하고 눈매를 강조
	아이섀도우	눈에 색감과 음영을 주어 입체감 표현
	아이라이너	눈을 크고 또렷하게 표현
	마스카라	속눈썹에 볼륨을 주어 눈을 아름답게 표현
	립메이크업	입술에 색을 주어 아름답게 돋보이게 함
	블러셔	얼굴의 혈색 부여와 입체감을 표현

2. 베이스 메이크업 (Base Make-up)

1) 메이크업 베이스

색상이나 명암이 고르지 못한 얼굴을 고른 톤으로 정리해 주는 제품으로 피부막을 형성하여 수분 증발을 방지하거나 파운데이션이 피부에 주는 부담이나 손상을 막으며, 자외선으로부터 피부를 보호해주는 역할을 한다.

① 기능

- 피부색의 단점을 보완하고 피부의 결점을 커버
- 파운데이션의 퍼짐성과 밀착력을 좋게 함으로써 지속력을 높여주고 효과를 극대화시킴
- 피부막을 형성하여 수분 증발을 방지
- 자외선으로부터 피부를 보호

② 색상별 메이크업 베이스 특징

- 초록(Green) : 기미, 주근깨, 여드름 등 잡티 많은 피부에 적합
- 파랑(Blue) : 붉은 기를 중화시켜 자연스러운 피부를 표현
- 분홍(Pink) : 창백한 피부에 혈색을 부여, 화사한 피부색을 표현
- 노란(Yellow) : 어두운 피부를 중화시켜 자연스러운 피부색을 표현
- 보라(Purple) : 노란 피부를 중화시켜 자연스러운 피부색을 표현
- 오렌지(Orange) : 태닝 한 피부를 표현할 때 사용

2) 파운데이션

피부색을 조절 · 보정하고 피부의 결점을 커버하고 입체감을 부여하여 아름답고 매력적인 용모를 갖도록 도와주며, 자외선이나 추위 등 외부자극으로부터 피부를 보호하는 제품이다. 파운데이션의 분말 원료는 피복성이 좋은 산화티탄, 카올린, 탈크 등이 사용되며 피부색이나 피부 상태, 목에 맞는 제품을 선택한다.

① 리퀴드 파운데이션 (Liquid Foundation)

- 안료가 균일하게 분산된 있는 형태로 O/W 유화형 타입
- 퍼짐성이 좋으며 촉촉한 사용감과 트리트먼트 효과를 부여
- 화장의 지속성이나 커버력은 약함

- 수분 함량이 많이 건성 피부에 적합

② **크림 파운데이션** (Ceram Foundation)

- 안료가 균일하게 분산된 있는 형태로 유분이 많아 사용감이 부드러우며, 커버력과 내수성이 우수한 제품
- 오일과 안료가 물에 분산된 O/W형과 물과 안료가 오일에 분산된 W/O형으로 나눔
- O/W 유화형은 사용감이 좋고 피부 이질감이 없어서 선호되는 제품
- W/O 유화형은 유분감이 많고 끈적이는 단점이 있지만 화장이 쉽게 흐트러지지 않는 우수한 지속성이 장점

③ **스틱 파운데이션** (Stick Foundation)

- 안료를 오일과 왁스에 골고루 혼합 분산시킨 것
- 크림 파운데이션보다 밀착감이나 내수성, 커버력이 우수해서 피부의 결점을 커버
- 두꺼운 느낌을 줄 수 있는 단점

3) 파우더 (Powder)

파운데이션 도포 후에 피부에 남아 있는 유분을 흡수하는데 사용하는 제품으로 땀과 피지로 인해 화장이 번지거나 지워지는 것을 막아 메이크업의 지속성을 높이기 위해 사용한다. 탈크로 된 백색의 무기 안료에 유색 안료를 배합하여 착색하고 향료를 첨가해 혼합한 균일한 분말상으로 페이스 파우더(Face Powder) 또는 루즈 파우더(Loose Powder)라고 한다.

(1) 파우더의 종류

① **페이스 파우더** (Face Powder, Loose Powder)

- 체질안료에 적당량의 색소와 향을 배합하여 미세하게 분쇄한 가루상의 제품
- 탈크를 주성분으로 탄산칼슘, 탄산마그네슘등을 첨가하여 땀과 피지의 흡수로 번들거림을 방지
- 미리스트산과 스테아르산 아연를 첨가하여 부착력과 지속성을 높임
- 투명한 피부 표현, 땀과 피지에 의해 화장이 지워지거나 번들거리는 것을 막고 화장을 지속하기 위해 사용

표 8-9. 페이스 파우더 성분과 특징

구성성분	특징
산화아연, 이산화티탄	효과적인 피부결점 커버
탈크	부드러운 감촉과 우수한 퍼짐
스테아린산, 마그네슘	부드럽게 발리는 감촉
카올린, 탄산마그네슘, 탄산칼륨	유・수분기의 흡수와 화장의 지속력 향상

② **콤팩트 파우더** (Compact Powder, Pressed Powder)

- 가루분을 압축, 성형하여 휴대하기 간편하게 한 고형분
- 소량의 결합체(유분등)를 5% 전후로 사용하여 케이크(cake)의 형태로 성형
- 가루 날림이 적고 휴대하기 간편하여 외부에서 사용이 용이

③ **파우더 파운데이션** (Powder Foundation)

- 분말 고형 파운데이션의 대표적인 제품으로 화장기능이 강조된 것
- 안료에 오일을 스프레이하여 흡착시킨 후 압축시켜 고형으로 만든 파우더와 투웨이 케이크의 중간 형태
- 얼굴의 잡티를 커버하여 자외선으로부터 피부를 보호
- 콤팩트보다 피복력과 은폐력이 좋으며, 오일의 함향이 많고, 부가 기능이 강조된 제품

④ **투웨이 케이크** (Two way cake)

- 파운데이션과 콤팩트의 이중 효과를 지닌 제품
- 안료에 오일을 스프레이하여 흡착시켜서 케이크 형태로 만든 것으로 내수성이 뛰어남
- 파운데이션과 콤팩트 기능을 복합하여 빠르게 화장이 가능

표 8-10. 페이스파우더, 콤팩트, 파우더 파운데이션, 투웨이 케이크 비교

	페이스파우더	콤팩트	파우더 파운데이션	투웨이 케이크
성상	가루분	압축분	압축분	압축분
특성	피지조절 투명메이크업 휴대 불편 지속성 부족	투명메이크업 휴대 간편 파손 주의	보습력 향상 높은 커버력 조금 두꺼운 화장 피부 색상조절	내수성 향상 자외선 차단 스피디한 화장 가능 조금 두꺼운 화장

(2) 파우더의 성분 특징

- 피복성 : 기미나 주근깨 등을 감추어 피부의 색조를 조정하는 성질
- 신전성(퍼짐성) : 피부에 발랐을 때 쉽게 퍼지고 부드러운 감촉으로 피부에 잘 펴져 피부에 생동감을 부는 성질
- 착색성 : 자연스러운 피부의 색조를 조정하여 적절한 색 및 광택을 유지하는 성질
- 흡수성 : 땀, 피지 등을 흡수하여 메이크업의 번들거림과 흐드러짐을 막아주는 성질
- 부착성 : 피부에 잘 부착되는 것으로 장시간 부착하는 성질

3. 포인트 메이크업

1) 아이 메이크업 (Eye Make-up)

① 아이브로우 (Eye Brow)

- 눈썹을 정리한 후 아름다운 모양으로 수정하거나 색상을 표현하기 위해 사용제품
- 오일, 왁스, 색소로 구성된 내용물을 압축하여 재심한 연필, 샤프펜슬 타입
- 색조와 바인더로 구성된 반제품에 압력을 가하여 만든 케이크 타입
- 오일이나 왁스 및 색소로 구성된 반제품을 접시에 몰딩한 크림 타입

② 아이섀도우 (Eye Shadow)

- 눈두덩이에 음영을 주어 입체감을 연출하여 눈의 개성과 아름다움을 주기 위해 사용하는 제품
- 유색 펄 안료를 첨가하여 광택을 주고 신비스러운 색채효과와 다양한 질감을 표현할 수 있는 제품
- 케이크 타입(Cake type)은 백색 무기 안료를 압축한 것으로 눈 주위에 사용하므로 특히 안정성이 높아야 하며 땀이 스며들지 않도록 내수성이 요구됨
- 산화철, 산화크롬, 운모티탄, 황산화철, 군청, 감청 등의 안료를 사용

③ 아이라이너

- 속눈썹이 나는 곳을 따라 라인을 그려서 눈의 윤곽을 또렷이 하고, 눈의 모양을 수정하고 개성 있고 매력적인 눈매를 연출하기 위해 사용하는 제품

- 각종 기제에 착색 안료를 분산 것으로 가늘게 선이 그려지고 빨리 건조되는 것, 번지 않는 것이 필요
- 눈의 점막에 가까이 사용되므로 안전성에 특히 유의

④ **마스카라**

- 속눈썹에 도포하여 색상을 부여하거나 속눈썹을 길고 진하게 보이도록 하여 크고 깊이 있는 눈매를 연출하여 매력적인 눈을 만들기 위해 사용하는 제품
- 다양한 색상의 표현이 가능하며, 짧은 섬유가 혼합되어 있어서 속눈썹에 도포 시 속눈썹에 섬유가 붙어 연장되는 효과를 표현

2) 립 메이크업 (Lip Make-up)

- 입술에 도포하여 입술 윤곽을 살려주고 입술에 색감을 부여하는 제품
- 입술을 수정, 보완하고 색채 음영을 강조하여 입체감을 주는 것과 입술의 건조, 추위 등으로 입술을 보호하는 기능
- 유성원료, 착색원료, 향료나 산화방지제 이외에 필요에 따라 방부제 등이 배합
- 왁스는 스틱형상을 만드는 데 사용되며, 카르나우바 왁스, 칸델릴라 왁스, 밀납, 세레신 등을 사용
- 오일은 왁스의 마찰계수를 낮추어 윤활성을 좋게 하고 왁스와 색소의 혼합성과 분산성을 향상시키기 위해 사용

3) 블러셔 (Blusher)

- 얼굴의 입체감을 나타내는 중요한 역할을 하는 블러셔는 윤곽수정이나 생동감을 주는데 표현
- 얼굴형 수정의 효과를 지님과 동시에 혈색이 있어 건강하게 보이며 여성스러운 표현도 가능
- 탈크와 카올린을 주체로 하는 분말 원료에 착색 안료를 분산해 점액질, 유성물질, 전분 등의 결합제를 첨가하여 압축 성형한 것
- 파운데이션과의 친화성이나 적당한 피복력, 부착성이 필요

VI. 모발 화장품

모발 화장품은 모발과 두피의 더러움을 세정하며 모발을 보호하고 영양을 공급하는 등의 역할을 하는 기초 모발 제품과 헤어 스타일링, 컬러링, 퍼머넌트웨이브 효과를 제공하는 제품이다.

표 8-11. 모발 화장품의 분류

구분	종류
세정제	삼푸, 투인원 샴푸
컨디셔닝제	린스, 헤어 트리트먼트, 헤어 오일, 헤어 크림, 헤어블로우, 코딩 로션, 헤어 필잉, 헤어 앰플
양모제	헤어 토닉
스타일링제	헤어 폼, 헤어 무스, 헤어 스트레이, 헤어 미스트, 세팅 로션, 헤어 글레이즈, 헤어 젤, 헤어 스틱, 헤어 왁스
퍼머넌트웨이브	티오 웨이브, 콜드 웨이브, 히트 웨이브, 스트레이트 펌
염모제	일실 염모제, 반영구 염모제, 영구 염모제(산화염모제)
탈색제	분말 블리치, 크림 블리치
제모제	제모 왁사, 제모 젤, 제모 테이프 크림 타입, 페이스트 타입, 에어로졸 타입

1. 세정제

모발 세정제는 모발과 두피의 피지와 더러움을 씻어내는 제품이다.

1) 샴푸 (Shampoo)

샴푸란 모발과 두피를 세정하여 비듬이나 피지, 기타 불순물을 제거하여 모발을 청결하고 쾌적한 상태로 유지하기 위해 사용되는 두발 화장품이다. 샴푸는 모발의 광택과 유연성을 부여하는 제품으로 모발의 세척뿐만 아니라 두피를 세정하고, 두피의 묵은 각질이나 피지 등을 제거하여 가려움증을 완화하고 두피를 이상 질환으로부터 보호하는 역할을 한다.

① 샴푸의 요구조건

- 적당한 세정력과 사용 시 발림성과 헹굼이 용이
- 풍부하고 지속력 있는 거품이 형성되고 연수나 경수에서 사용 가능
- 사용 시 마찰로 인한 모발 손상방지
- 눈이나 피부에 자극이 없는 안전성
- 장기간 변질이 없이 보관 가능한 보존성
- 샴푸 시에나 샴푸 후에도 좋은 향기를 가질 것

② 샴푸의 종류

- 산성 샴푸 : 모발의 pH 4~6 정도에 맞춰진 pH 5~6 정도의 샴푸제
- 컨디셔닝 샴푸 : 모발의 세정과 유연화를 동시에 제공하는 목적의 샴푸제
- 베이비 샴푸 : 유아나 피부가 연약한 사람들의 경우에 사용하는 샴푸제
- 비듬 방지 샴푸 : 비듬과 가려움을 억제하기 위해 사용하는 샴푸제

2) 투인원 샴푸 (린스 일체형 샴푸, Two-in-one Shampoo)

- 샴푸와 린스를 하나로 제품화한 것
- 샴푸에 모발표편의 마찰계수 저하, 정전기 방지 효과, 모발 보호 효과 등의 기본적인 린스 기능을 갖게 한 린스 일체형 샴푸
- 양쪽성 계면활성제 또는 음이온 계면활성제가 주 세정제로 작용하며 컨디셔닝제로 양이온 계면활성제, 실리콘이나 그 유도제 등과 유분이 사용

2. 헤어 컨디셔닝제 (Hair Conditioning Agent)

모발의 손상을 방지하고 손상된 모발을 회복시키는 제품으로 손상된 모발에 유분과 수분을 공급하여 모발을 보호하고 모발을 정상적인 상태로 회보시키는 데 도움을 주는 것을 목적으로 하는 두발용 화장품이다.

1) 린스 (Rinse)

- 샴푸 후 모발의 표면에 매끄러움을 더하고 표면 상태를 정돈하는 것을 목적으로 하는 화장품
- 적절한 유분이 함유되어 모발 세정 시에 과도하게 탈지된 유분을 보충하고, 보습 성분으로 모발에 윤기와 광택을 부여하며 모발을 보호하기 위해 사용
- 샴푸 후에 모발에 남아 있는 금속성 피막과 비누의 불용성 알칼리 성분을 제거하여 모발이 엉키는 등의 모발 손상을 방지
- 양이온 계면활성제와 프로테인과 라놀린, 양이온성 폴리머나 고급알코올, 오일 등이 첨가되어 모발에 유분감을 줌
- 글리세린과 프로필렌글리콜 등이 함유되어 보습효과

2) 헤어크림 (Hair Cream)

- 두발에 윤기, 유연성, 광택을 주고 빗질이 잘 되게 하기 위해 사용되는 유화 형태의 제품
- 헤어 오일보다 산뜻한 사용감을 지니며 유분에 의한 컨디셔닝 효과와 함께 보습효과를 지님

3) 헤어 블로우 (Hair Blow)

- 블로우 드라이하면서 머리 정돈을 마무리할 때 열이나 브러싱에 의한 자극으로부터 모발을 보호하려는 목적으로 사용하는 제품
- 양이온 계면활성제를 함유한 유분과 수분을 공급하고 정전기 발생을 개선하기도 함

4) 헤어 코팅 로션 (Hair Coating Lotion)

- 긴 머리의 갈래 모 예방을 목적으로 한 제품
- 고분자 실리콘을 배합하여 코팅함으로써 모발이 갈라지는 것을 막도록 하며 윤활성, 밀착성, 내수성을 증대한 제품

5) 헤어 오일 (Hair Oil)

- 모발에 유분을 공급하고 광택과 매끄러움을 주는 것을 목적으로 사용하는 제품
- 동백유나 올리브유 등의 식물유나 유동 파라핀 등의 광물유를 주성분으로 하고 오일의 산화를 막는 산화방지제 등을 첨가

6) 헤어 앰플

- 모발 및 두피에 집중적인 영양공급을 위해 사용
- 화학 시술 시에 전처리나 후 처리제로 사용

3. 헤어스타일링제

모발을 원하는 형태로 만드는 기능과 모발의 형태를 고정하고 세팅하는 방법으로 모발에 광택, 질감, 촉감을 부여하는 기능을 갖는 제품이다.

1) 헤어 폼 (Hair Form), 헤어무스 (Hair Mousse)

- 거품 상태의 정발제를 총칭
- 세팅제와 유분, 보습제, 물, 분사제가 포함

2) 헤어스프레이 (Hair Spray), 헤어 미스트 (Hair Mist)

- 세팅한 모발 위에 분사하여 모발의 형태를 유지하기 위해 사용

- 에어로졸 타입은 헤어 스프레이, 가스가 없는 것을 미스트로 정의
- 분사제로는 액화석유가스(LPG)나 디메칠에텔(DME)가 사용
- 주요성분은 에탄올, 세팅 레진, 가소제, 분사제

3) 헤어 젤 (Hair Gel), 글레이즈 (Hair Glaze)

- 수용성 고분자에 가까운 점증제 정발 성분을 가미한 젤 상의 투명 정발료
- 주요성분은 수용성 고분자, 세팅제, 보습제, 계면활성제, 알코올, 물 등

4) 헤어 리퀴드 (Hair Liquid)

- 정발 성분을 용해 시킨 에틸알코올 수용액으로 포마드나 크림에 비해 부드러운 정발 효과
- 정발제로는 주로 폴리알킬렌글리콜 사용

5) 헤어 왁스 (Hair Wax)

- 모발에 적당한 윤기를 주며, 내추럴한 세팅력을 지녀 흐트러진 모발을 정돈하며, 재 정발이 가능하도록 만들어진 고형 정발제
- 주요성분은 고형유분으로 납류, 고급알코올, 고급지방산, 탄화수소와 유동 파라핀, 보습제, 계면활성제 등이 첨가

4. 퍼머넌트 웨이브(Permanent Wave)제

퍼머넌트 웨이브제는 1제 환원제(Reductant)와 2제 산화제(Oxidant) 혹은 중화제(Neutralizer)로 구성되어 있다.

1) 퍼머넌트 웨이브제의 주요성분

① 환원제

- 티오글리콜산(Thioglycollic acid) : 환원력이 강하고 비용이 저렴하지만 피부 자극이 있

고 냄새가 강함

- 시스테인(Cysteine) : 냄새와 피부의 자극이 적지만 환원력이 약하고 비용이 높음

② 알칼리제

- 암모니아(Ammonia) : 휘발성이며 모발 손상이 적지만 냄새가 강함
- 모노에탄올아민(monoethanolamin) : 비휘발성이며 모발 손상을 주지만 냄새가 적음

③ 금속이온봉쇄제

- 디소듐이디티에이(Disodium EDTA) : 금속이온의 비활성화에 관여

2) 퍼머넌트 웨이브제의 구성

① 제 1제

- 환원제(프로세싱 솔루션) : 티오글리콜산, 티오글리콜산암모늄, 티오글리콜산에탄올아민 및 시스테인, N-아세틸-L-시스테인 등
- 모발의 시스테인 결합을 절단하여 티올기(-SH)로 환원
- 공기와 접촉시 산화되어 침전물이 발생하기 때문에 냉 · 암소에 보관
- 알칼리제 : 암모니아가 주로 사용되며 모노에탄올아민 등의 아미노 알코올, 중성 염류, 염기성 아미노산 등이 배합

② 제 2제

■ 브롬산염

- 산화력이 순하고 모발을 탈색시키지 않아서 브로산나트륨이 주로 이용
- 웨이브 형성력이 약간 떨어지는 단점

■ 과산화수소

- 제1제에 의해 환원된 시스테인의 잔기를 빠른 시간 안에 다시 결합하는 특징이 있어 방치 시간을 줄일 수 있으므로 널리 이용

5. 염모제 (Hair Color)

모발의 색을 변화시키는 것을 염색이라고 하며, 모발의 염색은 백발이나 새치를 커버하기 위한 목적이나 두발에 다양한 색감을 주는 두발용 제품이다. 염모제는 모발과 화학반응을 일으키며 작용성이 강하기 때문에 약사법상 의약외품에 해당하며 피부와 접촉을 피하는 등의 사용상 엄격한 주의가 요구된다.

1) 염모제의 구비조건

- 안정성 : 피부와 접촉해 접촉성 피부염을 일으키지 않아야 하며, 피부나 모발을 손상시키지 않아야 함
- 물리 · 화학적인 안정성 : 염색 후 공기, 햇빛, 마찰, 땀에 의해서 안정하여 변색이나 탈색이 되지 않아야 하며, 펌제, 샴푸나 린스 등의 두발 제품 사용으로 변화되지 않아야 함
- 균일한 효능 : 모발의 굵기, 색상 등에 따른 차이는 있으나 모발에 따라 현저히 색상차이가 나지 않아야 함
- 색상의 발현 : 염색이 잘 되고 자연스럽고 아름다운 색조가 나타나야 함
- 사용의 편리성 : 사용이 간편하고, 단시간 내에 원하는 효과를 얻을 수 있어야 함

2) 염모제의 종류

① 영구 염모제

- 색소형성 물질이 모발 내부까지 침투해 화학변화를 일으켜 장기간의 효과를 지속하는 것
- 모표피의 침투와 산화제의 추가 작용에 의한 염색으로 탈색과 착색이 가능
- 제 1제에는 PPD 성분 등 염료와 알카리제를 함유
- 제 2제에는 과산화수소 등 발색제나 산화의 역할을 하는 성분을 함유

② 반영구 염모제

- 색소가 표피질과 모발 표면 큐티클층에 침투하는 것
- 착색제로 아조계 산성염료가 사용되며 용제로 벤질 알코올이 배합되어 염료가 모발에 쉽게 침투되게 하여 염모성을 향상시키고 색상도 유지
- 산성에서 염색하면 염모 효과가 뛰어나 구연산을 배합해 pH를 조정
- 모발 표면에만 염색되어 색상 지속력이 짧은 것이 단점

③ 일시적 염모제

- 모발 표면에 착색제가 부착되어 물리적으로 염색이 되기 때문에 법적으로 화장품으로 분류
- 새치를 커버하거나 모발 색에 하이라이트를 주는 용도를 주로 사용
- 염색소, 용해제, 알코올, 유연제로 구성

④ 블리치 (Bleach)

- '탈색제'라 하여 자연모를 인위적으로 밝게 하는 것
- 모발의 자연 색소인 멜라닌을 산화 분해하여 모발의 색상을 변화시키는 제품
- 1제는 알칼리제를 주성분으로 하고, 2제는 산화제인 과산화수소를 주성분으로 하여 사용 시 혼합

VII. 향수

향이란 휘발성 물질이 발산될 때 후각 신경이 자극을 받아 느끼는 냄새 중 인간에게 유익하게 이용되는 것으로 좋은 향기를 부여하여 매력을 증진시키는 기능을 하는 화장품이다.

1. 향수의 구비요건

- 아름답고 세련되며 격조 높은 향기
- 향기에 특징이 있어야 함
- 향기의 조화가 잘 이루어져야 함
- 향기의 확산성이 좋아야 함
- 향기가 적절히 강하고 지속성이 좋아야 함
- 향기가 제품의 구상과 일치해야 함

2. 향수의 분류

1) 희석 정도에 따른 분류

① **퍼퓸** (Perfume, Extrait)

- 15~30%의 부향률로 부향률이 가장 높으며, 6~7시간 정도 지속
- 향기가 풍부하고 완벽해서 가격이 비쌈

- 향기를 강조하고 싶거나 오래 지속시키고 싶을 때 사용

② **오데 퍼퓸** (Eau de Parfum)

- 10~15% 부향률로 5~6시간 정도 지속
- 향의 강도가 약해서 부담이 적고 경제적
- 퍼퓸에 가까운 지속력과 풍부한 양을 가지고 있음

③ **오데 토일렛** (Eau de Toilette)

- 5~10%의 부향률로 3~4시간 정도 지속
- 고급스러우면서도 상쾌한 향
- 퍼퓸의 지속성과 오데 코롱의 가벼운 느낌을 가짐

④ **오데 코롱** (Eau de Cologne)

- 3~5%의 부향률로 2~3시간 정도 지속
- 가볍고 농도가 강하지 않아 향수를 처음 접하는 사람에게 적당

⑤ **샤워 코롱**

- 1~3%의 부향률로 1시간 정도 지속
- 전신용 방향 제품으로 가볍고 신선함

2) 향수의 발산 속도에 따른 분류

① **탑노트** (Top Note)

- 향수의 첫 느낌, 휘발성이 강한 향료
- 휘발성이 강해 바로 향을 맡을 수 있음
- 종류 : 스트르스, 그린, 레몬, 베르가못 의 높은 발산성 향취를 가진 원료를 주로 포함

② **미들노트** (Middle Note)

- 알코올이 날아간 다음 나타나는 향, 변화된 중간 향
- 부드럽고 따뜻하 느낌의 향으로 대부분의 오일이 여기에 해당
- 종류 : 플로럴, 프루티, 그린, 스파이시의 원료를 주로 포함

③ **베이스노트** (Base Note)

- 마지막까지 은은하게 유지되는 향, 휘발성이 낮은 향료
- 휘발성이 낮아 시간이 지난 뒤에 향을 맡을 수 있음
- 종류 : 무스크, 우디, 오리엔탈의 주로 낮은 휘발성을 가진 향료

3. 향수의 제조방법

조향 향료를 에탄올에 용해시킨 후 냉·암소에 저장하여 일정기간 숙성시킨 후 여과하여 제조한다.

1) 향수의 기본원료

① 테르펜류

- 각종 식물에서 얻어지는 유기 화합물
- 알코올, 알데히드, 에스테르, 락톤 등

② 벤젠 노이드

- 벤젠 고리를 포함한 방한 방향족 화합물
- 벤젠, 나프탈렌, 안트라센 등

③ 지방족 성분

- 직선 사슬을 갖는 유기 화합물로 낮은 농도에서도 강한 향을 발산
- 알코올, 알데히드, 에스테르, 락톤 등

2) 향료 추출법

① 증류법

- 수증기를 동반한 방법으로 원하는 향기 식물의 여과를 통해 추출된 수증기를 냉각하여 액체를 형성
- 고온의 수증기를 이용하기 때문에 향기 성분이 파괴될 수 있어 열에 약한 성분이나 오일의 함량이 적은 식물은 부적합

② 압착법

- 과실, 감귤류의 껍질 등의 압착을 통해 천연향을 얻어내는 추출방법
- 오렌지, 레몬, 라임, 베르가못 등의 정유채집에 활용

③ 용매 추출법

- 휘발성 용제(벤젠, 석유에테르, 알코올 등)를 통해 화향 원료가 추출되며 용매를 이용하여 녹아내는 방법

VIII. 아로마테라피 (Aroma Therapy)

아로마테라피(Aroma Therapy)는 향 또는 향기를 의미하는 아로마(aroma)와 요법(치료)을 의미하는 테라피(therapy)의 합성어로 향기 요법이라고도 한다. 향을 가진 약용식물로부터 추출해낸 에센셜 오일(essential oil)에서 나는 향을 말하며 이 향기 나는 에센셜 오일(essential oil)을 이용하여 인체의 특정 부분의 질환 또는 정신적인 기능을 높이거나 낮추어 몸과 마음의 균형을 회복시켜 인체의 항상성(homeostasis) 유지를 목표로 하는 자연요법이다.

1. 에센셜 오일 (essential oil)

정유, 아로마 오일이라고도 하며 식물의 꽃과 잎, 줄기, 뿌리 등에서 추출한 휘발성이 있는 물질이다. 에센셜 오일은 식물 자체의 자기 번식력, 성장력, 상처 치유력 방부, 소독 효과를 가지고 있다. 체내 흡수된 오일 분자는 혈액순환을 통해 전신을 순화하고 친화력을 가진 장기를 찾아 기능을 활성화 하는데 인체 호르몬과 유사함으로 사용 시 각별한 주의를 요한다.

1) 에센셜 오일의 효능

- 면역 강화
- 항염 작용
- 향균 작용
- 피부 미용
- 피부진정 작용
- 혈액순환 촉진
- 화상, 여드름, 염증 치유에 효과적

2) 취급 시 주의사항

- 100% 순수한 것을 사용할 것
- 원액을 그대로 사용하지 말고 희석하여 사용할 것
- 사용하기 전에 안전성 테스트(패치 테스트)를 실시할 것
- 고열이 있는 경우 사용하지 말 것
- 사용 후 반드시 마개를 닫을 것
- 갈색 병에 넣어 냉 · 암소에 보관할 것

3) 아로마오일의 사용법

① 흡입법

- 손수건, 티슈 등에 오일 1~2방울 떨어트려 심호흡을 통해 코로 흡입

② 확산법

- 아로마 램프, 스프레이를 이용하여 분자 상태로 확산시켜 흡입

③ 입욕법

- 전신욕, 반신욕, 좌욕, 수욕, 족욕 등 몸을 담그는 방법

④ 습포법

- 온수나 냉수 1리터 정도에 아로마 5~10방울 정도 넣고 수건에 적신 후 피부에 붙여 사용

⑤ 마사지법

- 피부 상태에 알맞은 에센스 오일을 선택 후 희석하여 도포, 흡수시킴

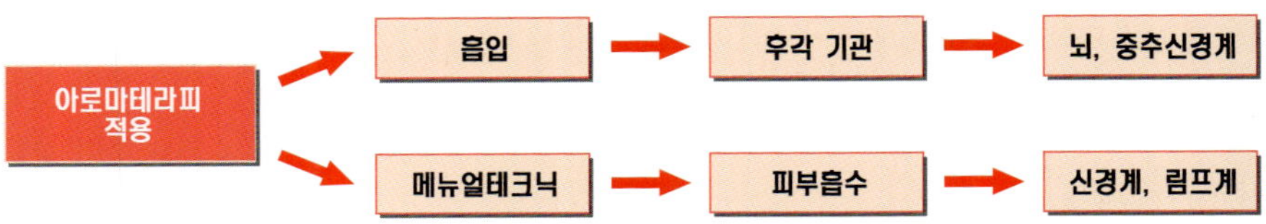

[아로마테라피의 작용원리]

4) 에센셜 오일의 종류

① 라벤더

- 허브의 여왕, 광범위한 효능과 효과 등
- 여드름, 습진 등 피부질환, 세포 성장 촉진, 피지분비조절, 화상 상처

② 그레이프 푸룻

- 달콤하고 상쾌한 과일향
- 지성 및 여드름 피부에 좋음

③ 제라늄

- 감미롭고 우아한향
- 비듬, 여드름 제거, 화상, 주름살 완화, 피지 분비 밸런스, 소독작용, 흉터 예방
- 민감성 피부에 자극을 줌

④ 티트리

- 시원한 수풀향
- 피부 정화작용, 여드름 치료제의 원료
- 여드름 로션에는 필수, 민감한 피부에는 라벤더를 사용

⑤ 팔마로사

- 달콤한 꽃향 (라벤더와 비슷하기 때문에 대체하기도 함)
- 피부질환, 여드름, 노화된 피부의 회복, 수분 밸런스, 피지의 자연적 분비촉진으로 건조 피부에 유익, 세포재생촉진

⑥ 네롤리

- 매혹적으로 달콤한 꽃향
- 피부세포 성장촉진, 피부 재생 및 탄력유지, 건성, 민감성, 노화 방지에 효과

⑦ 패촐리

- 흙내음의 소목향
- 피부질환 치료, 노화 방지, 수렴 효과, 세포재생, 지성 피부 조절, 비듬 및 노폐물 감소, 여드름, 습진, 건선, 염증, 무좀, 화상에 사용

⑧ 레몬그라스

- 달콤하고 따뜻한 장미향
- 비만, 비듬, 여드름 제거, 화상, 주름살 완화, 피지분비조절, 수렴균형작용, 피부 연화,

틈살 및 작은 상처를 흉터 없이 아물게 함

⑨ **레몬**

– 신선하고 상큼한 과일향

– 미백, 기미, 여드름, 주근깨, 각질 제거, 지성 피부 및 모발, 비만예방, 다이어트에 효과

⑩ **로즈**

– 우아한 장미향

– 건성 피부, 피부 재생(노화 피부) 주름살 방지, 피부탄력, 강한 소염성분

– 얼굴에 과다사용 시 자극이 있을 수 있음

⑪ **로즈마리**

– 상쾌하고 깨끗한 향, 라벤더와 상극

– 세포생성촉진, 지성 피부 및 두피 건강, 머리카락 성장

⑫ **베르가못**

– 감귤계의 신선한 꽃향

– 지성 피부, 피지 제거, 모공 청소, 모공 수축, 건선 버짐, 여드름 상처, 종기에 효과.

2. 캐리어 오일 (베이스 오일)

■ 아로마 오일을 피부에 효과적으로 침투시키기 위해 사용하는 식물성 오일

■ 에센셜 오일의 향을 방해하지 않게 향이 없어야 하고 피부 흡수력이 좋아야 함

1) 종류

① **호호바 오일** (Jojoba Oil)

– 모든 피부 타입에 적합

– 인체의 피지와 화학구조가 유사하여 피부 친화성이 우수

– 쉽게 산화되지 않아 안정성이 우수

– 침투력 및 보습력이 우수

– 여드름, 습진, 건성 피부에 사용

② 아보카도 오일

- 모든 피부 타입에 적합
- 비타민 E 풍부
- 비만 관리용으로 많이 사용

③ 아몬드 오일

- 모든 피부 타입에 적합
- 비타민 A와 E풍부
- 피부 보습력을 높여주고 건조 방지 효과

④ 윗점오일

- 비타민E와 미네랄 풍부
- 피부 노화 방지 효과
- 혈애 순환 촉진 및 항산화 작용
- 습진, 건성 피부, 가려움증에 효과

⑤ 포도씨 오일

- 비타민E 풍부
- 여드름 피부에 효과
- 피부 재생에 효과적이며 항산화 작용

⑥ 살구씨 오일

- 건조 피부와 민감성 피부에 적합
- 습진, 가려움증에 효과
- 끈적임이 적고 흡수가 빠르며, 유연성이 좋음

[참고문헌]

· 21세기 피부미용연구원, 피부학 및 해부생리학(이론서), 한국산업인력개발원, 2007
· 강성심 외, 피부과학, 훈민사, 2001
· 고재숙 외, 피부과학, 수문사, 2010
· 권혜영 외, New 피부과학, 메디시언, 2014
· 김기연 외, 피부과학, 수문사, 2001
· 김명숙, 피부관리학, 현문사, 2012
· 김봉인 외, 피부과학, 형설출판사, 2006
· 김유정, 피부관리학, 현문사, 2002
· 김은주 외, 피부미용학, 훈민사, 2012
· 김정식, 피부미용학, 훈민사, 2010
· 김춘자, 최신피부미용학, 훈민사, 2012
· 김태진, 알기쉬운 해부생리학, 정담미디어, 2006
· 김한석 외, 미용과학, 청구문화사, 2012
· 김해남, 기초피부미용학, 정담미디어, 2013
· 대한피부과학회교과서편찬위원회 저, 피부과학, 여문각, 2001
· 이정숙 외, 기초피부과학, 예림, 2014
· 이향우 외, 피부과학, 광문각, 2003
· 이혜영 외, 피부과학, 군자출파사, 2007
· 조현외, 해부생리학, 동화기술, 2010
· 천병수 외, 피부과학, 유한문화사, 2010
· 황정원, 피부관리학, 현문사, 1998
· 김경영 외, 에센스 화장품학, 메디시언, 2013
· 김주덕 외, 최신 화장품학, 광문각, 2018
· 정연자 외, 실용화장품학, 구민사, 2017
· 최은영, 화장품학, 훈민사, 2015
· 김유정 외, 청구문화사, 2014
· 김노수 외, 뷰티인을 위한 화장품학, 2019
· 조미영 외, 화장품각, 훈민사, 2005

저자소개

강정인 정화예술대학 미용예술학부 교수

김선희 수원과학대학교 뷰티코디네이션과 교수

김윤정 명지전문대학 뷰티매니지먼트과 교수

김정숙 유원대학교 뷰티케어과 교수

송다해 경복대학교 의료미용과 교수

하문선 두원공과대학교 뷰티아트과 교수

홍란희 동서울대학교 뷰티코디네이션과 교수

홍재기 재능대학교 뷰티케어과 교수

SKIN SCIENCE & COSMETOLOGY

피부과학 & 화장품학

2018년 2월 26일 (1판 1쇄 발행)
2021년 2월 26일 (개정1판 1쇄 인쇄)
2021년 3월 2일 (개정1판 1쇄 발행)
지은이. 강정인 · 김선희 · 김윤정 · 김정숙 · 송다해 · 하문선 · 홍란희 · 홍재기
펴낸이. 고범석 | 펴낸곳. 가담플러스. 서울시 마포구 동교로 144-7 영일빌딩
등록. 2014년 3월 18일 제 2014-000094호
E-mail. gadambooks@naver.com
www.gadamplus.com

ISBN 979-11-86447-42-0 93590 가격 **30,000**원